本书得到河南省科技厅科技攻关项目：小麦耐重金属镉关键基因的克隆与耐镉品系培育（项目编号：192102110001）资助

保护地蔬菜作物病虫害防治研究

徐克东　著

U0301961

科学技术文献出版社
SCIENTIFIC AND TECHNICAL DOCUMENTATION PRESS

·北京·

图书在版编目（CIP）数据

保护地蔬菜作物病虫害防治研究 / 徐克东著. —北京：科学技术文献出版社，2021. 9

ISBN 978-7-5189-8406-0

Ⅰ.①保…　Ⅱ.①徐…　Ⅲ.①蔬菜—保护地栽培—病虫害防治方法　Ⅳ.① S436. 3

中国版本图书馆 CIP 数据核字（2021）第 194104 号

保护地蔬菜作物病虫害防治研究

策划编辑：张　丹　责任编辑：巨娟梅　张瑶瑶　责任校对：文　浩　责任出版：张志平

出　版　者	科学技术文献出版社
地　　　址	北京市复兴路15号　　邮编　100038
编　务　部	（010）58882938，58882087（传真）
发　行　部	（010）58882868，58882870（传真）
邮　购　部	（010）58882873
官 方 网 址	www.stdp.com.cn
发　行　者	科学技术文献出版社发行　全国各地新华书店经销
印　刷　者	北京虎彩文化传播有限公司
版　　　次	2021 年 9 月第 1 版　2021 年 9 月第 1 次印刷
开　　　本	710×1000　1/16
字　　　数	250千
印　　　张	15.25
书　　　号	ISBN 978-7-5189-8406-0
定　　　价	76.00元

前　言

　　从 1988 年原中国农业部提出"菜篮子"工程开始，为了保证民众能够一年四季都有新鲜蔬菜食用，我国建立了从中央到地方的肉、蛋、奶、水产和蔬菜作物生产基地及良种繁育、饲料加工等服务体系。进入 20 世纪 90 年代后，"菜篮子"工程逐渐从原本的以生产基地建设为主转变为生产基地与市场体系建设并举，1995 年，新一轮城乡协办的"菜篮子"工程开始实施，整个服务体系开始向区域化、规模化、设施化及高档化发展，全国性农区生产基地开始形成，此时的消费者开始对产品有了质量、营养、鲜活、无虫害的新要求，这促使着全国各地开始探索新的产供销、工农贸一体的经营方式，也开始广泛采用良种、良法以进一步提高产品的产量和质量。

　　1999 年，中国"菜篮子"工程的供求形势基本平衡，这也意味着"菜篮子"工程开始进入另一个发展新阶段。2000 年，全国十大城市"菜篮子"产销体制改革经验交流会提出了 21 世纪"菜篮子"工程的主要任务，就是以实现"菜篮子"工程与生态环境协调发展，改善居民生活质量为目标，进一步优化体系结构，提高产品的质量和种植者的收入。

　　进入 21 世纪后，无公害食品的概念开始在全国兴起，从这时起，"菜篮子"产品就成了农产品质量安全控制的最佳突破口，2002 年，以提倡绿色消费、培育绿色市场、开辟绿色通道为代表的"三绿工程"开始实施和架构，为食品建立了一道坚实的安全防线。之后的数年时

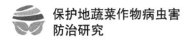
间，提高农产品安全性、推广无公害产品成了新一轮的工程目标。

2010年，中央一号文件提出，"菜篮子"工程体系化发展进入了一个新的阶段，开始着重服务体系的体制建设，即管理建设，以及机制建设，即公司和农户或合作社和农户的协作机制，最终的目的就是通过公司和农户或合作社和农户的协作，进一步提高种植技术、养殖技术及整体工程体系的科学化完善及发展。

保护地蔬菜作物栽培作为"菜篮子"工程中蔬菜作物生产的重要措施，对调整种植结构、优化城乡新鲜果蔬市场及提高社会经济效益都有非常显著的促进作用。保护地蔬菜作物栽培主要利用各种保护地设施来实现蔬菜作物的周年生产，在缓解蔬菜作物淡季压力的同时令蔬菜作物的生长期得到有效延长，而且有利于改善蔬菜作物品质，所以得到了极为快速的发展和推进。

本书以保护地设施建设和蔬菜作物病虫害基础解析为理论，整体研究了最为常见的茄科、葫芦科、豆科、十字花科及其他科蔬菜作物的病虫害防治方法，共分为9个章节，分别是保护地设施及基本理论概述、保护地蔬菜作物病虫害基础知识、保护地蔬菜作物生理病害及防治、茄科蔬菜作物病虫害及防治、葫芦科蔬菜作物病虫害及防治、豆科蔬菜作物病虫害及防治、十字花科蔬菜作物病虫害及防治、其他科蔬菜作物病虫害及防治和保护地蔬菜作物病虫害防治创新技术。整体而言，本书从保护地设施和蔬菜作物病虫害基础入手，分析和归纳了各类蔬菜作物最易出现的生理病害及其防治方法，并从不同科蔬菜作物着手有针对性地研究了保护地栽培中常见的病虫害和相应的防治手段，无论对保护地蔬菜作物栽培的广大种植者还是对蔬菜作物病虫害防治的研究者都有一定的参考价值。不过鉴于编者水平有限，书内难免会出现不完善的论点，恳请读者和各方专家学者予以斧正。

目　录

第一章
保护地设施及基本理论概述

　　保护地蔬菜作物栽培也被称为设施栽培，主要是针对在露地环境不适宜进行蔬菜作物种植的季节，通过人为建构特定的保护地设施来创造适宜蔬菜作物生长的小环境，从而获得优质高产的蔬菜作物的栽培方法。中国保护地蔬菜作物栽培的历史非常悠久，自 2000 多年前就已经拥有暖房种植蔬菜作物的技术，只是限于生产力低下的时代背景，所以保护地蔬菜作物栽培发展很慢，这种情况一直持续到新中国成立。

　　新中国成立后，社会生产力得到了巨大的提升，保护地作为蔬菜作物栽培非常具有优势的设施也得到了快速的发展，最初保护地设施只是简单的风障、简易的覆盖、简单的阳畦及酿热物温床等，从 20 世纪 70 年代开始，塑料薄膜开始在保护地大范围应用，这使得中国的保护地设施进入高速发展的时期，一些简单的保护设施被塑料棚和地膜覆盖所取代，最终形成了以塑料大棚、中棚、日光温室为主体，匹配风障、遮阳网、防虫网、温床、地膜覆盖等配套的科学化保护地设施。

第一节　保护地蔬菜作物生产特性和作用

　　保护地设施的应用从根本上而言就是将外界环境进行一定隔绝，形成一个相对封闭且对外界环境依托性较小的独立空间，其蔬菜作物生产的方式和露地栽培有很多不同之处。

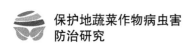
一、保护地蔬菜作物生产特性

（一）环境独立特性

保护地是一种人为建构而成的蔬菜作物种植场所，其最为基本的特性就是环境较为独立，能够通过人工的方式进行简单的控制，从而使这个独立环境更为贴合蔬菜作物生长发育和生产的生态条件，如光照条件、温度条件、土壤营养条件、气体条件和水分条件等。蔬菜作物生产所需的 5 个基本环境要素能够通过保护地进行适当的控制和调整，能够根据不同的蔬菜作物的不同需求进行调整，也能够根据不同的季节进行综合调控，从而为蔬菜作物创造最适宜的环境，最终达到优质高产获取更高经济效益的目的。

（二）方式多样特性

根据不同的栽培需求，保护地设施拥有各种不同的类型，因此能够进行多种方式的栽培。例如，有些保护地设施能够针对外界环境和气候的变化进行简单的防护，以达到改善局部小气候条件的目的，风障、地膜覆盖、无纺布覆盖、遮阳网覆盖等简单设施就能够起到防风、防霜、防冻、防高温日晒等作用；有些保护地设施以保温防寒为目的，塑料大棚、小拱棚、日光节能温室、温床等就能够起到很好的保温作用；有些保护地设施以创造另类环境条件为目的，如栽培食用菌和软化栽培的设施，能够创造无光环境或微光环境，为喜阴厌光蔬菜作物提供很好的生长环境；有些保护地设施能够实现环境控制和自动管理，能够通过先进的科技设备，满足各种蔬菜作物栽培的环境需求，如现代温室和蔬菜作物工厂等。

保护地设施的多样性，使得蔬菜作物的栽培方式也多种多样，可以根据不同的季节选择不同的保护地设施，也可以根据蔬菜作物不同的环境需求搭配运用保护地设施，最终实现栽培多样化，如无土栽培、早熟栽培、冬季栽培、延后栽培、软化栽培、越夏栽培、促成栽培等。

（三）设备完善特性

保护地设施的主要作用就是调节环境条件，因此除了主要的各种防护结构之外，保护地设施通常还会拥有能够简单调节环境条件的相应设备。

第一个是改善光照条件方面。对于需要一定光照强度的蔬菜作物，除了要设计出较为理想的采光角度之外，还要选择透光性能较好的透光材料进行保护地覆盖。如果在寻常条件下光照需求无法满足，还可以采用人工光源进行光照强度补充，或者通过反光膜设备来提高光能利用率；如果光照强度过高，则可以利用各种遮阳设备来避免对蔬菜作物造成损伤，例如，可以用轻型不织布或遮阳网对光照进行适当的遮挡，以此来满足蔬菜作物的需求。对于仅仅需要短期日照或需要无光、弱光环境的蔬菜作物，可以采用黑色农膜或草帘覆盖来缩短日照，或者使用遮光设备来实现无光或弱光环境，用以栽培食用菌或实现软化栽培。

第二个是温度控制方面。温度的控制主要是寒冷季节的保温和增温，以及高温季节的降温。为了提高保护地的保温能力，通常该保护地具有非常严密的保温结构，另外一些寒冷季节较长的地区还会配备加温设备；一般为了减少经济投入和能源浪费，需要设置内保温设备和外保温设备，日光节能型温室外部会配备棉被、草苫等覆盖物，内部还会挂保温帘用以保温；除了空气温度控制，还需要配备地温控制设备，如地下管道加温设备、土壤电热线加温设备、酿热物加温设备、燃池加温设备等。在夏季高温季节也需要配备降温设备，通常有遮阳网、遮阴帘等，并且会配备通风设备，尤其是大型保护地设施中的通风设备不仅能够调节温度，还能够调节空气含量，促进内外气体交换和排除有毒气体等，同时在一定程度上可以调控温室内的湿度。

第三个是灌溉系统方面。任何保护地设施都具有灌溉设备，现今主要应用的是节水灌溉，如喷灌、滴灌、地下渗灌等，能够起到非常好的节水效果，而且水分利用率高。一般对空气湿度要求不高的蔬菜作物比较适合采用滴灌，而对空气湿度要求较高的蔬菜作物可以选用喷灌，喷灌能够在满足蔬菜作物土壤水分需求的同时提高空气湿度。

第四个是气肥设备方面。蔬菜作物的产量不仅和水分、有机肥及环境条件有关，还和二氧化碳气体的浓度有很大关系，在恰当的浓度范围内，蔬菜作物进行光合作用的效果也会更好，从而能够实现产量的提升，因此保护地设施内需要安装二氧化碳气肥设备，以方便人工补充二氧化碳来提高产量，有些现代化的保护地设施内还会配备计算机设备，既能够根据蔬菜作物的生长进行管理，也能够实现生长检测，及时发现问题，从而提高管理效率。

最后是一些契合保护地作业的小型设备方面。地膜覆盖机、土壤消毒机、悬耕机、作畦或起垄机等，都能够在保证栽培作业的过程中提高工作效率和准确性。

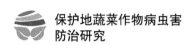
（四）管理技术高特性

保护地设施的类型多样，其中所包含的设备也非常多，这就造成不同的地域、不同的栽培目的和不同的栽培需求所架构的保护地结构和性能也有所不同。在进行蔬菜作物栽培过程中，需要种植者和管理者根据不同的蔬菜作物种类、不同的蔬菜作物品种的生物学特性，以及不同的保护地设施和变化莫测的气候条件，对保护地进行协调管理，充分发挥保护地的性能。在此基础之上，还需要种植者能够对市场有所了解，能够根据市场的不同需求、蔬菜作物产品的上市节点等，采取相对应的栽培方式，并拥有匹配的栽培技术，这样才能达到蔬菜作物高产、优质的结果，同时节省成本获取更好的经济效益。例如，番茄温室春茬栽培和秋冬茬栽培，其栽培技术就有很大的区别，从最初的选种到后期的定植等都有所不同。早春茬需要选用早熟品种，而播种是在寒冷的时段，定植则在温度还较低的早春，之后会从低温弱光逐渐转变为高温强光；秋冬茬则是在高温强光季节进行栽培，之后向低温弱光转变。所以，虽然同样是番茄种植，但是栽培技术却有很大的不同，若采用同种栽培模式进行管理就容易出现产品品质和产量无法达到预期的结果。

（五）管理集成化特性

露地栽培通常受制于气候环境，往往会造成土地资源和太阳光能利用率不足，例如，在北方的冬季环境温度过低，露地栽培的土地资源完全会闲置，而在南方的夏季温度过高且湿度太大，露地栽培通常会遭受很强的病虫害，产量和品质都很难保证，因此也造成了很多资源浪费。保护地蔬菜作物栽培则能够采用高度集成化管理的方式，充分利用土地资源和太阳光能，而且能够以蔬菜作物供应的淡季为核心进行多茬次栽培，虽然投入的管理成本和设施成本较大，但同时其创造的经济效益也比较高。一般情况下，一亩温室或大棚一年创收上万元非常普遍，相比而言，保护地蔬菜作物栽培能够比露地栽培平均增产2～4倍，且拥有各种防护设施和设备，因此，能够很好地保障蔬菜作物的品质和商品性状，自然能够获取更好的经济效益。

二、保护地蔬菜作物生产作用

（一）理想育苗场所

蔬菜作物栽培和生产中非常重要的一个环节就是育苗，通过育苗栽培能够在很大程度上增加栽培茬次、提高幼苗成活率和强健度、提高蔬菜作物产量、提升产品品质等，而保护地作为具有多重功能的小环境，就成了非常理想的育苗场所。

保护地设施能够实现温度、湿度、光照、营养、水分、气体等环境条件的管理，因此可以为蔬菜作物的秧苗生长创造非常良好的条件。不过不同的蔬菜作物、不同的品种都会有不同的生长发育要求，在进行育苗前首先需要了解清楚蔬菜作物和品种对各种环境条件的需求，然后为其创造最佳的温度、光照、水分、营养和气体，这样就能够培育出强健的壮苗，从而为后期的生长发育及生产打下基础。用保护地设施进行育苗，能够促进蔬菜作物早熟和提高产量，尤其是在北方地区，适合蔬菜作物生长发育的时间较短，为了能够栽培生长期较长的蔬菜作物，就需要促进蔬菜作物早熟和延长蔬菜作物的生长期，采用保护地育苗就成为非常适合的措施，例如，露地种植茄科蔬菜作物和葫芦科蔬菜作物，就必须要提早在保护地进行育苗才能够增产增收。在南方想要提高蔬菜作物产量增加茬次，保护地育苗也是非常好的措施，能够将土地资源完全利用起来。

果菜类蔬菜作物的品质取决于花芽分化时花芽的素质，而在保护地内进行果菜类蔬菜作物育苗，其花芽分化基本都会在苗期完成，只要能够在整个育苗期控制好环境条件，创造最适宜的生长条件，令其实现优质的花芽分化，就能够提高秧苗的素质，对后期生产阶段保证蔬菜作物品质有非常大的作用。

（二）蔬菜作物早熟栽培

即使利用较为简单的保护地设施，如地膜覆盖和无纺布覆盖，也能够促使蔬菜作物提早育苗、提早定植、提早生产，从而提早上市，因此可以获取更好的经济效益。采用塑料大棚、小拱棚及阳光温室进行蔬菜作物早熟栽培则更加不在话下。例如，利用塑料大棚进行番茄、茄子、辣椒等茄科蔬菜作物，或黄瓜、甜瓜、西瓜、苦瓜、西葫芦等葫芦科蔬菜作物，或菜豆、豇豆、豌豆等豆科蔬菜作物的早熟早培，能够比露地栽培早上市 1.5 ~ 2 个月。利用简单的保护地设施，如地膜覆盖和无纺布覆盖，可以防霜防冻，能够令蔬菜作物在霜冻之前定植从而达到早熟，而在温室或大棚中则可以通过提高室温和保温的性能，促进蔬菜作物早熟。地膜覆盖能够保温、保持土壤水分及促进土壤疏松，因此能够单独运用，也能够和各种保护地设施配合应用，都可以达到促进蔬菜作物早熟增产的目的。

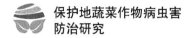
（三）蔬菜作物延后栽培

在中国北方地区，降温来得比较早，有时蔬菜作物还有很强的生产能力，却不得不提早拉秧或换茬，这无疑会对蔬菜作物的产量造成巨大影响，而采用保护地设施则能够有效进行蔬菜作物秋延后栽培。例如，利用塑料大棚一般能够令蔬菜作物的生长期延长 1～1.5 个月，如果在晚秋季节大棚内最低气温能够保持在 5℃ 以上，多数蔬菜作物就不会发生冻害，因此在华北等地区蔬菜作物生长期能够延迟到 11 月，东北能够延迟到 10 月。如果采用日光温室进行秋冬茬和冬春茬蔬菜作物生产，则能够在全国各个地域实现周年生产，即使在东北地区外界气温降低到零下 30℃，温室内也只需要临时加温就能够实现蔬菜作物正常生长。

（四）保护地设施综合应用

保护地设施不仅能够促进蔬菜作物的生产和种植，而且还能够用于其他作物的种植，因为保护地设施最大的作用就是实现环境条件的可控性，因此只要是气候条件不利的情况，其都能够发挥作用。例如，各种花卉园林植物同样可以利用温室进行周年生产，而在中国北方和高寒地区，利用大棚或温室这些保护地设施也能够种植果树，实现水果的早熟和高产。另外，食用菌也能够在保护地设施内栽培，从而获得更好的经济效益。总体而言，不论是经济作物还是粮食作物，都可以引入保护地设施并对其进行推广应用，从而实现作物周年生产和优质生产。

除了种植方面的应用，保护地设施还有一些延伸的应用，同样可以促进经济效益的提升。例如，观光农业中的景观温室、北方冬季垂钓温室等，能够作为旅游业的一部分进行创收；除种植业外，保护地设施还能够应用到养殖业，利用日光温室或塑料暖棚饲养猪、牛、羊、鸡等家畜，不仅可以为家畜提供良好的生活场所，而且冬季低温季节还不需要进行加温取暖，只需要充分利用太阳热辐射就能够满足家畜对环境温度的需求，如果建设冬暖夏凉型节能温室，还能够加大猪的出栏率和提高母猪产仔存活率，培育肥牛也能够降低生产成本，令牛增重快，获取高效益，用塑料暖棚养羊同样可以提高羊羔的成活率，提升羊毛和羊肉的产量；除了家畜养殖，还可以利用保护地设施养殖水生产品，如鱼、虾、鳖、蛙等，都能够起到提高产量、减少死亡率的效果，甚至 1 平方米就可以创收上万元。

三、保护地蔬菜作物生产潜能

保护地设施的基本目的就是通过对小环境的控制从而实现蔬菜作物的常年生产和高质高产，设施对环境的控制和调节能力，就决定了所能获取的经济效益。随着保护地设施的不断发展和完善，以前仅仅为了实现节能、节水和降低生产成本的简易类型已经逐渐被淘汰，保护地设施开始以塑料大棚、中棚、小拱棚和日光节能温室等为主，加上新型覆盖材料的广泛应用，节水灌溉技术的普及，以及各种新的加温设备、保温设备、通风和降温设备、综合调控设备、智能管理系统和设备的出现，其发展潜力越来越大，不仅能够实现产值增加，还能够提高劳动生产率，同时保护地蔬菜作物生产已经逐步向机械化、自动化和工业化方向发展。

（一）类型和结构更加完善

保护地设施的类型和结构虽然具有非常大的差异性，但是综合而言其类型和结构是否合理主要取决于能否充分利用当地土地资源和太阳光能。随着科技手段的不断发展，保护地设施的类型和结构也更加趋于合理化，有些较为先进的科研成果甚至会依据地域的不同，进行适合地域特征和气候特征的保护地设施类型和结构的调整，从而在降低保护地设施建构成本的同时，还能够实现更好的效果，例如，根据地域特性充分利用当地资源来降低设施建构成本，通过对工业余热、地热、植物秸秆、煤炭等资源的运用，实现设施的低投入。

（二）保护地栽培体系更加完善

虽然蔬菜作物的种类非常繁多，但其生产的季节性很强，大多数蔬菜作物都是起源于亚热带和温带地区，少数起源于热带地区，这种地域性起源特性就造成蔬菜作物在长期的生长发育和进化过程中，形成了喜欢温暖和凉爽气候，但又不耐寒冷和炎热气候的生理特性，这就使得蔬菜作物的生产拥有非常明显的季节性，例如，温和季节是蔬菜作物生长旺季，也就形成了产销旺季，而寒冷和炎热季节就形成了产销淡季。保护地栽培应该以市场为导向，通过疏旺补淡的思维来架构蔬菜作物种植体系，例如，华北地区以日光温室和塑料大棚生产为主，西北和东北地区则因为冬春温度较低，应该以日光温室来调节蔬菜作物淡季，而西南和北方地区因为夏季温度极高，应该以降温和遮光类保护地设施为主，再通过蔬菜作物贮运来形成全国各级蔬菜作物市场平衡的栽培体系。

除了通过疏旺补淡来架构保护地蔬菜作物栽培体系，还需要通过市场竞争力的提升来提高经济效益，毕竟保护地设施的投入较高，且随着绿色无公害无污染思维的建立，保护地蔬菜作物生产基地应该符合绿色食品蔬菜作物生产环境要求，这无疑会令保护地设施的投入更大，所以规模化经营、批量化生产、产业化运作就成了最符合市场经济发展规律的模式，只有通过提高蔬菜作物品质，才能最终获得符合预期的经济效益。

（三）保护地设施综合应用趋势

保护地设施因其调节环境条件的特点，不再仅仅应用于蔬菜作物种植方面，也开始向生产种植业、养殖业及水产业渗透。要想通过相对投入较高的保护地设施获得更好的经济效益，就必须将其潜力完全挖掘。利用保护地设施，除了能够种植除蔬菜作物之外的花卉、果树等经济作物，还能够用以养猪、牛、羊、鸡、鱼、鳖、虾、蟹等来获得很好的经济效益。而且种植业、养殖业、水产业的搭配，能够最大限度地发挥保护地设施的作用，例如，为避免作物连作产生的土壤肥力流失退化及病虫害严重的现象，通过养殖业和水产业，在获取经济效益的同时，还能够将其产生的各种家畜粪便及水产塘泥转化为种植业所需的植物有机肥，最终形成规模化、产业化、工业化、系统化的发展模式。

第二节　保护地设施建设与应用

如今的保护地设施建设虽然颇具现代科技色彩，但其实在人类的发展史上，很早就拥有了保护地设施的雏形和简单应用。例如，中国在 2000 多年前就已经有了保护地栽培，《古文奇字》中记载，秦始皇曾让人冬季在骊山种瓜，骊山处于陕西临潼，冬季环境根本不适合种瓜，因此推测其利用的很有可能就是骊山当地温泉的保温特性[①]；罗马帝国时代就曾有人将肥沃的土壤装入木箱，然后在冬季种植黄瓜，并用滑石薄板等透明矿物质进行覆盖，这样既能透光也能保温，再然后烧干马粪或木材来加温。这些都是保护地设施的雏形。

---

① 王进涛．保护地蔬菜生产经营［M］．北京：金盾出版社，2000：2.

一、保护地设施的历史发展

17 世纪末，大块玻璃的制作工艺被发明出来，促进了玻璃温室的出现，先是法国和英国建造了玻璃房和玻璃屋面的温室，实现了在寒冷季节蔬菜作物的生产。只是当时玻璃的生产并未实现工业化，因此依旧比较贵重，玻璃温室并不能被推广。

18 世纪玻璃制作实现工业化之后，玻璃温室才得到了普及。1800 年美国建立了第一栋商用的玻璃温室；19 世纪 40 年代玻璃温室中拥有了加温装置；1949 年美国创建了世界上第一个人工气候室，其能够在人为控制之下实现气候的重演，可以通过调节再现大自然的各种气候条件；1967 年荷兰创建了荷兰式采光温室，这种温室后来被很多国家采用。

在玻璃温室发展的同时，石油化工业也得到了飞速的发展，石油化工制品——塑料的大规模生产，开始促进以塑料大棚为主的保护地设施的发展。1965 年中国就已经开始使用简易的塑料大棚进行蔬菜作物种植，1978 年引进地膜覆盖技术之后，真正实现了透明地面覆盖的保护地栽培方式。进入 20 世纪 80 年代，塑料大棚发展迅猛，其结构也开始不断出新，在辽宁大连的部分农民根据大棚生产中的经验，发现了塑料大棚中棚顶高、跨度小、坡面大的结构保温和透光性能更好，蔬菜作物的长势也更加旺盛和强健，1985 年冬季为了对塑料大棚进行冬季保温，开始在夜间对大棚加盖草苫来进行夜间保温，实现了仅靠白天接受阳光照射提高大棚温度，夜间不需要加温措施而是仅靠覆盖来保温就可以进行蔬菜作物生产的方式，这一创新举动完全打破了塑料大棚冬季加温的惯例，不仅大大节省了成本，而且有效利用了光能，因此也被称为节能日光温室。因为节能日光温室投入低且运行简便，生产能力优良，因此很快就传遍了全国。除了这些成规模化的保护地设施，还有一些同样是通过经验积累和摸索发展出来的简易保护地设施。这些简易保护地设施不仅取材方便而且也能够改变蔬菜作物所处的环境气候，如简易覆盖设施、简易风障、阳畦等，只是应用的规模和作用有限，但却为后期先进和高级的保护地设施的发展提供了很好的参考。

二、简易保护地设施应用

简易保护地设施是保护地蔬菜作物栽培中一种比较简单的应用形式，主要由简易覆盖、简易风障、阳畦和温床等组成。

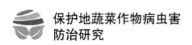
（一）简易覆盖设施

简易覆盖设施通常是在栽培畦或蔬菜作物上用各种简易的防护材料进行覆盖，从而达到保护蔬菜作物的效果，一般取材简单且覆盖方便。

1. 草粪覆盖

这种简易保护地设施在北方地区越冬蔬菜作物栽培方面使用较多，就是在冬季土壤封冻之前在畦面上用秸秆、马粪、树叶等对越冬蔬菜作物进行覆盖从而让其能够安全越冬的简易方法。方法是在外界环境温度下降到零下4℃左右时，先浇冻水并在土壤表面见干时及时进行覆盖，这样能够减轻土壤表层的冻结程度并减少土壤的水分流失，从而起到一定保温作用。因为土壤解冻较早，这种覆盖方式能够在一定程度上提高地温，所以可以达到提早采收和丰产的目的，当第二年春天气温开始回升，夜间温度达到零下4℃左右时即可进行撤除。

2. 砂石覆盖

砂石覆盖主要应用于雨水较少的西北地区，已经有数百年的历史，通常会采用粗砂或大小不等掺杂鹅卵石的砂石分层对土壤表层进行覆盖，厚度通常有9厘米左右，这种覆盖形式保湿力强且升温快，能够有效减少杂草危害，可以在一定程度上促进蔬菜作物的生长。

3. 秸秆或稻草覆盖

这种方法主要应用于夏季，起到的是遮阴保湿作用，也会用于浅播的小粒种子蔬菜作物上，如芹菜等。利用透气性较好的秸秆或稻草对蔬菜作物进行覆盖，能够防止雨后或浇水后土壤板结，也能够避免日照强度过高造成蒸腾作用太强而导致的蔬菜作物萎蔫等，对浅播蔬菜作物覆盖还能够促进幼苗的出土。

简易保护地设施通常采用的是物品覆盖形式，简单且有效，虽然现今全国各地使用得越来越少，但其作用明显且投入极少，而且充分利用了地域资源，所以仍然有改进和推广的必要，比较适合小规模或个体栽培使用。

（二）简易风障设施

风障具有双重作用，其一是能够轻微减弱风速，其二则是能够轻微增温，主要应用于北方冬春季节北风较强且气候干旱的地区。通常简易风障设施会设置在栽培畦的北面用以挡风，由土背、披风和篱笆组成，一般高度大概为1.5～2.5米，设施建设是先用芦苇、高粱秸或竹竿等夹设做成篱笆，将其插埋于栽培畦北面，然后在篱笆中下部用稻草、废旧塑料薄膜或苇席等围起来形成披风，主要目的是用来挡风，在篱笆下部和栽培畦的外基部用土培的方式固定，能够减弱 10% ~ 50% 的风速，白天能够提高遮挡部分 3℃ ~ 5℃ 的气温和地温，能有效减少冻土深度。

虽然风障设施具有双重作用，但因为结构简易，所以白天增温效果较差，夜间也无法进行保温，只能应用于保护耐寒蔬菜作物安全越冬或春播蔬菜作物提早播种等，如韭菜和大葱、小白菜和小萝卜、甘蓝和黄瓜等。

（三）阳畦设施

阳畦设施是在风障设施的基础上发展起来的，毕竟风障设施保温和防冻的能力较弱。阳畦也被称为冷床，基本原理是利用太阳光能来提高畦温，方法是将畦梗加高加宽，形成畦框之后用覆盖物严密防寒覆盖，能够结合风障设施起到防风保温的作用，主要应用于华北和西北地区。

阳畦主要利用太阳光能来提高温度，所以需要选择避风向阳且光照良好的地方，如果用以育苗则需要选择离定植地点较近的场所。阳畦的建造一般是东西方向延长，然后建造时先建畦框，最好在冬季土壤冻结之前建好并让其干透，避免来年解冻发生倒塌，可以在 9 月下旬雨季过后就进行建造。

阳畦是由风障、畦框和覆盖物组成，因为需要做畦框，所以阳畦可以做成大畦，长 6 ~ 7 米，宽 1.5 米左右较为适合。风障可以做成直立形或倾斜形，可根据地势和畦形进行选择，通常风障外培土可以高于畦框北框。

畦框由土做成，也可用园土夯制，用土堆制可以做成四框等高的槽子框，也可以做成南低北高的抢阳框。槽子框通常框高 40 ~ 60 厘米，宽 30 ~ 40 厘米，抢阳框一般南框高 20 ~ 40 厘米，北框高 35 ~ 60 厘米，宽度和槽子框类似，因为南低北高所以会形成一定坡度，能够更长时间保证太阳照射，从而升温效果更好。用园土夯制的畦框结构更加结实，不易发生倒塌对蔬菜作物造成影响。可以先划好线定好南北框的位置，之后采用木夹板来支模，北框夯制到 30 ~ 40 厘米，南框可用潮湿土壤夯制到 20 厘米，东西框可顺南北框高度夯制，也可以四框都用草泥土进行夯制，通常可以直接从畦内挖底土做框，做成后畦面低于地面 20 厘米左右，平整畦内土壤后可在南框前挖小排水沟。

阳畦的覆盖物有两种，一种是透明覆盖物，一种是不透明覆盖物。透明覆盖物是在畦面上加盖的玻璃或塑料薄膜，为的是能够有效采光保温，通常选用的是 0.08 毫米厚的塑料薄膜，需要在阳畦的畦框上用 2 米长、1 厘米粗细的竹竿纵向摆放，横向用较粗的竹竿和纵向竹竿绑扎形成骨架，用以支撑塑料薄膜，盖膜之后需要将四周压紧并将中间固定好，避免因为大风造成薄膜鼓动。不透明覆盖物通常选用保温效果较好的稻草苫或蒲草苫，用以夜晚覆盖阳畦进行保温，可以设置为横向拉盖，也可以设置为纵向拉盖，可视情况进行选择。

阳畦设施的保温效果比单独的风障更好，通常可以保持较好的气温和地温，例如，严寒季节畦内平均地温最高可以到 20℃，最低在 0℃～3℃，若遇到极寒天气可能会出现零下 4℃～零下 8℃ 的低温。因为阳畦做的畦框相对较小，所以畦内昼夜温差较大，局部温差也较大，例如，北框和中部温度会较高，而南框和东西框附近温度会较低。可以在阳畦的基础上进行改良，例如，扩大范围，加上土墙、棚架、玻璃窗等，改良后的阳畦类似于小型的日光温室，保温效果会更好，但投入比日光温室低。阳畦能够用于冬季耐寒蔬菜作物防寒和越冬，也可以在春秋两季进行喜温蔬菜作物的育苗和栽培。

（四）温床设施

阳畦属于完全利用太阳光能进行升温并运用覆盖物或设施进行保温的技术，因为未掺杂人工升温手段所以被称为冷床，温床设施则是利用各种加温设备来补充热源从而提高温度的设施，一般加温的设备有酿热物、水暖、电暖、火炕等。

1. 酿热物温床设施

酿热物温床设施通常是利用自然物发酵酿热的方式提供热能，辅以床孔、床框和覆盖物进行保温的温床设施。床孔也被称为床坑，就是用来填充酿热物的基坑，床框可以用木框、土框、砖框或混凝土框等，用来包裹温床。通常建造温床的关键是床坑的深度，单斜面温床床底一般是南边最深、北边次深、中部略浅的规格，可以按 6∶5∶4 的比例进行床坑挖掘，最深处可挖到 40 厘米左右，双斜面温床则通常挖成两边低中间稍高的正弧形，平均深度 40 厘米即可。

酿热物是指发酵时能产生热的有机物，如马粪、牛粪、猪粪、新鲜厩肥、稻草和秸秆等，可以利用其中含有的微生物对其进行分解产生的热量为温床升温。一般在播种前 10～15 天需要先在床坑铺一层 3～7 厘米厚的稻草、碎草、麦麸等，用以防止热量从床底散失，填入酿热物时需要将材料充分拌匀，然后均匀放入并踏实，可分两次填入，第一次填 20 厘米左右，搂平踏实，第二次再填 20 厘米后，再搂平踏实，最终其厚度大体与床坑边缘持平。放入酿热物后要立刻盖上保温物，以便温床升温，经过几天的时间，温床温度达到 45℃时就可以在上面盖一层培养土进行播种，一般播种床培养土厚度是 12～13 厘米，分苗床则为 14～15 厘米，当培养土地温达到 20℃即可进行播种。如果在发热后 10 天左右温度快速下降，可能有两个原因，一个是酿热物水分太少，过分干燥就会使微生物活动很快停止，另一个则是水分太多，温床内水分太多致使空气缺乏，好氧微生物无法进行呼吸作用从而无法在分解有机物时散热。因此，酿热物温床需要设置在排水良好的地方，同时加入酿热物时要注意干燥程度。

酿热物温床的覆盖物一般采用塑料薄膜，也可以采用玻璃或油纸等物，其上需要增加一层草苫，填充酿热物后就要盖好薄膜，夜间则加盖草苫保温，白天则将草苫打开吸收太阳光能增温，一般 3～4 天之后可以将酿热物翻弄一次再按原样整理平整，几天后即可进行播种。酿热物温床虽然建构方便，但由于酿热物并不多，发热时间不长，而且温度不易控制也不易调节，因此很难大范围推广应用，一般用于培育早春幼苗比较合适。

2. 电暖温床设施

电暖温床设施就是在温床土壤中铺设电热线设备来提供热量，促使土壤加温的温床设施，通过对电热线的控制能够对温度进行调节，可以保持温度的均匀性。通常会在苗床或栽培畦表土之下 15 厘米处先铺设隔热层，以碎稻草或麦糠为宜，铺设 5～10 厘米来阻断热量向下散失，然后上面铺设一些沙子或土壤，踏实整平后再铺设电热线，铺设时可先在苗床两头插 20～30 厘米的木棍用以缠线，电热线铺设后可以通过木棍进行回返，最终将电热线的两头留在同一侧，然后接上电源和控温装置，检查线路是否畅通后再进行填埋。

电热线的铺设密度及热功率可以根据需求适当调整，一般播种苗床需要的功率是每平方米 100 瓦左右，而分苗床所需要的功率是每平方米 70～80 瓦，铺设电热线间距以 10 厘米为最佳，不得小于 3 厘米间距，铺设时可以让中间部位稍微稀疏，两边稍微紧密，这样能够让地温更加平衡和均匀。

相对来说，电暖温床的投入稍高，最好能够充分利用太阳光能，例如，晴天环境尽量利用太阳光能升温，夜间或阴雪天气再使用电暖温床。电暖温床升温后地温高，水分蒸发也较为严重，因此浇水量和浇水次数需要相应提高。

3. 火炕、水暖温床设施

火炕温床设施就是在苗床之下预先铺设好火道或采用回龙火炕的形式对

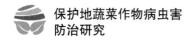
苗床进行升温的设施，采用的是火炕的原理，利用燃烧的余热来为苗床补充温度。水暖温床和火炕温床类似，也是预设管道的形式，只是管道改为水道，其中通温水，类似地暖的形式。

不管哪种温床设施，其目的都是想方设法提高小环境的气温和地温，以此来满足蔬菜作物生长发育必需的温度要求，因此需要视地域和经济情况进行合适的选择。

三、地膜覆盖设施的应用

地膜覆盖设施其实就是采用塑料薄膜以地面覆盖的形式对土壤进行保温保湿，通常选用的是 0.01～0.02 毫米厚的塑料薄膜或 0.008～0.02 毫米厚的微薄地膜，抑或 0.003～0.006 毫米厚的超薄地膜，这种设施不仅简单而且有效。

（一）地膜覆盖的作用

地膜覆盖最大的作用就是能够提高土壤的温度，并且具有减少土壤水分蒸发、天旱保墒雨后提墒、提高土壤水分利用率的效用，能够使土壤保持比较均衡适宜的温度和湿度，所以利于土壤肥力的提升，总体而言具有以下几个方面的作用。

1. 提高地温

不管哪种地膜在覆盖地表之后，都能够在白天吸收太阳光能并将其转化为热能储存，通常地膜覆盖后的低温比露地要高 2℃～4℃，当外界温度逐渐升高，其提高地温的能力也越强。春季低温期白天接受阳光照射后，0～10 厘米深的土层可提高温度 1℃～6℃，最高增温能够达到 8℃，如果进入高温期不进行遮阴处理，地膜下土壤表层温度能够达到 50℃～60℃，如果有遮阴或地膜上覆盖土壤等，地膜下土壤表层温度仅比露地高 1℃～5℃。

2. 保墒防涝

塑料薄膜因为气密性极强，所以覆盖在土壤上能够显著减少水分蒸发，令土壤的湿度非常稳定并且能长期保持，有利于根系生长，尤其在干旱季节能够用以进行抗旱播种和蔬菜作物种植。通常情况下地膜覆盖能够让耕种层土壤的含水量提高 2%～5%，在较为干旱的情况下耕种层土壤的含水量能够比露地土壤高 50% 以上，不过地膜覆盖后蔬菜作物的生长会较为旺盛，蒸腾耗水量也会加大，所以在蔬菜作物长势强健的情况下需要注意灌水，避免干旱。同时，因为地膜的气密性强所以遭遇雨涝天气时，地膜的隔绝作用可以避免其覆盖的土壤湿度过大，能够有效起到防涝作用。

3. 改良土壤且促进养分吸收

土壤进行地膜覆盖后水分损失少，因此能够避免土壤板结，也能够避免灌溉和雨水冲刷造成土壤流失，从而可以让土壤更加疏松且透气，通常能够增加土壤稳性团粒 1.5%，增加土壤总孔隙度 1% ～ 10%，能降低每立方厘米土壤容重 0.02 ～ 0.3 克，使土壤中的环境更加协调平衡。因为抑制了地面水分蒸发所以能够抑制盐分随着地下水的上升和地面水的蒸发而产生地表盐分积累，可以有效缓和土壤的盐渍化程度，例如，盐碱地采用地膜覆盖能够使耕作层的含盐量降低 53% ～ 89%，更利于蔬菜作物种植。另外，地膜覆盖的增温保湿作用能够给土壤创造非常利于微生物增殖的环境，可以加快有机肥类腐殖质转化为无机盐的速度，从而有利于蔬菜作物对营养的吸收。通常覆盖地膜后土壤中速效性氮元素能增加 30% ～ 50%，钾元素能增加 10% ～ 20%，磷元素能增加 20% ～ 30%，而且地膜覆盖能够减少养分的淋溶和流失，从而可以提高养分的利用率。

4. 改进近地小气候

地膜覆盖所使用的塑料薄膜对光线具有透射、吸收和反射的作用，例如，在中午时能够让蔬菜作物中下部叶片多得到 12% ～ 14% 的反射光，可以有效提高蔬菜作物的光合作用强度，相比露地能够增加 3 ～ 4 倍光照量，因此能够使蔬菜作物的长势更好；另外，地膜覆盖能够降低蔬菜作物中下部的空气湿度，有效减少了病虫害发生和传染的概率，能使土传病害和风雨传播的病害有效减轻，而且中午时分地膜下的地表温度能够达到 50℃ ～ 60℃，可以很大程度上闷杀杂草，如果在盖膜前后配合除草剂的使用，就能够避免草害。

总体而言，地膜覆盖能够让蔬菜作物生长的小环境得到极大改善，在水分、光照、温度和肥力等方面都有积极作用，所以可以促进蔬菜作物生长和发育，最终达到增产效果，一般能够增产 20% ～ 50%。

当然，地膜覆盖也需要适当的栽培管理。例如，多年覆盖地膜容易因残膜清理不好造成土壤污染；盖膜后有机质分解快，可促进蔬菜作物吸收营养，但需要注意肥料补充，避免因肥料补充不足造成肥力下降；盖膜可以起到早熟增效的作用，但也容易造成植株徒长最后导致早衰，所以在使用地膜覆盖设施时需要注意水和肥的平衡。

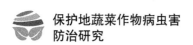
（二）地膜的种类

地膜主要是以聚乙烯树脂为原料吹制而成，按原料可分为高压聚乙烯地膜、高密度聚乙烯地膜、线性聚乙烯地膜和混合聚乙烯地膜等。其中，高压聚乙烯地膜质地柔软，增温保墒性能好，强度也比较好，使用时限为 4 个月以上，能够加工成各种特殊地膜；高密度聚乙烯地膜纵向强度大但横向强度差，容易发生纵裂，能够吹制微薄地膜，但因为其质地不够柔软所以和地面的密集性差，不如高压聚乙烯地膜增温保墒性好；线性聚乙烯地膜韧性好且强度大，和高压聚乙烯地膜类似；而混合聚乙烯地膜通常是两种树脂按比例混合然后吹制而成，性能会介于两种材料地膜之间。

按地膜的性能特点，能够将其分为无色透明地膜、有色地膜、特制地膜 3 个类别。其中无色透明地膜应用最多也最为常见，不仅价格便宜，而且透光率高，能够有效增温保墒，可促使蔬菜作物提早上市，缺点是膜下易生杂草。

有色地膜是在制膜过程中加入各种成分从而让地膜具有不同的颜色来发挥不同作用。例如，黑色地膜就是在聚乙烯树脂中加入 2%～3% 炭黑，整体颜色发黑，透光率低，能够有效抑制杂草生长，但易吸热发生老化，比较适合夏秋地膜覆盖；绿色地膜能够过滤绿光削弱红蓝光，所以能够有效抑制膜下蔬菜作物吸收绿色光谱，能够预防杂草生长，其增温效果极好，但绿色对聚乙烯有破坏作用，所以耐久性差，而且容易褪色，成本也较高，适合夏季覆盖；银灰色反光膜是将铝粉加入聚乙烯树脂中或将银灰粉黏在聚乙烯两面形成银灰色膜，具有很强的反光和隔热作用，因此增温性能较差，但其可以反射光线从而提高蔬菜作物中下部的光照强度，可以抑制杂草和驱除蚜虫，能够减轻蚜虫危害和病毒病侵染，通常在高温夏季使用；双色膜是一种黑色与透明或银灰与透明相间的地膜，由 10～15 厘米相间的颜色条组成，透明部分能够透光增温，银灰色或黑色部分则能够抑制杂草生长或驱除蚜虫，所以具有多重效果，但成本较高；双面地膜是一面为银灰色或乳白色，另一面为黑色的不同颜色的复合膜，通常将浅色向上进行覆盖，可以有效起到降温、抑制杂草生长、反光提高光照强度、驱除蚜虫等作用，成本也比较高。

特制地膜是能够满足不同需求的各种地膜。例如，打孔地膜或切口地膜，是根据栽培需求生产时就在其上打出适合播种或定植的孔，令栽培过程更加方便，一般播种孔直径 3.5～4.5 厘米，定植孔 10～15 厘米，切口地膜则是用于直接栽培的蔬菜作物上，事先会在薄膜切开不同的切口，以满足播种需求；微孔地膜是生产时其上就拥有很多微小的孔，大概每平方米2500个，其增温保墒能力不及透明地膜，但能够促进空气交换，可以有效避免蔬菜作物根系因二氧化碳浓度提高而抑制呼吸作用；除草膜，是一种制作时加入除草剂的薄膜，覆盖后内侧凝聚的水滴能够溶解膜内的除草剂进入土壤，从而将土壤中的杂草杀死，通常用于露地种植中；红外地膜，是在制作时加入红外线助剂的薄膜，能够促进红外线投射，有效增温；光解膜，也称为崩坏膜，其特性是在覆盖土地一段时间后会受光而自行分解，不会对土壤造成污染；杀菌膜，类似于除草膜，是在制作时加入了高效杀菌剂，能够有效避免蔬菜作物感染土传病害等；浮膜，是能够直接罩在蔬菜作物上的一种专用地膜，其上分布了大量气孔，有利于透气透热，可以防止高温高湿等危害，直接搭在蔬菜作物上四周压牢即可。地膜的形式和作用特别多样，可以根据需求和经济考量进行适当的选择。

（三）地膜覆盖的方式

地膜覆盖的方式需要根据不同的地域、不同的蔬菜作物种类、不同的生产季节，以及不同的栽培方式进行适当的调整，一般有以下几种方式。

1. 平畦覆盖

平畦覆盖就是作畦时畦面和地面持平或略高，畦宽1～1.6米，有畦梗，在播种或定植前将地膜平铺在畦面，四周用土压紧密封。其操作简单便捷，而且容易浇水，直接畦面灌水即可，不过浇水后容易造成膜面污染。通常这种覆盖模式初期有增温作用，而后期因为膜面污染有降温作用，可以用于种植高秧支架蔬菜作物及葱头、大蒜等。

2. 高畦覆盖

高畦覆盖就是作畦时畦面高出地面10～15厘米，畦宽和平畦类似，畦面为平顶，地膜直接平铺在高畦的畦面上。其高温增温效果好，但畦面中心易干旱，可以用于种植高秧支架蔬菜作物。

3. 高垄覆盖

高垄覆盖就是垄高10～15厘米，垄面宽30～50厘米，垄底宽50～85厘米，垄距为50～70厘米，每垄可单行种植也可双行种植，地膜覆盖在垄面上。其特点是受光性好所以地温升高快，浇水非常方便，但相对而言保水效果稍差，因此干旱地区垄高最好低于10厘米。

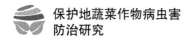
4.沟畦覆盖

沟畦覆盖就是将畦做成 50 厘米宽的沟，沟深 15～20 厘米，蔬菜作物定植于沟内，然后在沟上覆盖地膜，当幼苗生长到顶住地膜时则在地膜上割开十字口放风，当幼苗长高之后再将地膜划破使地膜和沟面密切接触，能够有效保护幼苗免受晚霜危害。

5.穴坑覆盖

穴坑覆盖就是在平畦或高畦或高垄的畦面上打出穴坑，穴深 10 厘米左右，直径 10～15 厘米，在穴内播种或定植蔬菜作物，然后在穴顶覆盖地膜，当幼苗顶膜之后再进行割口放风。

（四）地膜覆盖的技术要求

在进行地膜覆盖栽培之前，首先要清除废旧地膜，清理残枝根茬等，然后耕地要细，要施足底肥，保证耕作层土壤细碎疏松，再作畦起垄，如果采用破垄施肥，土壤过于干旱则需要先浇透底水，在合垄之后再进行地膜覆盖，因为地膜覆盖能够促使肥料活化，能够节省肥料近 1/3，所以施肥时需要注意氮肥可少施用，磷肥和钾肥需匹配施用。要保证整地、施肥、起垄、灌水和地膜覆盖连续作业，有效保持土壤的水分充足和提高地温，可以在定植前一周时间覆盖地膜，待地温提高并稳定后再进行定植。如果先盖膜可以挖穴定植，也可以先定植后盖膜，然后进行掏苗处理。盖膜需要畦平膜紧，膜四周要用土封严，膜面需要没有褶皱且不松弛。

如果使用的是滴灌和喷灌设备，在起垄时可适当加宽和增高垄面；如果采用沟灌则垄面不宜太宽，盖膜时需要注意只盖垄面，不能将垄沟铺上地膜，否则影响水分渗透。另外，浇水模式也需要根据地膜覆盖的方式进行调整，例如，平畦覆盖时需要膜下灌水，浇水量需要及时把控。通常地膜覆盖可以减少灌水量，可以采用小水勤浇的模式进行水分补充。

当后期外界环境开始进入高温干旱阶段，需要及时将地膜划破或揭掉地膜，以免土壤温度过高影响蔬菜作物生长。同时，需要加强田间管理，避免蔬菜作物早衰而导致减产，一般情况下不需要揭膜，若温度过高可以运用遮阴设备进行适当降温处理，这样也能有效避免高温伤害。

四、软化设施和遮阴设施的建造和应用

（一）软化设施建造和应用

软化设施就是采用软化栽培时应用的一种栽培设施，就是让某些蔬菜作物处于黑暗或弱光条件下进行生长发育，从而长出柔软、黄化的蔬菜作物。最为常见的软化蔬菜作物就是韭黄和蒜黄。

软化设施通常包括软化室、地窖等，能够提供遮光密闭、黑暗或半黑暗的环境。软化栽培可以采用地上覆盖，也可采用地下覆盖，地上覆盖通常需要搭建沟窖，然后利用草帘、黑薄膜、稻草等覆盖，以此提供黑暗环境，而地下覆盖主要是借助地窖或窑洞等地下阴暗空间，直接将蔬菜作物密集囤种在地下设施，利用地下空间的温度和避光环境，来实现软化栽培。

沟窖设施搭建可以选择向阳的避风场所或大棚内，挖出长 6～9 米、宽 1 米左右、深 60～75 厘米的沟窖，在其底部铺上稻草、酿热物或铺设电热线，之上铺设肥土 5～6 厘米，之后将软化栽培的植根埋植到床土中，浇水后覆盖草帘再覆盖稻草，然后沟窖地面覆盖塑料薄膜窗，之上再覆盖一层黑膜，夜间可增盖草苫，做到保温遮光。

（二）遮阴设施应用

遮阴设施主要应用于夏季，如蔬菜作物越夏栽培，常用的设施是草帘、稻草、黑色薄膜及遮阳网等，其中遮阳网是最为实用且效果最好的一种设施。遮阳网也被称为凉爽纱，主要原料是聚丙烯树脂，是通过拉丝编织而成的一种高强度、耐老化且质量很轻的网状覆盖物，其不仅具有遮阴的效果，而且有降温、防风、防暴雨、防虫、防旱、防霜等作用。

遮阳网有不同的颜色，也拥有不同的遮光效果，黑色遮阳网遮光率为 67%，银灰色遮阳网为 57%，银白遮阳网为 18%，银灰色遮阳网为 57%，绿色遮阳网为 44%，蓝色遮阳网为 53%，综合来看，黑色遮阳网能够降温 3.7℃～4.5℃，银白色遮阳网能降温 2℃～3℃。

遮阳网的选择需要根据不同地域自然光的强度、覆盖季节及蔬菜作物种类进行适当的筛选。例如，病毒病和蚜虫较为严重的季节可以选用银灰色遮阳网，采用网和膜结合的管理方式起到夏季降温防暑、冬春保温防寒的效果。遮阳网的应用需要搭配相关的管理措施。例如，晴天中午光照较强时进行遮盖，

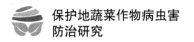
早晚光照不足时需要及时揭开；通常覆盖后蔬菜作物生长发育的条件会得到改善，生长发育会加快，产量会提高，所以需要及时补充水肥等。综合而言，运用遮阳网应遵循大雨盖小雨揭、晴天盖阴天揭的模式。

在运用时需要科学拼接，用电热丝切割成需要的宽度，然后拼接或固定时需要用尼龙线缝制，要用塑料绳绑扎，避免使用铁丝等绑扎，因铁丝等容易损伤遮阳网。

遮阳网的覆盖方式有多种，可以根据需要进行选择。例如，在露地、大棚或小拱棚播种定植后，可以直接浮面覆盖，就是直接覆盖在地面或蔬菜作物上；小拱棚支架覆盖，可以用于夏秋遮光降温及早春夜间防霜，而在雨季和冬春夜间，可以选择网膜结合覆盖，将薄膜和遮阳网结合覆盖可以起到保温效果；畦面覆盖，就是先在畦面上用竹竿等搭起平面或倾斜的支架，然后将遮阳网覆盖在支架上，支架高度可以设置为 0.5 ～ 1.8 米，低棚时直接棚外搭架覆盖，若是高棚则可以棚内作业；大棚覆盖，就是将遮阳网在大棚的棚膜外进行覆盖的方式。

五、塑料棚的建造和应用

塑料棚根据大小可分为塑料小拱棚、塑料中棚及塑料大棚，其中塑料中棚和塑料大棚只是规模、跨度、棚高尺寸的不同，其他的结构和建造类似，因此从建造方面来看塑料棚分为两类。

（一）塑料小拱棚

塑料小拱棚属于应用较为广泛的一种保护地设施，通常跨度为 1.5 ～ 3 米，高度大约 1 米，其体积较小所以结构较为简单，通过简单材料就能够建造，棚架的负荷较轻，采用的材料多数为细竹竿、竹片、荆条、轻型钢材或钢筋等，多数是将材料做成拱形插入土中形成棚架再用塑料薄膜进行覆盖，因此称为塑料小拱棚。

根据形状，塑料小拱棚可以分为 3 个类别：其一是拱形小棚，棚架为半圆形，其材料一般用 1.5 ～ 3 米长的细竹竿或细钢筋按宽度将两头插入地下，中间部分形成半圆形的拱，通常宽度为 1 ～ 2 米，高度为 1 米，每根拱架的距离为 30 ～ 50 厘米，为防止拱架倾斜和散开，可在拱顶和两侧加与地面平行的竹竿等进行固定，在之上覆盖塑料薄膜，其长度和方向可根据条件自行确定；其二是半拱形小棚，棚的方向为东西向，在北面砌1米左右高的土墙或砖墙，南面的床面宽2米，同样采用细竹竿或细钢筋等做拱架，通常每根长2.5～2.6米，其中一端固定在土墙顶上，然后呈半拱形将另一端插入土中，形成半拱架，每根半拱架的距离为1米左右，之后覆盖塑料薄膜等，早春的夜间可以用草苫进行防寒保温；其三是双斜面小棚，就是先用木板等钉成宽1.5米、长3米的窗框，上面钉上塑料薄膜，将两个窗框呈人字置于床面上捆绑在一起，窗框和床面形成一个三角体，通常南北向延伸，两端用塑料薄膜盖严最终形成双斜面小棚，这种小棚拆装方便所以通风管理非常方便，温度较低的夜间可以覆盖草苫保温。

塑料小拱棚在白天受到太阳照射能够提升内部温度并贮存热量，虽然夜间降温但有薄膜和草苫保温，能够减缓温度下降速度，使棚内保持一定的温度，通常能够增温3℃～6℃。因为小拱棚的覆盖薄膜多采用棚四周挖沟填埋的方式密封，两端能够卷起防风，所以小拱棚内部空间小且较为密闭，棚内空气湿度在70%～100%，需要加强通风，通过顶部开窗通风或两端防风，棚内空气湿度能够降到40%～60%，同时要注意幼苗情况，一般坚持从小到大逐渐放风锻炼来避免闪苗。塑料小拱棚多应用于早春育苗，包括花卉、果树和蔬菜作物育苗，最适合露地蔬菜作物育苗，早春栽培的茄果、甘蓝等能够比大棚早熟，可以比露地栽培提早上市15～20天，也能用于秋延后栽培，冬季同样可以用来生产耐寒类蔬菜作物，如芹菜、蒜薹、韭菜等。

（二）塑料大棚

塑料大棚根据尺寸可以分为中棚和大棚。通常中棚每栋长15～50米，宽为4～8米，棚高1.8～2米；大棚每栋长30～60米，宽8～12米，高2～3米。除尺寸有所不同外，中棚和大棚的结构、形态、功用等差别不大。塑料大棚通常是用竹木、水泥、钢材或钢管等作主材料搭建拱圆形或屋脊形骨架，之后覆盖塑料薄膜，根据覆盖形式分为单栋大棚和连栋大棚，不过连栋大棚通风较为困难且实用性差，因此塑料大棚多采用单栋形式。整体而言，以竹木为主材的大棚造价低但容易腐蚀，负载能力也较低，抗风压性差，通常寿命较短；而水泥结构的大棚虽然造价低、耐腐蚀、抗压性强，但其遮光较为严重；以钢材或钢管为主材的大棚投资相对较大，但优势也较为明显，光照度较好，负载能力强且寿命长。

不管建造塑料大棚还是中棚，都需要针对场地、材料及资金条件进行规划，基本的宗旨就是取材方便、管理方便、降低成本、经久耐用。通常需要先

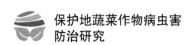
确定位置和方向，最好是南北向延长，能够接受更多阳光，如果东西长南北窄最好修建日光节能温室，塑料大棚设施的效果会差很多；之后需要确定大棚规格，如棚长、棚高、棚宽等，规格的宗旨是保证保温和牢固，长度主要以场所长度决定，而棚高则需要根据需求确定，不能太高，否则保温性会变差且风害严重，通常棚越宽棚就会越高，越窄则越矮。

1. 塑料大棚的结构

塑料中棚和大棚的结构主要由骨架和覆盖薄膜组成。骨架一般由拱杆、拉杆、压杆和立柱组成，也被称为三杆一柱。其中，立柱是大棚中的主要支柱，需要承受棚架和棚膜的重量，同时需要经受得住风雨雪等，分为边柱、中柱、二道柱等，有些钢管材料的可拆卸大棚已经取消立柱，这样能够带来更好的采光性；拱杆是大棚顶部支撑棚膜的骨架，可呈现自然拱形，也可形成屋脊，两端固定到地下或固定到边柱上，通常间距为1米左右；拉杆也被称为纵梁，属于纵向连接的立柱，能够加固和连接大棚主体，稳定整个棚架，可以在拱杆上设置吊柱，将拉杆和拱杆连成一体；压杆的作用是压住棚膜，通常用细竹竿或压膜绳，用以压在拱部的棚膜上，然后用地锚将其拉紧。

通常选用0.1毫米左右厚的塑料薄膜，通过热黏合或用专用黏合剂黏合形成棚膜，3幅或4幅最佳，热黏合处需要重叠5厘米宽度。现今较为常用的大棚膜是PE膜、EVA膜和PO膜。PE膜就是聚乙烯塑料薄膜，其透明度和热封性好，能够防水防潮，透气性较大，所以升温快，但夜间红外线透过率也较高，所以夜间保温性差，普通PE膜不耐老化，通常使用寿命4～6个月；EVA膜就是醋酸乙烯薄膜，其抗张力强耐老化，透光率高也不易变硬，能连续使用1年以上；PO是烯烃类聚合物的总称，PO膜具有较好的透光性，且散射率较低，同时具有较强的抗拉伸性和抗撕裂性，早晨升温迅速，夜晚降温缓慢，是现今效果最好的一种大棚用膜，但价格偏高，通常使用寿命在1年以上，而采用高科技抗氧剂制作的PO膜能够达到3年以上使用寿命。棚膜覆盖时需要整体顺直且拉紧，不折不皱，并留出放风处，可以在大棚顶部留通风口，在大棚肩部离地1米左右位置留放风口，需要在放风口和通风口的边缘处进行热黏合处理，防止穿入压杆绳或放风时拉破边缘。

2. 塑料大棚的应用

塑料大棚的保温性较好，不过其内部气温通常会随着外界气温变化而变化，外界温度高则升温快，且昼夜温差比较大。通常而言，塑料大棚能够增温

8℃～10℃，但夜间降温也比较迅速，需要注意冬春季节昼夜温差大容易造成棚内边缘区受冻。因为塑料大棚覆盖的是塑料薄膜，所以透光量较大，可以全面受光，能够保持较长时间的日照，日照强度也会因为季节和天气情况出现较大的差异，整体来说大棚内的光照强度是上强下弱，而且建构材料也对光照有很大影响，通常水泥材料的光照强度低于竹木材料，竹木材料的光照强度则低于钢材结构。另外，因为塑料薄膜不透水不透气，所以在不通风的情况下棚内因为保温所以湿度较大，夜间遇冷后棚内薄膜会形成水滴重新落回地面，通常棚内空气湿度能在夜间达到 90% 以上，白天则为 60% ～ 80%。

塑料大棚因为夜间保温性较差，所以通常在生产中采用多层覆盖的模式，在塑料大棚外层加盖草苫用以保温，内部则加盖地膜或小拱棚，形成上中下多层覆盖模式。这种模式比较适合春季育苗和早熟栽培，能够使蔬菜作物比露地栽培提前 20 ～ 40 天上市，进行秋延后栽培则能够使蔬菜作物比露地栽培延迟 25 天左右，同样可以在秋冬栽培耐寒蔬菜作物，如芹菜、蒜苗等，也能够进行立体化生产，即以蔬菜作物生产为主体，棚内挖窖创造软化栽培环境进行食用菌培育。

因为塑料大棚棚膜较轻，所以最容易受到大风危害，尤其是竹木结构的塑料大棚，材料本身负载能力有限，所以若维护不好很容易被风吹倒或将棚膜刮走，为了防止塑料棚遭受风害，需要采用一深、二要、三紧、四勤的维护措施。一深就是立柱要埋深踩实，木杆立柱下部需要绑横木，钢筋立柱则需要固定在水泥座上防止抽动；二要就是立柱顶端要打开豁口以便拱杆固定，另外就是拱杆和立柱需要通过钻眼捆绑牢固；三紧是塑料棚膜要紧，压杆和棚膜之间要紧，不能留缝隙，压杆的拉线要拉紧，能够保持压杆的压力；四勤是需要勤关注天气情况，注意大风天气，提前做好防风准备，勤检查各处捆绑和卡扣松紧，及时进行维护和修理，勤修补各种棚膜裂口，避免裂口出现遭受大风撕裂加大损害，勤紧拉线，用以防止压杆压力不够造成棚膜松动[①]。做到这 4 项主要措施，就能够在一定程度上减少塑料棚遭受风害。

六、温室的建造和应用

温室可以大体分为两类：一类是日光温室，即节能日光温室，是以太阳光能为主要热量来源的温室，也被称为暖棚或土棚，主要架构为后墙体、两侧山

① 陈友. 保护地蔬菜栽培及病虫害防治技术［M］. 北京：中国农业出版社，1999：20.

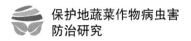

墙、支撑骨架和覆盖材料，是不需要进行室内加热，仅靠后墙体对太阳光能吸收蓄能之后放热来维持温室内温度平衡的温室；另一类是玻璃温室，是一种以玻璃为主要采光材料的温室，其使用寿命很长，且建设型号和使用方式均可根据需要进行调整，在冬季通常需要以供暖方式对温室内气温进行调整和维持，相对而言投入较高。

（一）节能日光温室

节能日光温室类型很多，并且具有一定的地域性特征，其中以土木结构最为普遍，同时也有造价较高的砖石结构和钢筋骨架结构的节能日光温室。

土木结构的日光温室多数为半拱圆形日光温室（图1-1），其后墙体和两侧山墙主要用土掺草进行砌筑，一般墙体较厚，需要比当地最深冻土层厚20厘米左右，例如，冻土层厚度为1.3米，那么土墙厚度就需要达到1.5米，温室的宽跨度多数为6米、8米或10米，因为其采光屋面呈半拱圆形，所以采光性能较好，即使是高寒地区也能够在冬季不加温的情况下生产耐低温蔬菜作物，同时，施工时需要注意保持各个角度相等才能取得理想的采光效果，也才能保持良好的温度。

图1-1　半拱圆形日光温室

还有立窗式节能日光温室，其土墙架构和半拱圆形日光温室类似，但其采光屋面的前沿部分会设定立窗，高度为 50～60 厘米，为了能够增加采光性，中柱通常高 2.8 米以上，前沿的天窗角度在 30° 以上，具体的角度需要根据地域光照情况进行适当的调整，例如，高寒地区应该在 33°～34°。这种温室施工简单、取材方便，因为采光屋面较为平整所以棚膜易于固定，抗风能力也较强，高寒地区多采用这种类型，其温室属于半地下式，中柱高 3～3.2 米，内部跨度为 6 米，土墙厚度为 2 米，后墙高 2～2.2 米，后屋面水平投影长 1.5 米左右。

砖石和钢架节能日光温室就是采用承载力更好的砖石和钢架来作为支撑，通常可以不用设置立柱，后墙高 1.8 米，墙体为砖砌空心墙，其中填充珍珠岩等保温材料，跨度通常为 6 米，中脊高 2.7～2.8 米，采光屋面为半拱圆形，支撑物通常运用半拱圆形钢架，支撑力强所以不用在其下支撑立柱，其采光效果好且保温效果好。

另外还有一种养殖和种植相结合的日光节能温室，是一种兼具养殖和种植的综合型温室，温室一般宽 10～11 米，原本后墙位置设置为养殖棚，宽 3～4 米，高 3 米左右，通常用砖砌筑，其宽度根据养殖所需可适当进行调整，例如，若进行笼养鸡，养殖棚宽度可设置为 3 米，若养猪、牛、羊等，可设置为 4 米。在养殖棚之前砌 1 米高的坚固矮墙，将养殖棚和种植棚割开，种植棚利用养殖棚顶为后墙支撑，山墙和前屋面可与土木结构或砖石结构建造方式相同。在养殖棚后墙需要每隔 3 米设置一个通风窗，在后屋面顶上也需要留有气眼方便通风和排除有毒气体，通常 5 米设置一个气眼。整个温室三面墙都需要设置砖石水泥地基，温室的门可设在养殖棚内，养殖棚地面铺砖或建造水泥地面，在一端留出养殖排污口，与外界的蓄粪池相通。综合型温室不需要设置加温装置，靠养殖的禽畜自身放出的热量即可令温室内满足温度需求，用这种温室养禽畜不仅能够释放大量热量，还能够增加室内的二氧化碳，从而促进种植区蔬菜作物的生长，而且因为采光良好所以禽畜生长快速。

日光温室的建造主要目的是进行蔬菜作物生产，所以建设时需要考虑好采光、保温和蓄热性。因为日光温室多数建设于冬季寒冷的地区，容易遭受风雪侵袭，所以需要有一定的抗风雪能力。日光温室的建造通常需要选择避光、向阳、地势平坦、土质疏松肥沃、地下水位低的场所，另外需要匹配排灌方便的设备。

为了拥有更好的采光效果，在高寒地区冬季早晨气温很低，早晨揭开草苫或棉被后室内温度容易快速下降，所以可以将温室朝向正南稍微偏西，这样有利于中午吸收更多热量；而在非高寒区域则可以朝向正南稍微偏东，偏向角度均以 5°～7° 最适合。另外需要确定采光屋面的夹角，太阳光照射屋面后有一部分会被反射，另一部分则被薄膜吸收用以提升温室内气温，虽然不同棚膜反射光的量不同，但主要影响因素是采光屋面与光线的夹角，当太阳直射光与采光屋面垂直时反射量较少，考虑到造价和保温性能，一般太阳直射光与采光屋面保持 40° 以上夹角时升温效果最好。

日光温室的保温效果主要靠后墙、两侧山墙和后屋面，因此建造墙和屋面都需要选用导热率较小、保温性能较好的材料，并且需要根据地域温度情况调整墙体的厚度。墙体和后屋面的作用是将白天的太阳辐射热度蓄存下来，然后在夜晚进行释放以保温，所以夜晚需要避免热量散失，可以在采光屋面覆盖草苫和棉被等（图 1-2）。在北方高寒地区可以将整个温室下卧 0.3 米或设置为半地下温室，同时需要在温室四周设置防寒沟，用以阻隔土壤热量传递，避免温度快速下降。温室的长度通常需要根据场所决定，但宽度需要根据不同地域进行细微调整，通常跨度在 5.5～8 米，外界温度越低的地区温室内部跨度应该

图 1-2 日光温室棉被保温

越小，以便增温和保温。

日光温室的覆盖物主要是透明塑料薄膜和外保温材料，透明塑料薄膜一般选用保温性能较好、透光率较高、无滴性好、拉伸强度大的聚乙烯无滴防老化膜或聚乙烯多功能棚膜，但需要注意棚面清理，避免影响透光性。在其外可以夜间加盖保温覆盖物，主要是稻草和蒲草编织的草苫，这样能够提高保温效果5℃～6℃；也可以采用棉被或毛毡棉被，其保温性较好，能够提高保温效果10℃，只是容易在雨雪浸湿后卷放困难；或者使用4～6层牛皮纸缝制的纸被，保温效果可提高6℃左右，但受潮后强度容易降低。

（二）玻璃温室

玻璃温室是以玻璃为采光材料的温室，在所有的保护地设施中玻璃温室属于使用寿命最长且适应面最广的一种形式，根据不同的使用方式和栽培需求，可以分为蔬菜作物玻璃温室、花卉玻璃温室、生态玻璃温室、育苗玻璃温室、智能玻璃温室等，其面积和使用方式可以自由进行调配，例如，有些温室高度能够达到10米以上，跨度16米以上，智能设备甚至可以匹配到一键控制的模式，如果场地较大还可以采用连栋的模式进行玻璃温室建构（图1-3）。

图1-3　连栋玻璃温室

通常玻璃温室的结构有 3 项，一是基础，可以分为独立基础和条形基础两类，独立基础就是用边柱和内柱做主要支撑，一般选用钢筋混凝土浇筑，可采用全部现浇或部分现浇，现浇需进行现场支模然后浇筑，整体性好且造价较低，部分现浇通常是垫层现浇但短柱预制，虽然造价较高但搭建快速。条形基础则是用侧墙和内隔墙来做主要支撑，需要根据地质进行选择，一般采用砌体结构，其顶部一般需要设置圈梁来增加支撑力和基础刚度，这种基础需要现场砌筑，所以必须在温室设计完整之后进行，避免出错。

二是钢结构，主要是温室的承重结构和保证结构稳定性的各种支撑及连接件，用材主要是冷弯薄壁型钢和热轧型钢，通常由专业化工厂生产，因为其属于钢材，且常年处于室内高温高湿环境，所以会经过防腐防锈处理。

三是铝合金，这部分主要作为温室的覆盖支撑构件和镶嵌构件，能够与橡胶密封件配合成为密封系统的一部分，也能够单独使用成为支撑构件，还能够作为排水的天沟。

玻璃温室密封性较好，所以在夏季，其内部环境常处于高温高湿的状态，为了方便管理和进行适当降温，需要通风效果较好，通常采用的是自然通风，就是在侧墙和屋脊等处设置通风窗，面积为温室面积的 30% 以上，屋脊的通风窗开启需要能够超过水平面向上倾斜，这样可以获得更好的通风效果。如果自然通风无法达到温度调节和湿度调节的效果，则需要借用强制通风的手段，就是利用鼓风机等进行强制性通风。如果通风无法有效进行降温，就需要采用其他手段进行降温。通常运用的是遮阴降温，就是利用不透光或透光性差的材料进行遮阳来达到降低温度的效果；或者利用蒸发降温，就是利用空气的不饱和性和水的热蒸发能力来进行降温，当空气水分未饱和时水分会通过吸热蒸发带走热量，从而降低空气温度提高空气湿度，这种降温方法需要配合强制通风来达到最佳的效果；还能够运用喷淋降温，就是通过将水均匀喷洒在温室屋面来达到降低温室内温度的效果。

另外，因为玻璃温室没有日光温室用以进行热量蓄积和释放的后墙和山墙，所以其自然的升温效果比较一般，北方的玻璃温室通常需要进行冬季加温，需要视需求来决定加温的时长。常用的加温手段有 3 种：一种是热水加温，类似于北方冬季家庭中使用的暖气系统，也是采用最多的一种加温方式；一种是热风加温，就是通过热风加热系统将加热的空气排入温室，起到增温的效果，分别有燃油加热、燃煤加热和燃气加热几种方式，燃油和燃气的加热装置可以直接安装于温室内，燃烧后的烟气也可直接排入温室成为蔬菜作物的气肥；还有一种就是电加热加温，通常是铺设地热线来提高地温，主要应用于温室育苗，也可以采用电热的方式来释放热风，虽然电加热模式清洁方便，但其成本较高，只能作为临时加热手段。

玻璃温室具有采光面积大且光照均匀、使用时间长且抗压抗腐蚀强度高、强阻燃性且强透光性的特点，所以即使投入成本较大，但依旧发展得很好，并且匹配多种科技设备，能够有效减少人工投入和管理成本，是如今较为先进的一种温室形式。

第三节　保护地环境管理技术

蔬菜作物的生产和环境条件的关系非常密切，保护地设施尤其是大棚和温室，本身就是一个密闭和半密闭的独立空间，其内部的环境条件和外部明显不同，想创造一个适合蔬菜作物生长的环境，就必须要对保护地设施的环境进行管理和调控，这种管理和调控需要根据不同的设施、不同的蔬菜作物种类和品种及不同的栽培季节等特点使用不同的手段，但总体而言主要是根据蔬菜作物生长发育和生产所依托的 5 个基本环境条件进行调整，分别是光照、温度、水分、气体和土壤营养。

一、光照管理技术

（一）光照规律

不同的蔬菜作物种类对光照强度、日照时长、光谱等需求都有所不同，同时不同的保护地设施对光照的影响也有所不同，只有将这两个方面的规律了解清楚，才能进行合理的光照管理和调整。

1.蔬菜作物光照需求

按照对光照的喜好，可以将蔬菜作物分为 4 个大类：第一类是喜欢强光的蔬菜作物，如西瓜、黄瓜、丝瓜、苦瓜、冬瓜等瓜类，番茄、辣椒、茄子等茄果类，菜豆、豇豆、豌豆等豆类，以及萝卜和甘蓝等十字花科类；第二类是耐弱光的蔬菜作物，如芹菜、香菜、白菜等叶菜类，以及葱、姜、蒜等；第三类是喜弱光的蔬菜作物，主要是食用菌类，如木耳、蘑菇等；第四类则是需暗

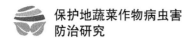
光的蔬菜作物，主要采用软化栽培，如韭黄、蒜黄、芽菜等。整体来说，多数蔬菜作物都需要一定的光照强度，尤其是多数喜强光蔬菜作物，光照越强则光合作用越强，蔬菜作物产量也就越高，但蔬菜作物对光照强度的需求也有所不同，如果光照强度高到一定程度，其光合作用也将不再提升，这就是蔬菜作物的光饱和点，例如，西瓜的光饱和点在80 000勒克斯，番茄在70 000勒克斯，黄瓜在55 000勒克斯等，在进行光照管理时需要针对不同蔬菜作物进行适当的调整。

除了光照强度，不同的蔬菜作物对光照时长也有一定需求，通常日照总时长越多光合产物也越多。同时，不同的蔬菜作物在不同的生长阶段也对光照时长有不同需求。例如，洋葱和大蒜虽属于耐弱光蔬菜作物，但却需要较长日照时长才能形成鳞茎，如果日照时数不够则会造成产量降低；黄瓜、甜瓜等瓜类蔬菜作物在花芽分化期，日照时数每天在8～10小时能够增加雌花比例。

还有就是日光的光谱差异，日光由多种颜色光线形成，因为光波长度不同形成了不同的颜色，通常橙色光和红色光这类长光波能够促进光合作用，而紫蓝黄绿等短光波则会对生长造成抑制。

2. 保护地设施光照特点

温室和大棚是主要的保护地设施，这种密封式设施空间的结构对进入其内的光照有着直接影响，尤其是透明覆盖物的采光角度对光照进入有很大的影响，只有结构合理，反射光较少、覆盖物吸收的光也较少，才能够更好地满足保护地设施内的光照需求。

保护地设施内的光照强度具体的分布规律是从上部到下部光照强度逐渐降低，同等高度光照强度比较均衡。在进行蔬菜作物栽培时可以根据这一规律合理利用日光资源，例如，利用搭架和吊蔓处理来增加植株高度从而使蔬菜作物获取更强的光照。另外，透明覆盖材料的不同也对光照强度和进入室内的光谱有影响，例如，玻璃吸收紫外线较多，因此玻璃温室内紫外光较少，而塑料透明薄膜透光性较为均衡，可以根据蔬菜作物对光谱的需求和喜好来选用不同的覆盖材料。

（二）保护地光照管理

因为季节的不同和地域的不同，保护地设施内光照的强度和时长通常会有极大的差异，在进行光照管理时就需要根据不同的状况采取补光或遮光处理。

首先是补光，需要在选用透明覆盖材料时寻找透光性好的材料，另外就是选用不易吸附灰尘的材料，这样能够在很大程度上保证保护地设施内的光照强度和时长。如果自然环境下无法达成蔬菜作物需求，还可以充分利用光的反射性来改善室内的光照。例如，外界光照强度弱的季节可以在室内悬挂反光膜来改善光照条件，反光膜3米范围内通常光照强度能够增加50%左右，同时还能够有效增温1℃～2℃；如果采用反光膜补光依旧无法达到蔬菜作物光照需求，则可以采用人工补充光照的方式，就是利用人工光源进行补光，常用的是日光灯和荧光灯。具体需要的灯光瓦数、补光时长及补光灯密度，需要根据不同的蔬菜作物需求进行适当调整。

其次是遮光，一种是减少日照时长，一种是减弱日照强度。有些蔬菜作物只有在较短的日照条件下才能完成某些生长发育。例如，黄瓜在幼苗长出2片真叶时就会开始花芽分化，如果此时每天日照超过10小时，其花芽分化就会减少，那么结果就会减少，所以其苗期需要进行短日照处理，然后辅以夜间低温管理，增强昼夜温差来提高花芽分化的速度和质量，黄瓜早春温室育苗是以晚揭早盖草苫的方式进行的，上午8时才揭开草苫，下午4时就将草苫盖好；想让草莓和牵牛花等提早开花，也需要进行短日照处理，可以用黑色塑料薄膜覆盖，每天晚揭早盖来保证日照时常在8～10小时，以此促进其尽早开花。在夏季高温季节，光照强度一般都较强，有些蔬菜作物的光饱和点较低，就需要适当对日照强度进行减弱，可以利用遮阳网或间隔覆盖草苫的方式来削弱光照强度。而有些蔬菜作物喜阴，因此在进行光照管理时不仅需要减少日照时长还需要减弱日照强度，例如，一些观赏类花卉，需要在上午9～10时到下午3～4时用竹帘、遮阳网等来覆盖以减弱光照强度和减少光照时长，或者在温室内间作套种一些爬蔓的藤本植物来有效遮光①。

二、温度管理技术

温度管理是保护地设施日常管理的重要内容，因为不同蔬菜作物及不同发育阶段，对温度的需求都会有所不同，而且保护地设施的温度受到外界环境温度影响较大，因此保护地设施的温度管理复杂且细致，需要根据不同的情况针

---

① 高桥和彦，西泰道.新版保护地蔬菜生理障碍与病害诊断原色图谱［M］.姚方杰，李国花，译.长春：吉林科学技术出版社，2001：6.

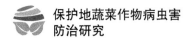

对性管理。

（一）蔬菜作物对温度的需求

蔬菜作物对温度的需求分为两个方向，一个是蔬菜作物种类和特性，另一个是蔬菜作物不同的发育阶段。

1.不同蔬菜作物对温度的需求

按蔬菜作物对温度适应特性的不同，可以将其分为5类：第一类是耐寒性很强的蔬菜作物，这类蔬菜作物能够耐零下20℃乃至零下30℃的低温，可以直接在露地越冬，在寒冷的冬季其地上茎叶会全部枯死，但地下根系不会被冻死，到第二年春天气温回暖，根系会重新发芽生长，如果在保护地设施中，只要温度达到5℃以上新芽就会长出，主要有韭菜、芦笋、辣根、金针菜等；第二类是耐寒性蔬菜作物，这类蔬菜作物能够在零下1℃~零下2℃低温存活，短期处于零下10℃~零下12℃也不会死亡，在12℃~18℃的凉爽环境中产量最高，但不耐高温，40℃以上就会高温死亡，其可以在温室内越冬种植，且不需要使用额外的加温设施，只需要保温较好就能够满足其生长条件，适合越冬、早春和晚秋种植，主要有葱、蒜、菠菜、油菜、香菜等；第三类是半耐寒性蔬菜作物，能够短期处在零下1℃~零下2℃低温环境中存活，在17℃~20℃产量最高，超过20℃则产量会下降，30℃以上就会严重减产，适合早春和晚秋进行保护地栽培，主要有胡萝卜、芹菜、莴苣、豌豆、蚕豆、甘蓝、花椰菜、萝卜等；第四类是喜温蔬菜作物，这类蔬菜作物一般不耐轻霜，0℃以下就会被冻死，在20℃~30℃温暖的环境中产量最高，10℃~15℃以下就会授粉不良影响产量，而在高温40℃环境中生长会停止，因此需要防寒防高温，主要有番茄、辣椒、茄子、苦瓜、黄瓜、豆角等；第五类是耐热蔬菜作物，通常在0℃~1℃就会被冻死，10℃以下就会停止生长，15℃以下将会影响其开花结果，在25℃~30℃果实发育最好、产量最高，能够在40℃以上高温环境中继续正常生长，比较适合在夏季种植，早春和晚秋种植需要注意保温，主要有西瓜、甜瓜、冬瓜、丝瓜、南瓜、豇豆等。

2.不同发育阶段对温度的需求

蔬菜作物不仅不同种类对温度有不同的需求，同一类蔬菜作物的不同发育阶段也对温度有不同的需求，因此在进行保护地栽培时还需要根据蔬菜作物的不同发育阶段，对温度进行恰当的管理。不管哪类蔬菜作物，其种子发芽期和出苗期都要求较高的温度，所以在催芽、播种和出苗前，都需要注意保温来加快出苗，待出苗之后可以适当降低温度，同时需要保持一定的昼夜温差，这样能够防止幼苗徒长。在整个幼苗期，都需要较高的地温，但空气湿度过大则会造成幼苗患猝倒病、立枯病等，所以需要控制水分供应，同时注意地温保持。进入营养生长期，即快速发育阶段，可以适当将温度范围放宽，不能温度过高，以避免植株徒长。当进入开花结果期，通常需要保持较高的温度，很多蔬菜作物在温度过低的环境中会容易落花落果从而影响产量。整个生长过程中，还需要针对外界环境适当对温度进行调整，例如，在冬季阴雪天需要注意温室夜间温度不要过高，只要控制温度不造成冻害，就可以适当进行低温管理，这样在节约能源的同时利于蔬菜作物提高抗性。

（二）保护地温度管理

保护地设施的温度管理主要有 3 个方向，一个是保温管理，一个是升温管理，最后一个是降温管理。

1. 保温管理

保护地设施的保温管理主要是气温管理，气温管理主要靠的是覆盖物和适当的光照管理，需要选用耐低温且抗老化的保温棚膜，另外就是采用多层覆盖的手段来提高保温性，尤其是早春栽培，可以大棚内扣小拱棚，小拱棚内可以再加地膜覆盖，这样能够比单独大棚保温提高最低温度 10℃～ 12℃。夜间可以在棚外增盖草帘、草苫和棉被等来避免温室内热量散失，还可以加设风障等来减少风害，同时有效提高温度。另外，可以运用不同颜色对吸收温度的不同特性来有效提高保温性，例如，颜色越深吸热性越强，可以在棚内使用颜色较深的建筑材料或涂抹较深的颜色，促进白天吸收更多的热量，夜间也能有效减少热量的散失，而且在外界晴天的情况下，在满足蔬菜作物光照强度和时长的基础上，在日照增温时尽可能地提早揭苫和延迟盖苫。

2. 升温管理

保护地设施内的气温相对会对地温产生一定影响，如果地温过低就会影响蔬菜作物的根系生长，并对根系吸收水分和营养产生影响，一般新根系的生长所需的最低温度是 8℃，而吸收水分和营养所需的最低温度在 10℃以上，通常促进根系生长的最佳地温是 15℃。保护地设施尤其是塑料大棚早春时地温较低，冬季更低，因此想在冬季或早春进行蔬菜作物栽培就需要适当提高

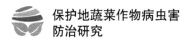
地温。

有效提高地温的方法有以下几种：第一种是运用离地苗床栽培，就是在温室内离地20厘米高左右搭床，让土温达到10℃以上，因为其苗床和田园土壤分离，所以散失热量不会严重，温度维持较为简单，可以用以冬季或早春育苗；第二种是酿热物升温，就是在温室的培土下埋一层酿热物，既能够提高地温，也能够通过微生物的发酵作用产生二氧化碳，从而起到升温和气肥补充的作用，例如，扣棚后封冻前在棚内铺设30厘米厚的稻壳、粉碎的植物秸秆、树叶等混合物，将其埋入土中踩实，这不仅能够提高地温还能够为土壤补充有机肥力；第三种是采用电热线升温，就是在距棚内土壤表面10厘米处铺设电热线，通常用于蔬菜作物育苗、早熟栽培和食用菌栽培，也可以用来培育雏鸡、雏鸭等，需要注意的是要加入温度控制装置，用以保证土壤不会因为电热线长期工作升温过高；第四种是在保护地设施外圈挖防寒沟，通常挖出50厘米深、30～40厘米宽的条沟，然后在其内放入泡沫塑料板，或用旧薄膜包裹碎干草替代，也可以放入秸秆和粪肥等，需要注意放入的碎干草、秸秆和粪肥等不需要踩实就能起到隔断地温传递的作用；第五种是在棚内加盖地膜，尤其是在畦上或垄台加盖地膜，能够有效提高地温3℃～5℃；第六种是需要适当中耕，适当松土和控制浇水能够有效提高地温，浇水需要在晴天的上午，在浇水后要及时松土来保证土壤透气性。

3.降温处理

保护地设施在冬季和春季需要进行保温和升温管理，但在夏季外界温度较高的环境中，设施内温度也会较高，因此需要适当进行降温处理，若温度过高很容易造成蔬菜作物落花落果且生长发育不良，降温手段通常有3种。

第一种是通风降温，当棚内温度达到30℃以上时就需要及时通风降温，一般采用的方式是打开通风口、棚门和揭开棚膜，需要注意揭膜通风需要避免造成棚膜撕裂割破，揭膜通风需要根据温度情况逐渐向上卷起，在进入7月高温期后，可以将棚两侧底部棚膜全部卷起，这样能够有效保证棚内温度不会高于30℃。不过夏季高温阶段也是病虫害高发期，在进行揭膜通风降温的过程中需要配合运用防虫网，较为方便的方式是在棚外搭建一个密闭的小网室用以过渡（图1-4），这样能够在保证通风的条件下避免外界害虫侵入。

图1-4 棚外过渡网室

第二种是遮光降温，就是通过采用遮阳网或不织布覆盖的方式进行遮光，从而促进保护地设施内温度下降，在夏季高温时段这种方式能够令室内温度降低4℃～5℃，还可以在温室外采用竹帘覆盖，也有明显的降温效果。遮阳网不仅降温效果较好，还具有很好的通风性，能够用以降温保湿、防雨防雹等，还能够避免日照强度过高造成的日灼。

第三种是浇水降温，一般应用于夏季干旱时段，通过喷淋的方式对棚面进行喷洒，能够有效降低棚面温度和光热渗透，起到降低室内温度的效果，也可以通过这种方式提高空气湿度，避免干旱发生。

三、水分管理技术

不管是蔬菜作物还是水果作物，其植株或果实的含水量都能够达到70%～90%，只有达到足够的水分含量才能够让产品品质鲜嫩。如果水分不足，不仅会造成产量降低，而且会影响产品品质和商品性状。保护地设施内部温度较高，所以对水分的要求也更高，例如，生产1吨辣椒需要吸收水分200～250

吨，生产 1 吨甘蓝需要吸收水分 90～150 吨等。蔬菜作物不仅对土壤水分要求较多，对空气水分也有一定要求，而且不同的蔬菜作物和不同的生长发育阶段，对空气湿度的要求有很大差别，进行保护地设施水分管理需要从土壤水分和空气水分两个方向入手。

（一）蔬菜作物对水分的需求

不同的蔬菜作物对土壤水分和空气湿度的需求不同，主要可以分为 5 类：第一类是水生蔬菜作物，其耗水量最多，要求生长在水中，离开水就会无法生长，如菱角、藕、慈姑等，在保护地设施内种植时需要搭建水池，池下垫土装水后才能栽培，这类蔬菜作物的根系不太发达，叶片又极大，所以对水分需求极大；第二类是对土壤水分和空气湿度需求都很大的蔬菜作物，需要经常灌水且要保持室内较高空气湿度，主要有黄瓜、芹菜、莴苣、甘蓝、白菜、菠菜、油菜、水萝卜等，以及一些生长很快的绿叶菜；第三类是对土壤水分需求大但对空气湿度需求不大的蔬菜作物，其在开花坐果后对土壤水分的要求很高，但同时需要时常放风来降低空气湿度，避免病虫害的侵染，主要有番茄、茄子和辣椒等茄科蔬菜作物，以及豆角、西葫芦等蔬菜作物；第四类是要求土壤湿润但耗水量小且要求空气湿度小的蔬菜作物，其根系较短但叶片呈带状或筒状，所以需要土壤湿度高、空气湿度低，需要时常进行浇水同时进行通风，主要有葱、蒜、洋葱和韭菜等；第五类是耐旱类蔬菜作物，其叶片裂刻较深且叶面上有茸毛，对土壤水分需求较小，同时需要空气湿度不大，主要有西瓜、甜瓜等，其根系非常发达，如果在保护地设施进行栽培，需要控制浇水和空气湿度，否则会致使果实含糖量低品质差。

不同蔬菜作物对水分需求不同，同一类蔬菜作物的不同生长发育阶段对水分的需求也有所不同，例如，任何蔬菜作物的种子在发芽前都需要吸收大量的水分才能膨胀，豆角种子膨胀时吸收的水分相当于种子干重的 150%，甘蓝或黄瓜种子膨胀时吸收的水分相当于种子干重的 50% 等。因此，任何蔬菜作物在催芽前都需要进行泡籽，这样才能促使出芽整齐且快速。当蔬菜作物出苗后，秧苗的生长期需水量并不多，但是需要土壤保持一定的湿度，需要见湿见干，如果土壤水分过多会出现沤根或徒长，如果土壤水分过少则会使根系老化成为老僵苗。当进入根茎叶营养生长旺盛期，蔬菜作物对水分的需求相应会增加，尤其是在产品器官形成期对水分要求更多，例如，黄瓜、辣椒、茄子、番茄、豆角等进入开花坐果期和果实膨大期后，白菜、甘蓝进入结球期后，油菜、芹菜、香菜、菠菜等进入叶子快速生长期后，都需要大量的水分，所以进行保护地栽培时，需要注意当蔬菜作物进入产品器官生长期时要经常浇水，否则就会影响产品产量和产品品质。

（二）保护地水分管理

保护地设施内的水分管理包括土壤水分管理和空气湿度管理两部分，土壤水分一般通过灌水系统进行调节，空气湿度则一般通过通风来控制。

土壤水分管理主要分为以下几种灌溉方法：第一种是膜下沟灌，普通浇水方式是大水漫灌，但因为灌水量较大所以容易造成土壤板结、透气性变差，且容易让空气湿度增高引发病虫害，如果是外界温度较低时漫灌还容易降低地温，不利于蔬菜作物生长发育，膜下沟灌是在垄台中间挖浅沟，垄台进行地膜覆盖，灌溉时通过地膜下的浅沟进行灌溉，这种灌溉方法能够有效保持地温还能防止空气湿度增加，避免土壤板结；第二种是喷灌，通常需要先布置喷灌管道，并利用管道上的喷头进行灌溉，这种灌溉方法能够有效降低室内温度和提高室内湿度，适合高温季节采用；第三种是膜下滴灌，就是在定植前先在田园布置主干管、支干管、毛细管和滴头，通过毛细管和滴头将水直接输送到根部，这种灌溉方法既能节约用水还可以促进根系生长，保持土壤透气性，同时能够有效提高地温并避免空气湿度变大，如果接驳施肥罐还能够通过膜下滴灌系统进行追肥，可减少肥力浪费；第四种是地下灌溉，就是在地面表层15～20厘米埋入很多带小眼的水管，通过水流来逐渐湿润土壤，虽然这种灌溉方法能够节约用水，但管道因为出水眼较小且在土壤内部，所以容易堵塞，可用纱布将小眼包裹。

四、气体管理技术

保护地设施是一个相对密闭的环境，因此室内的空气流通性差，气体条件较为复杂，蔬菜作物的生长需要一定量二氧化碳，同时室内也容易出现一些有毒气体，保护地设施气体管理主要就是针对这两类气体进行调节。

（一）二氧化碳管理

二氧化碳是蔬菜作物光合作用主要的碳元素来源，如果在生长发育过程中空气二氧化碳含量不足，就会造成其产生的营养物质减少，从而降低产量。通常空气二氧化碳含量为 0.03%，但保护地设施中不同的土壤性质会造成不同的二氧化碳含量，例如，沙质土每公顷土壤每小时能释放 4～5 千克二氧化碳，而有机质多的土壤则能释放 10～25 千克。另外就是各种产二氧化碳物质的多少也会影响其含量，例如，铺设酿热物的温室中二氧化碳含量会明显增加，且有助于地温增高。天气同样会影响室内二氧化碳含量，在阴雨天气因为蔬菜作物光合作用较低，所以二氧化碳含量会偏高，晴天则反之。通常白天室内二氧化碳含量低，而夜间因为蔬菜作物的呼吸作用二氧化碳含量较高[①]。

根据这些特点，可以针对不同的情况调节室内二氧化碳的含量，例如，晴天的白天蔬菜作物光合作用强，二氧化碳含量会越来越低，可以在保证温度的同时采取通风措施来补充二氧化碳，也可以通过多功能挂钩悬挂二氧化碳气肥（图 1-5），通常补充气肥需要连续释放，除阴雨天之外不可中断，可

图 1-5　多功能挂钩（可用于悬挂气肥，也可进行吊蔓）

---

① 　陈友.保护地蔬菜栽培及病虫害防治技术［M］.北京：中国农业出版社，1999：87.

以根据棚室的面积和蔬菜作物所需二氧化碳量来调节气肥施用量，通常二氧化碳气肥施用最高浓度不能超过2%，否则会造成蔬菜作物产生二氧化碳中毒，也可以通过铺设有机肥来提高棚室内的二氧化碳含量，这样不仅可以提高土壤肥力保证蔬菜作物营养，还能够带来大量二氧化碳，或者采用充分燃烧木炭的方式补充二氧化碳，但需要注意氧气补充，避免不充分燃烧产生大量一氧化碳。

（二）有毒气体管理

保护地设施内的有毒气体主要有以下几个源头：首先是选择的塑料棚膜不当，有些工艺不到位的棚膜在太阳光照的高温下会释放一些有毒气体，如乙烯或氯气等，所以在选择棚膜时一定要保证其工艺的成熟性；其次是施肥不当，若施用的有机肥未完全腐熟，或施用了大量尿素或铵态氮化肥，则会造成氨气不断释放，当氨气达到一定浓度就会对蔬菜作物产生巨大危害，最易受氨气危害的有黄瓜、番茄、辣椒、小白菜等，若过多施用硝酸钾等化肥，在沙质土壤中易产生亚硝酸气体，从而引起蔬菜作物中毒，易受亚硝酸气体危害的有茄子、芹菜、莴苣、番茄等，若施用未腐熟的人畜粪便等，则其在分解发酵时也可能产生大量二氧化硫，达到一定浓度同样会令蔬菜作物受害，易受二氧化硫危害的有豆角、豌豆、蚕豆、白菜、甘蓝、黄瓜、西瓜等。

为避免有毒气体对设施内蔬菜作物造成危害，首先就需要选用安全可靠的塑料棚膜，最好选用农业专用大棚膜。其次是施肥要恰当，进行基肥施加时必须选用充分腐熟的有机肥，避免氨气和二氧化硫等大量产生，如果出现中毒现象应该进行大通风，并多浇水来降低棚内温度减缓危害；在施用氮素化肥时可以将其和过磷酸钙混合或埋在土中，避免大量挥发；可以不施用尿素，即使施用也需要及时掩埋；用化肥追肥后需要及时进行通风浇水，来避免有毒气体汇集；另外棚内尽量少用或不用硝酸铵化肥，避免产生亚硝酸气体。

通常情况下当蔬菜作物发生异常时不太容易分辨原因，可以先通风换气再找专业人员进行诊断，避免随意施用农药或化肥，容易施用不当加大危害。

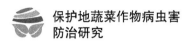

五、土壤营养管理技术

保护地设施内的土壤很少会遭受雨水冲刷，因此营养流失较少，同时为了令蔬菜作物高产通常施肥量较大，但如果蔬菜作物一茬无法完全吸收，下一茬依旧会施肥，这就造成肥力逐渐积累。而且，不同蔬菜作物吸收肥力有所不同，且棚内种植连作现象比较严重，因此会造成土壤营养元素失衡，同时连作也会令土壤病原菌等大量繁殖，致使土传病害越来越严重。

土壤营养管理不仅需要对土壤进行不断改良，还需要针对蔬菜作物种植做出适当的调整。土壤改良最有效的措施就是增施充分腐熟的有机肥，不仅能够令土壤疏松，而且能够增加土壤透气性，对于沙性较大的土壤需要多施用堆肥配以黏土加以改良，碱性土壤则需要施用草炭肥或过磷酸钙等酸性肥料加以改良。另外，还可以进行换土，这样能够有效避免连作造成的土传病害加重，通常需要 3～4 年换土一次，并要尽量避免连作，可以采用多种蔬菜作物轮作或间作的方式来实现土壤肥力平衡及削弱土传病害。

第二章
保护地蔬菜作物病虫害基础知识

第一节　蔬菜作物生理病害解析

保护地蔬菜作物栽培主要是在不适宜蔬菜作物生长的季节利用设施的保温或降温作用，人为创造适宜蔬菜作物生长发育的环境，因为其环境条件非常复杂，所以有时会出现蔬菜作物生长受阻现象，并表现出各种生理病害，这些病害并非病原菌侵染造成，而是蔬菜作物生长的条件未能平衡导致，主要体现在5个方面。

一、营养类生理病害

蔬菜作物在生长发育过程中需要不断从外界吸收所需的各种营养元素才能够维持生命活动，同时进行发育和生产，其中有一部分营养元素是蔬菜作物必需，有些是蔬菜作物生长发育不可或缺的元素，有些是缺少后蔬菜作物会出现缺失元素的症状，有些则直接参与蔬菜作物新陈代谢，综合而言蔬菜作物必需的营养元素为16种，分别是碳氢氧氮磷钾钙镁硫铁锰锌铜钼硼氯。

这16种营养元素可以根据蔬菜作物体内含量多少划分为三大类：一类是大量营养元素，其在蔬菜作物体内含量较多，蔬菜作物对其需求量也极大，分别为碳氢氧氮磷钾6种，碳氢氧主要靠蔬菜作物从空气和水中吸收，氮磷钾则源自土壤和肥料；另一类是中量营养元素，蔬菜作物对其需求量处在大量营养元素和微量元素之间，分别为钙镁硫3种，有些蔬菜作物对其需求量大则其也会被归于大量营养元素中；还有一类是微量元素，其在蔬菜作物体内含量很小，但却必不可少，分别为铁锰锌铜钼硼氯7种。

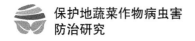
上述的 16 种营养元素在蔬菜作物整个生长发育过程中都具有各自不同的生理功能，了解营养元素的主要功能才能对蔬菜作物营养生理病害做出有效的诊断和防治。

首先是碳氢氧，其在蔬菜作物体内含量最多，其中碳占据蔬菜作物体干物质总量的 45% 左右，三者总和能够占干物质总量的 90% 以上。碳氢氧的获取主要靠蔬菜作物的光合作用从空气中摄取，其通过光合作用形成的最初产物就是糖，这是蔬菜作物体内合成很多重要有机化合物的基本原料，也是蔬菜作物呼吸作用和新陈代谢作用的能量来源。因为碳氢氧源自空气和水，一般情况下都能够满足蔬菜作物正常需求，保护地设施较为密闭所以需要注意二氧化碳的浓度并及时进行补充。

其次是剩余的 13 种营养元素，每一种元素的功能都有所不同，缺失或过剩也会出现不同的症状。

（一）氮

氮是蔬菜作物体内很多重要有机化合物的成分，这些有机化合物多数位于代谢的中心，所以氮元素在一定程度上影响着蔬菜作物的新陈代谢和生长发育，尤其以蛋白质最为重要。除豆科蔬菜作物能够从空气中固氮获取，其他蔬菜作物吸收氮元素的主要源头都是土壤，因此在蔬菜作物生长过程中保证土壤内的氮含量非常重要，氮含量合适可以令蔬菜作物合成较多蛋白质，从而使生长和细胞分裂加快，叶绿素丰富，叶面积会较大，光合作用就会加强，从而有利于蔬菜作物干物质的积累。

土壤氮不足会令蔬菜作物细胞分裂和生长受阻，生长缓慢，根系会变得细长且量少，严重缺乏会造成根系呈现黄褐色并停止生长，多数表现为叶片黄化且失绿的色泽均匀，不会出现斑点，通常会从老叶开始黄化然后蔓延到中上部新叶。虽然多数蔬菜作物是喜氮类作物，但如果土壤氮过量也会影响蔬菜作物生长发育，通常表现为营养生长过于旺盛，植株徒长且组织柔软，整体抗病能力降低。

（二）磷

磷是蔬菜作物体内核酸的主要组成成分，核酸又是核蛋白的重要组成部分，所以磷是多种重要有机化合物的组成成分，且以化合物形式参与蔬菜作物体内的各种代谢，可以促进蔬菜作物根系的生长。蔬菜作物吸收的磷主要集中在根部，所以当缺磷后蔬菜作物外在表现不像缺氮那么明显，通常表现为根系不发达，植株矮小瘦弱，生长迟缓且果实小，叶片会呈现暗绿或灰绿且缺乏光泽，叶片较小，当缺磷严重时会在茎叶上表现出紫红色条纹或斑点。

（三）钾

钾并非蔬菜作物体内有机化合物的成分，其主要存在于蔬菜作物细胞分裂活跃的部位，如新叶、新芽及根尖等，钾是蔬菜作物体内多种酶的活化剂，可以促进蔬菜作物的光合作用和氮的代谢，同时蔬菜作物体内碳水化合物的代谢和运输及叶片气孔的开闭也需要钾参与，另外钾可以促进植株茎秆维管束发育，提高蔬菜作物的抗倒伏能力，并增强蔬菜作物的缺逆能力，如提高蔬菜作物抗病性等。

因为钾在蔬菜作物体内拥有极大的移动性，会从老组织不断向新生部位转移，所以缺钾症状首先体现在老叶处，叶缘发黄并逐渐变为褐色，呈现焦枯状，叶片中部叶脉仍然能够保持绿色，如果植株生长点、新叶、新芽、根尖等出现缺钾症状，意味着缺钾已非常严重。

（四）钙

钙是构成蔬菜作物细胞壁的重要元素，主要分布在叶片中，且老叶含量比幼叶高，蔬菜作物对钙的摄取量远远大于其他粮食类作物，因为钙在蔬菜作物体内会形成难溶性的钙盐，因此钙是无法被再次利用的元素。蔬菜作物缺钙首先表现在生长点部位，茎尖、侧芽、根尖等分生组织会出现受损情况，严重时腐烂死亡，植株会矮小且根系发育不良，幼叶卷曲且叶缘和叶脉间失绿，之后逐渐枯死。

（五）镁

镁是蔬菜作物叶绿素的重要组成元素，另外也是多种酶的活化剂，可以加强蔬菜作物体内酶的催化作用，在豆科蔬菜作物中会参与脂肪代谢，缺镁的豆科蔬菜作物含油量会降低。镁通常会积累在幼嫩的叶片中，进入结果期之后会转向种子里以植酸盐的形式贮藏。蔬菜作物缺镁时镁会从下部快速向幼嫩组织传递，因此症状首先体现于老叶上。但蔬菜作物叶片出现缺镁症状并不一定是土壤缺镁，因为镁和钙、钾、铵等存在拮抗作用，如果钾肥施用过多或大量施用铵态氮肥，那么蔬菜作物对镁的吸收会受影响。

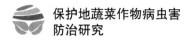

（六）硫

硫是蔬菜作物体内蛋白质的重要组成元素之一，同时也是形成叶绿素的重要元素。缺硫会造成蔬菜作物产量降低、品质变差，也会造成叶绿素合成受阻，从而导致植株矮小且瘦弱，叶片淡绿甚至变为黄白色。

（七）铁

铁是蔬菜作物合成叶绿素必需的营养元素，叶绿素合成需要含铁的酶进行催化，另外，铁还是一些蔬菜作物呼吸作用有关酶的重要成分。缺铁的蔬菜作物主要表现为叶片失绿黄化甚至变成白色，先是上部叶片失绿，叶肉先变浅绿，叶脉仍保持绿色，形成网状，严重缺铁叶片会变成黄色乃至白色，最终脱落。

（八）锰

锰是蔬菜作物体内很多酶的组成成分和活化剂，缺锰症状通常从新叶开始，表现为叶肉失绿但叶脉仍为绿色，叶脉凸起且叶缘起皱，缺锰严重时叶片失绿部分会相连并出现褐色斑点。

（九）锌

锌是蔬菜作物体内很多酶的组成成分和活化剂，对碳氮代谢有影响，也参与生长素的合成，可催化光合作用过程中二氧化碳的水合作用，缺锌时叶片会黄化且叶面卷曲，节间缩短形成簇生小叶，甚至会整个萎缩。

（十）铜

铜是蔬菜作物体内很多氧化酶的组成成分，也是某些酶的活化剂，对叶绿素有稳定作用。缺铜的蔬菜作物主要表现为新叶失绿并出现坏死斑点，叶尖发白，生长点坏死。

（十一）钼

钼是蔬菜作物体内硝酸还原酶和固氮酶的组成成分，并会参与蔬菜作物的固氮作用和氮代谢，能够促进光合作用。缺钼蔬菜作物会叶片失绿，叶片较小，甚至畸形生长，植株也会比较矮小。

（十二）硼

硼并非蔬菜作物的组成物质，但对蔬菜作物某些生理过程有特殊作用，能促进碳水化合物正常运转，也参与细胞壁物质合成和半纤维素合成。缺硼的蔬菜作物表现为叶片变厚，叶柄变粗，花期延迟并落花严重，茎和根尖分生组织细胞受损或死亡。如果土壤硼量过高，蔬菜作物还会表现出叶尖和叶缘焦枯状、叶背出现褐色斑点或斑块等症状。

（十三）氯

氯是蔬菜作物光合作用参与元素，也是细胞液渗透压的调节剂，能够维持蔬菜作物体内的生理平衡，但其对蔬菜作物的品质会有不良影响，因此需要避免施用含氯肥料。

二、水分类生理病害

水分是蔬菜作物生长过程中需求量最大且消耗量最多的物质，且蔬菜作物重量 90% 以上都来自水，如果水分管理不当就会引发蔬菜作物生理病害，也会降低蔬菜作物的品质。其生理病害主要体现在水分不足和水分过量两个方面。

（一）水分不足

光合作用是蔬菜作物最主要的生命活动，其中最重要的原料就是水和二氧化碳，如果在蔬菜作物生长过程中水分不足，其生长就会受到限制，最明显的表现就是叶面积减少、花的发育不良、出现萎蔫等，如果长期水分不足还会导致蔬菜作物死亡。萎蔫后，蒸腾作用会减弱或停止，叶面上的气孔就会关闭，造成无法吸收二氧化碳，光合作用停止。不同蔬菜作物水分不足的表现也有所不同，例如，黄瓜在进入果实膨大期水分不足，即使后期补充水分也容易出现尖嘴瓜。

另外，水分不足也会影响蔬菜作物体温调节，当外界温度过高，蔬菜作物就需要利用蒸腾作用来消耗水分降低体温，如果供水不足就会造成蔬菜作物体温过高影响生长发育，使其抗性降低；而且蔬菜作物吸收土壤营养也需要借助水分，水分不足会影响其根系吸收营养造成生长停滞和各种营养缺素症。

（二）水分过量

蔬菜作物吸收水分主要源头就是土壤，但土壤水分和透气性在一定程度上

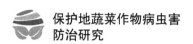
成反比关系，也就是土壤水分越大，透气性越差，但水分过少会令土壤板结，同样会影响透气性。土壤中水分过量，会影响根系的呼吸和营养吸收，根系就会发育不良导致蔬菜作物生长缓慢或停滞，同时还会影响地温的提升，造成地温和气温变化不协调，很容易引发蔬菜作物枯萎病和其他病害。

三、土壤盐渍化生理病害

土壤盐渍化生理病害是指土壤可溶性盐浓度过高超过蔬菜作物生长的浓度范围，从而造成其生长发育不良的现象。土壤盐渍化外在表现是土壤结构被破坏，容易出现板结现象，干燥后土壤表面会看到较为坚硬的盐化层。通常在露地土壤中不会存在土壤盐渍化，因为露地降水和降雪等能够将土壤中的可溶性盐带到地下水中，使其不至于在土壤中积累，但保护地施肥量大且处于较为封闭的空间，可溶性盐很容易在土壤中积累从而出现土壤盐渍化。

（一）土壤盐渍化的成因

土壤盐渍化首要原因就是保护地的封闭环境，因为没有自然淋洗过程，且经常性地灌溉让土壤长期处于湿润状态，蔬菜作物根系和土壤的蒸腾量比较大，也会促进盐分向表层积累；其次就是过量施肥增加了土壤中盐分的含量，为了追求保护地蔬菜作物产量，通常施肥量都较高，又因为没有自然淋洗条件，所以蔬菜作物无法吸收的肥料中的盐分就会在表层积累；最后则和地域有较大关系，地下水位较高或灌溉水质量较差，就容易引起土壤盐渍化，地下水通常含盐量较高，如果其水位较高盐分就会向上渗透，所以盐碱地区更需要注意土壤盐渍化。

（二）土壤盐渍化引起的生理病害

蔬菜作物的耐盐性因为种类不同会有所不同，且土壤盐分过高引起的生理病害也会因为蔬菜作物种类有所区别，不过通常土壤盐分越高对蔬菜作物的影响越大，一共可以分为 4 个阶段。

第一个阶段是土壤盐分浓度在 0.3% 以下时，多数蔬菜作物并不会出现外观明显的生理病害，少数对盐分敏感的蔬菜作物会出现盐害表现，最明显的就是草莓；第二个阶段是土壤盐分浓度达到 0.3% ～ 0.5%，虽然这个阶段多数蔬菜作物依旧不会出现明显的生理病害，但间接病害却会显露，例如，根系发育受限，气温升高就会发生萎蔫，即使增大灌水量也无法缓解，且土壤干燥会出现坚硬结皮层；第三个阶段是浓度达到 0.5%～1.0%，此时多数蔬菜作物都会表现出生理病害，主要症状是生长受到抑制，叶片小且萎缩，同时颜色浓绿叶缘翻卷，新叶和生长点的叶片出现卷缩和叶缘黄化，中部叶片边缘出现坏死斑，严重时会如同镶金边，易萎蔫，浇水无法缓解，但早晨能够恢复生机；第四个阶段是浓度达到 1.0% 以上，此时多数蔬菜作物的幼苗将无法成活，即使成活的幼苗生长也会非常缓慢。多数土壤盐渍化对蔬菜作物的影响都表现在前两个阶段，就是外部表现很少，但却严重影响产量。

（三）土壤盐渍化防治途径

首先就是避免在土壤盐分浓度较高的区域发展保护地设施，这类区域不仅地下水盐分浓度高，且灌溉水质量也较差，很容易出现土壤盐渍化；其次是施肥要平衡，不能为了一次产量就施用过多肥量，需要按照蔬菜作物需肥的规律和土壤的供肥能力来平衡性施肥；再次是通过合理的灌溉来降低土壤水分蒸发，减缓蒸发作用能够有效缓解盐分向土壤表面聚集，可以采用滴灌、渗灌或膜下灌溉的形式，这样既能节约用水量也能够避免土壤盐渍化；还有就是利用秸秆来降低土壤盐分浓度，保护地设施内土壤盐分主要以硝态氮为主，灌水泡田虽然能有效将硝态氮带到地下水，但同时也会造成土壤硝态氮肥力下降，还会污染地下水，所以可以利用秸秆来固定硝态氮，既不会损失肥力也能够有效降低盐分；最后就是需要进行合理的换土和轮作，轮作的方式最为方便，用不同肥力需求的蔬菜作物轮作来平衡土壤的盐分，可以有效恢复土壤的肥力，同时也能够避免连作造成土传病害越来越严重。

四、有害气体生理病害

保护地设施中有害气体主要来自有机肥料的分解及化肥挥发，尤其冬季为了保温，室内通风相对较少，在室内进行加温也有时会造成室内空气污染，这些有害气体会影响蔬菜作物的生长发育，需要及时发现并避免其危害，常见的有害气体生理病害有如下几种。

（一）氨气

保护地设施中的氨气危害主要来源未腐熟的有机肥或追施的铵态氮化肥

等，未腐熟的有机肥会产生氨气，而铵态氮会挥发产生氨气。一次性施肥过多、采用的施肥方式是表面施肥、覆土过薄、土壤呈现碱性都会加剧氨的挥发。当室内空气中氨气浓度达到 0.1% ~ 0.8% 时，其就会危害蔬菜作物，例如，在氨气浓度达到 0.1%，外界温度较高且晴天的条件下，1 ~ 2 个小时黄瓜就会死亡。

蔬菜作物氨气中毒比较常见，轻微表现是叶片形成大块枯斑，影响产量和光合作用，重度表现为所有叶片会在很短时间内完全干枯。氨气会从叶片的气孔进入，破坏叶片中的叶绿体，所以通常受害部位会在初期呈现水浸状，干枯时叶片呈现淡褐色或黄白色，如果是氮肥造成的中毒通常会从下部向上蔓延。

避免氨气危害需要避免施用未腐熟的有机肥，在进行尿素、碳铵和硫铵追肥时需要减少施用量且开沟深施，并及时覆土浇水，如果需肥量大可以每次少量施用多施用几次。如果出现氨气危害需要及时通风换气，并注意观察植株情况。

（二）亚硝酸气体

通常情况下亚硝酸气体来自天然气和煤的燃烧，保护地设施内的亚硝酸气体多数来自土壤中亚硝酸根的挥发。亚硝酸通常产生于铵被氧化的过程中，通过施肥进入土壤的铵和有机质分解形成的铵会被亚硝酸细菌氧化为亚硝酸态氮，之后通过硝化细菌的氧化作用生成硝酸态氮，当土壤出现盐分障碍和微生物生态被破坏时，硝化细菌会大幅减少，从而造成亚硝酸态氮积累最终气化，就会出现对蔬菜作物的危害。通常土壤呈现酸性时容易出现亚硝酸气体，这一点和氨气相反，可以通过测试棚内水滴的酸碱性来大体判断危害。

之所以通过测试判断危害，是因为亚硝酸气体危害的症状和氨气危害的症状很相似，只不过氨气主要危害叶肉，叶片以变为褐色为主，而亚硝酸气体主要危害叶绿素，叶片会变白，且受害部分会下陷和健康部位界限分明。

亚硝酸气体容易在土壤地温急剧变化时产生，通常地温较低时土壤内微生物的活动较弱，氮素的分解处于中间阶段，如果此时地温快速上升，就会令微生物活动加剧，很容易发生铵和亚硝酸过剩，尤其是施用未充分腐熟的有机肥时更为严重。如果在初始时地温就较高，微生物能够顺利分解有机质，那么亚硝酸气体危害就能够避免。所以，首先要施用腐熟的有机肥，另外则是在种植前要提早施用基肥，让基肥和土壤充分混合后逐步升温，避免地温急剧提升影响土壤微生物群体均衡。土壤酸化也容易导致亚硝酸气体危害，如果发现土壤酸化可以施用适量石灰，既可中和土壤酸度，也能够补充土壤的钙素，有效避免亚硝酸气体的产生。

（三）二氧化硫

保护地设施内的二氧化硫主要源自室内加温时泄漏的煤烟及未腐熟有机肥分解。二氧化硫主要通过蔬菜作物叶面气孔开放被吸入，会转化为亚硫酸和硫酸，致使蔬菜作物受害，所以当蔬菜作物所处的环境适合光合作用和生长发育，拥有充分的水分供应和较高的空气湿度，二氧化硫危害容易产生。而在干旱和空气相对干燥时，蔬菜作物叶面气孔会关闭，这样能够有效增强对二氧化硫危害的抗性。

二氧化硫主要危害叶片，因为二氧化硫遇水会形成亚硫酸或硫酸，从而破坏叶片的叶绿体，还能通过叶片气孔进入叶肉，造成叶片气孔多的部分呈现斑点，严重时会使整个叶片呈现水浸状然后逐渐失绿，如果空气中二氧化硫浓度达到每升 0.2 微升，经过 3～4 天，对二氧化硫敏感的蔬菜作物就会出现症状，如果达到每升 1 微升，经过 4～5 个小时有些蔬菜作物就会出现明显症状，当达到每升 20 微升，多数蔬菜作物会受害乃至死亡。

不同蔬菜作物的二氧化硫危害症状也有所不同。例如，番茄、芹菜、黄瓜等的症状是叶缘和叶脉间先变白，之后会随着接触二氧化硫时间的延长而逐渐扩展至叶脉，并且叶片会逐渐干枯；豆类、茄子、萝卜等的症状是叶片先呈现水浸状，之后叶缘卷曲干枯，同时叶脉间出现褐色病斑。防治二氧化硫危害的主要方法是避免施用未腐熟有机肥，同时避免室内出现高湿条件，如果冬季室内温度较低应该避免明火加温，若已发生二氧化硫危害，则需要及时通风换气，而且需要在不影响植株正常生长的温度之上尽量加大通风量。

五、生长调节剂生理病害

在保护地蔬菜作物栽培时经常需要施用一些生长调节剂，以人为的方式对蔬菜作物生长情况进行调节，以此来达到高产和及时上市的目的，最终实现高效益，但是如果生长调节剂施用不当，很容易在土壤中出现残留或令植株产生药害，不仅会影响产量，还会造成极大污染。

比较常见的生长调节剂有 2，4-D，能够促进茄果类蔬菜作物保花保果，

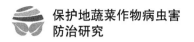
同时能促进果实膨大提高含糖量；有矮壮素等，能够控制植株徒长，缩短节间并促使茎秆粗壮，能够有效抗倒伏并促进早熟，也能够提高坐果率和提高抗性等；如赤霉素，能够促进植株生长和细胞分裂，并且能有效减少落花落果。

虽然这些生长调节剂对蔬菜作物效果明显，但需要非常严格地掌控施用浓度，而且还需要根据不同的蔬菜作物种类和环境的温度进行适当的调整，通常浓度偏高会导致极严重的药害。当采用 2，4-D 进行蘸花时需要及时清理残余调节剂，避免重复蘸花和滴落。

第二节　蔬菜作物病害解析

蔬菜作物病害主要指的是侵染性病害，主要由生物性病原寄生在蔬菜作物上引起，会造成蔬菜作物生长发育不了并出现各种病态，其在生理上、组织上及形态上会发生一系列的病变过程，也被称为病理程序，侵染性病害的病原多数属于微生物，且这类病害通常具有一定传染性，会在田间进行传播扩散，因此也被称为传染性病害。

一、蔬菜作物病害病原类型

引起蔬菜作物产生病害的病原主要有真菌、细菌、病毒、线虫和寄生性种子植物，除寄生性种子植物外，其他 4 类都具有传染性。

（一）真菌

在蔬菜作物病害中真菌性病害种类最多，大概占据蔬菜作物病害的 70% 以上，其最典型的营养体是菌丝，而繁殖体则是各种孢子。真菌的营养体都是纤细的管状物，在显微镜下呈现出丝状，所以被称为菌丝，多数为无色，少数呈现为褐色。在真菌营养体生长发育的不同阶段，会出现一定形态上的变化，有些对真菌繁殖和传播有重要作用，有些则能够帮助真菌度过不良环境。

真菌的繁殖和传播主要依托于各种孢子，分为无性孢子和有性孢子两类。无性孢子是直接从营养体分裂产生，或由菌丝分化形成的孢子梗或产孢细胞产生；有性孢子则是由两个可交配的性细胞结合产生。真菌的孢子通常非常微小，能够凭借风力或附着于昆虫等进行传播。真菌的种类很多，会引起蔬菜作物病害的真菌也较多。例如，鞭毛菌亚门中的根肿菌属会引起白菜根肿病，腐霉属会引起黄瓜等绵腐病，疫霉属会引起番茄和马铃薯晚疫病，霜霉科真菌则会引起各种蔬菜作物霜霉病；子囊菌亚门中的外囊菌目会引起桃缩叶病，白粉菌目会引起瓜类白粉病；接合菌亚门真菌会引起甘薯软腐病等；半知菌亚门中的丛梗孢目会引起番茄早疫病和灰霉病，引起黄瓜枯萎病，黑盘孢目会引起辣椒炭疽病，无孢目真菌则会引起蔬菜作物立枯病等。

（二）细菌

蔬菜作物细菌病害相对真菌病害和病毒病害较少，细菌属于原核生物单细胞微生物，极为微小，通常采用裂殖的方式繁殖。其中，假单胞杆菌属有些会引起各种蔬菜作物青枯病，黄单胞杆菌属有些会引起菜豆疫病、姜瘟病和辣椒疮痂病等，欧式杆菌属有些会引起白菜和辣椒软腐病。

（三）病毒

病毒是一种非细胞形态的分子微生物，对蔬菜作物的危害仅次于真菌，通常传播途径有 3 种：其一是介体传染，就是病毒通过昆虫等介体的移动，逐渐传播到整片蔬菜作物中，例如，西葫芦病毒病、番茄蕨叶病、辣椒病毒病等主要通过蚜虫传播；其二是汁液传染，就是通过田间进行各种农事活动造成的接触，或叶片之间的摩擦触碰等，病毒经由轻微伤口进入植株形成传播；其三是嫁接传染，就是在嫁接过程中由一种植株传播到另一种植株上。病毒的侵染模式都是寄生，可以通过种子、寄生植物、介体和病残植株等形成传播。

（四）线虫

线虫也被称为蠕虫，属于一种低等动物，因为其极为微小所以归属微生物，能够寄生蔬菜作物的线虫有数百种，其生活史包括卵、幼虫和成虫 3 个阶段，幼虫通常拥有多个龄期，多数会以幼虫的形式在土壤或病残体中越冬，少数会以卵的形式越冬，当进入适合生长发育的环境，线虫则会寄生蔬菜作物，通过口器吸食汁液，从而造成蔬菜作物机械性损伤，其口器中分泌的毒素或酶也会对蔬菜作物造成各种病变。

（五）寄生性种子植物

最为常见的寄生性种子植物是菟丝子，其能够寄生在蔬菜作物地上部分，菟丝子的叶片已退化成鳞片状，藤茎呈丝状，只要藤茎接触寄主就能够生长分

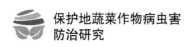
枝从而实现寄生，另外其还会传播病毒造成植株病毒病，通常在田间发现菟丝子需要将植株和菟丝子一起拔除，否则很容易发生蔓延造成巨大损失。

二、蔬菜作物病害病状和病征

蔬菜作物在感染病害之后会出现一些不同于健康状态的症状，可以分为病状和病征两部分。

（一）病害侵染的病状

病状就是染病植株本身所表现的不正常状态。例如，变色，就是受害部位局部或全部失去正常颜色，以叶片为主，通常会由绿色变化为淡绿，或黄化、红化、白化等；坏死，就是病害部分出现局部细胞和组织死亡，出现斑点、产生穿孔、发生猝倒或直立枯死等，还有就是溃疡和疮痂等；腐烂，就是病害部分在坏死的同时遭受组织结构的破坏和分解，分为干腐、湿腐和软腐等；萎蔫，通常表现为因病害致使植株失水，所以通常是全株萎蔫；畸形，就是病害部分出现体积增大或缩小，呈现出和健康部位不同的畸形，有时也表现为全株，如矮化、丛枝、扁枝、叶片肥厚或扭曲、蕨叶等。

（二）病害侵染的病征

病征主要指的是蔬菜作物在遭受病害后除了自身表现出病状，其遭受感染的部分还会表现出病原物形成的具有一定特征的结构，通常真菌和细菌侵染才会出现病征。例如，真菌类侵染所产生的霉状物，不同种类的病害形成的霉层颜色、结构和疏密度也有所不同，通常以颜色和形态分类，有霜霉、白霉、黑霉、灰霉、青霉等；一些真菌孢子密集形成的粉状物，不同种类的真菌孢子聚集形成的颜色也有所不同，通常有白粉、锈粉和黑粉等；病原菌着生在植株表面或表皮下形成的粒状物，着生于植株表皮下的粒状物很难进行分离，如真菌的分生孢子盘等，着生于植株表面的有白粉菌的菌核和闭囊壳等；细菌侵染后呈现出的脓状物，其病害部分表面会溢出含有细菌和胶状物的液滴，其他植株接触很容易发生感染。

病状和病征是非常具有特点的一些外在表现，病征通常在蔬菜作物受侵染的后期才会出现，而病状则是识别病害的重要依据，但有些病原菌侵染所造成的病状有类似性，因此不能轻易做出判断，必要时需要对病原进行鉴定再防治。

三、病害发生的特点

保护地设施内病害的发生主要原因有 3 个方面，一个是高湿环境，一个是较大昼夜温差，一个是轮作少连作多。

（一）高湿环境引起病害

保护地设施内属于半封闭空间，因此非常容易出现高湿环境，尤其是在冬季 12 月到次年的 3 月，外界环境温度低，为了能够保证室内的温度，通风换气就会受到很大的限制，这就会导致室内湿气无法逸散从而空气湿度增大，若再遇到阴雨天气湿度更高，这样的环境非常适合真菌类鞭毛菌生长发育，比较容易发生番茄晚疫病、辣椒疫病和黄瓜霜霉病等，这类真菌通常在水膜或浸浴在水滴中才会萌发。另外，番茄叶霉病、茄子菌核病等需要高湿环境的病害也会比露地环境严重，而各种习惯高湿环境的细菌性病害也较容易出现，如番茄溃疡病、黄瓜细菌性角斑病等。

（二）较大昼夜温差引起病害

保护地设施白天能够依托阳光来进行升温，室内温度往往能够达到 30℃左右，而进入夜晚后没有阳光的照射，即使进行保温室内温度降低也较为快速，通常夜晚温度会在 15℃以下，这种较大的昼夜温差，非常有利于孢子的萌发，再结合其高湿的环境，所以也非常适合细菌的生长和发育，通常最常见的昼夜温差大所引起的细菌类病害是灰霉病，露地栽培中很少会出现灰霉病。

（三）轮作少连作多引起病害

由于保护地设施通常投资较大，所以种植年限较长，少则 5 年多则 10 年，且室内轮作比较困难，通常连作现象严重，也会致使病害发生严重。这主要是因为室内土壤连年种植，其中带菌量会不断增加，很容易出现土传病害，如黄瓜枯萎病、番茄枯萎病、辣椒疫病、根结线虫病等。

当然，保护地设施也并非所有病害都比露地病害严重。例如，有些通过雨水传播的病害在保护地设施中很少发生，如茄子绵疫病等；白粉病在保护地设施中也较少发生，主要是因为白粉病病原菌虽然同样需要在高湿环境生长，但保护地设施内湿度极大，当蔬菜作物表层长期有水存在时白粉病的病原菌孢子会胀裂从而减弱病害情况。

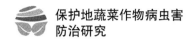

第三节　昆虫学虫害解析

蔬菜作物生长发育过程中除了会遭受各种病害的侵染，还会遭受各种有害昆虫的威胁，有些害虫通过啃食破坏植株的茎叶或根系，有些害虫则通过口器吸食汁液从而造成植株受害处枯萎失活，有些害虫则会成为各种病毒或病原菌的介体，从而令植株感染病害。不同的害虫因为不同的形态、生长特性会对蔬菜作物造成不同的影响和危害。

所有的害虫都归属为节肢动物门中的昆虫纲，身体由头、胸、腹 3 个体段形成，简单来说就是六足四翅有头、胸、腹三段身体的虫子，而危害蔬菜作物的害虫就是其中的一部分。

一、昆虫口部形态特征

昆虫对蔬菜作物造成危害的主要外部形态就是其头部的口器，昆虫的头部一般为圆形或椭圆形，通常因为其生活方式的不同，头部的形态变化很大，尤其是口器着生的位置有很大不同。

（一）着生位置不同的口器

口器可以根据着生位置不同分为下口式、前口式和后口式 3 个类别。下口式多数是一些植食性昆虫的口器，其口器向下，头和身体的纵轴几乎为直角，蝗虫、蛾蝶类幼虫都是这类口器；前口式的特点是口器向前，头部和身体纵轴差不多平行，多数是一些以捕食其他小动物为生的昆虫，如瓢虫的幼虫、钻蛀性昆虫等；后口式昆虫的口器向后，头部和身体纵轴呈钝角，多数是一些吸取汁液的昆虫，如蚜虫、椿象等。

（二）取食模式不同的口器

口器是昆虫主要取食器官，因为不同的食性和取食方式，昆虫发展出了各种不同的口器，比较常见的是咀嚼式口器、刺吸式口器和虹吸式口器。其中，咀嚼式口器属于比较原始的一种口器，主要取食固体食物，由 5 个部分组成，分别是悬挂在口器前部的上唇、生于口器下方用来托挡食物的下唇、生在上唇下方用以咀嚼食物的成对的上颚和下颚、口器内部的舌。

刺吸式口器能够刺入动植物组织，吮吸液体食物，最典型的是其上唇为狭长的三角片，上下颚则是 4 根细长的口针，下唇为能够保护和保藏口针的长喙管，舌部非常短小，这种口器不仅能够对蔬菜作物造成直接的刺伤，而且其唾液通常含有毒素，会造成被刺部分畸形及某些部位畸形，这类口器的害虫通常还是蔬菜作物病毒病的传播者。

虹吸式口器是蛾蝶类昆虫成虫的口器，能够卷曲的喙管是两个下颚的外颚叶特化而成，内部有细孔能够吸食液体，喙管通常能够深入花瓣中吸食花蜜和外露的果汁露水等，其他下颚部分和上颚部分都已经消失，上唇和下唇都是一个小薄片，而 3 节的下唇须非常发达[1]。

二、昆虫个体发育

昆虫的个体发育可以通过 4 个角度来了解。

（一）昆虫的变态

昆虫的变态就是昆虫从卵中孵化出来到羽化为成虫的过程中，会经过一系列形态和内部器官的巨大变化的现象。通常有两种类型：一种是不完全变态，这种变态特点是只有 3 种虫态，分别为卵、幼虫和成虫，而且成虫的特征是通过幼虫的生长发育逐步显现的，也可以说成虫和幼虫的形态差别不太大，只是身体的大小、翅及外生殖器的发育有所不同，这种变态类型的幼虫阶段也被称为若虫，其习性也和成虫类似，如栖息在相同环境、取食相同的食物，这类昆虫比较常见的是蝗虫、蚜虫、飞虱等；另一种是完全变态，其最大的特点就是有 4 种不同虫态，分别为卵、幼虫、蛹和成虫，幼虫和成虫的形态相差极大，幼虫在变为成虫时其身体上的口器、触角、足、翅等都需要转变为成虫的器官，因此需要经历一个成蛹期来完成转变，完全变态的昆虫不仅幼虫和成虫形态差距大，而且两种虫态的取食特征、栖息环境等习性都会出现巨大差异，这类昆虫比较常见的是蛾蝶、蚊蝇、蜂蚁等。

（二）幼虫的龄期

昆虫从卵里孵化出来后，身体会不断生长，但当其发育到一定阶段后，原本身体的骨骼已经不适宜身体，限制了发育，昆虫就会通过蜕皮的方式将表皮

---

[1]　李桂舫，吴献忠.保护地蔬菜病虫害防治［M］.北京：金盾出版社，2002：2.

蜕去然后重新形成新表皮，不同的昆虫会有不同的蜕皮次数。例如，蚜虫蜕皮4次成长为最终形态的幼虫，豆天蛾需要蜕皮6次才能成长为最终形态的幼虫。通常会将第一次蜕皮前的幼虫称为1龄幼虫，经过一次蜕皮后成为2龄幼虫，两次蜕皮间经历的时间叫龄期，因此蚜虫有5个龄期，而豆天蛾有7个龄期。幼虫每蜕皮一次其身体就会长大一点，且表皮就会变厚一点，从防治的角度而言，幼虫蜕皮次数越多防治起来就会越难，因此防治害虫需要赶早，越早效果越好。昆虫幼虫不仅蜕皮次数不同，而且完全变态的昆虫其幼虫还分为4种类型：有无足型幼虫，其幼虫形态足完全退化，但经历蛹期蜕变会生出虫足，如蝇类和虻类幼虫；有寡足型幼虫，其幼虫形态只有胸足而没有腹足，鞘翅目、毛翅目和部分脉翅目的幼虫属于此类；有原足型幼虫，其幼虫形态和成虫拥有的虫足相同，如内寄生性的膜翅目的幼虫；有多足型幼虫，其幼虫形态除3对胸足之外还有腹足，显现出比成虫多数对虫足的特性，如蛾蝶类幼虫和叶蜂的幼虫。

（三）虫蛹类型

完全变态的昆虫都需要经历蛹期才能蜕变为成虫，但虫蛹的类型却有所不同，主要可以分为3个类别：第一类是离蛹，也被称为裸蛹，其在蛹期触角、足和翅都能够和身体分离，所以蛹期可以活动，甲虫和蜂类的蛹就是离蛹；第二类是被蛹，这类虫蛹的触角、足和翅等都和身体黏在一起，完全无法活动，甚至有些腹节或全部腹节也会固定在一起，仿佛死蛹，蛾蝶类的蛹就是最常见的被蛹；第三类是围蛹，其由两部分组成，内部是一个离蛹，而离蛹外部则是由末龄的幼虫蜕下来的旧表皮形成的桶状硬壳，形成的蛹壳能够保护内部的蛹，属于蝇类特有的一种蛹。

（四）成虫发育

昆虫从若虫或蛹蜕变为成虫的过程被称为羽化，不完全变态的昆虫在若虫最后一次蜕皮后就会羽化为成虫，而完全变态的昆虫需要从蛹壳钻出才能羽化为成虫，通常刚羽化的成虫各种身体组织都比较柔软且各种足、翅等会蜷缩在一起，此时的昆虫需要吞吸大量水分或空气逐渐完成器官的伸展，当体内压力足够，身体外壁硬化后才能够行动，很多昆虫羽化后生殖细胞并没有发育完全，需要继续补充大量营养，于是就出现了蜻蜓捕虫、蝴蝶访花、蚂蚱吃草等现象。

三、昆虫习性

昆虫的习性可以从 4 个方面进行了解。

（一）昆虫的食性

昆虫的食性就是取食食物的特性，可以根据取食的范围将昆虫划分为单食性昆虫、寡食性昆虫、多食性昆虫等。单食性昆虫就是只能在一种蔬菜作物或与这种蔬菜作物亲缘关系很近的蔬菜作物上取食，如大豆食心虫；寡食性昆虫能够在同一科的蔬菜作物上取食，如菜粉蝶；多食性昆虫则是能够在不同科属蔬菜作物上取食，如棉铃虫。

（二）昆虫的趋势性

昆虫的趋势性指的是昆虫受到某种刺激会表现出的趋势性定向活动。例如，趋光性就是多数夜间活动的昆虫对短波光有很强的趋势性，针对这一特性可以通过各种不同波段的灯光来对害虫进行诱捕灭杀，能够起到很好的效果，蚜虫对黄色光有趋势性，所以在田园架设黄色粘板能够对蚜虫进行诱杀。除趋光性外，还有一些其他趋势性，如趋湿性、趋温性或趋化性，通过了解不同昆虫的不同趋势性，就可以运用其特性对害虫进行防治和测报，从而减少蔬菜作物的虫害。

（三）昆虫的假死性

有些昆虫在受到某些刺激后会呈现出麻痹状态，从而体现出假死性，比较常见的是甲虫，可以根据这种特性来对其进行捕捉。

（四）昆虫的群集性

群集性就是某一种昆虫的大量个体聚集在一起的现象，并非所有的昆虫都具有群集性，而且群集性昆虫还能分为两类，一类是临时性群集，就是从卵中刚孵化出的弱小幼虫会临时群集，在逐渐生长发育后会分开，不再继续群集，还有一类是持久的群集性，通常这类昆虫从孵化开始到最终成虫都呈现出群集性，即从小到大都生活在一起，如东亚飞蝗。

以上所介绍的昆虫的生物学特性只是一部分，在进行保护地蔬菜作物栽培过程中，可以利用不同昆虫不同生物学特性，有效进行针对性防治以减轻危害。

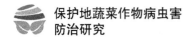

第四节　蔬菜作物病虫害防治特点

保护地蔬菜作物病虫害发生主要源自两个方面：一个是因为栽培管理不够科学造成的生理病害，例如，光照、水分、温度、肥料、气体等管理不当，就容易令蔬菜作物产生生理病害；另一个则是综合管理方面的问题，例如，没有适当对种子和室内进行有效消毒灭菌，未能及时更换土壤或对土壤进行消毒灭虫处理，在病虫害发生前期未能及时进行防治和阻断等。

一、生理病害防治

保护地蔬菜作物生长发育所需要的外部条件可以大体分为两部分，一部分是光照、空气湿度、温度等，另一部分则是地温、土壤湿度、肥料等。

（一）地上生理病害防治

不同的蔬菜作物生长发育和生产所需要的外部条件也有所不同，以光照来说，不同种类的蔬菜作物对光照强度要求也不同，茄科和葫芦科的蔬菜作物对光照强度需求较高，平均光照需求在 7 万勒克斯，在进行栽培时需要注意光照的满足，如果光照不足，番茄就容易出现空洞果和筋腐病，黄瓜则容易出现弯瓜，因此在进行此类蔬菜作物种植时需要及时补充光照，可以在保证温度的情况下早揭苫晚盖苫，若外界整体光照强度较弱，则需要进行日光灯照射来满足需求，但此方法成本较高，可以尽可能地进行稀疏种植来保证蔬菜作物获取到充足的光照，要起高畦并加强水分管理来防止叶片过大。

莴苣、茼蒿等叶菜对光照强度的要求则较低，平均光照需求在 3 万勒克斯，因此在光照强度过高时需要进行遮光处理，遮光意味着会降低保护地设施温度，可以在进行遮光管理时让其和覆盖面之间留有一定的孔隙，如悬挂在室内或室外，悬挂在室内对保护地设施温度影响较小，而悬挂在室外则能够有效进行降温，可以根据实际情况进行处理。

在选择遮光材料时，还需要考虑蔬菜作物对紫外线的需求，紫外线过强容易造成植株节间缩短植株矮小，会抑制植株的生长发育，而紫外线太弱则会容易导致果实着色不足，所以需要根据不同种类蔬菜作物选择不同的遮光材料。例如，茄子和草莓，茄子在紫外线不足的情况下会出现果实着色不足，而草莓通常需要蜜蜂授粉，蜜蜂在紫外线不足时会因为无法感光而不飞入保护地设施从而导致草莓授粉不佳，容易使草莓出现畸形果，所以茄子和草莓种植不能采用过滤紫外线的遮光材料。

保护地设施空气温度和湿度的管理通常相辅相成，通常情况下湿度会随着温度的变化而产生变化，不同种类保护地设施空气湿度也有所不同。例如，玻璃温室就容易干燥。不同的蔬菜作物生长发育所需的适宜温度有所不同，但对空气湿度的需求都在60%～70%，而且蔬菜作物在白天和夜晚对温度的需求也有所不同。例如，茄科白天最适宜的温度在25℃左右，夜间适宜温度则高低不同，番茄需求10℃左右，茄子需求15℃左右，青椒需求18℃左右；葫芦科白天最适宜的温度在20℃～30℃之间，不同种类有细微区别，夜间对温度需求同样有所差别，西瓜为15℃左右，网纹甜瓜则为20℃左右。

通常室内加温能够有效降低湿度。例如，玻璃温室通常温度较高，所以较为干燥，需要通过灌水或加湿器来保持室内适当的湿度；如果不对室内进行加温，控制保护地设施湿度需要在白天充分换气并加强排水和地膜覆盖，这样能够有效降低土壤水分蒸发从而保持较为适当的湿度。

（二）地下生理病害防治

蔬菜作物生长发育最为主要的营养吸收器官就是根系，根系对地温、养分和水分的要求都非常严格。整体来看，大部分蔬菜作物适宜的地温在15℃～20℃，过高或过低都容易令根系出现问题，地温过高会让根系呼吸旺盛从而导致缺氧，而地温过低会让根系活力不足无法吸收足够的养分和水分，从而影响植株生长发育。地温可以采用地膜覆盖或电热线加热的方式进行管理，如果地温过高，则可以采用灌溉排水的方式来降低地温，但需要控制土壤湿度。

在保护地设施中很少会出现养分不足引起蔬菜作物生长发育不良，多数是过量施肥造成的盐积危害，可以在种植之前先进行土壤盐浓度和pH值测量，然后根据情况确定施肥计划，如果土壤盐浓度过高，可以进行土壤深翻然后增施有机肥，这样不仅能够提高土壤肥力，还能够缓冲因为施用化肥造成的土壤酸度变化，但并非所有的有机肥都能起到作用，通常畜牧肥用量较大则土壤中钾和镁的含量会升高，而林业肥会增加土壤钠和氯的含量，需要根据不同的土壤情况进行适当的调整，确保土壤肥力平衡。另外，可以通过灌水来有效降低土壤盐浓度，在夏季保护地设施闲置时采用大水漫灌同时提高地温的方式，可

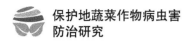
以起到杀菌除盐的效果，需要注意漫灌的水要流动，并要将除盐的水注入净水池避免污染地下水环境。还有一种方式是采用生长期短的蔬菜作物轮作来辅助吸收土壤多余盐分，例如，在夏季闲置期种植玉米或甜高粱，能够有效吸收土壤多余的盐分。

对于土壤的水分管理，需要根据天气情况、蔬菜作物的生长发育状态及保护地设施内湿度情况进行调节，灌水需要适度，最好避免定时器定量浇水，而是应该根据实际情况调整浇水。除此之外，还需要注意土壤的透气性管理，要结合中耕和深耕，保持土壤的良好理化性质，例如，葫芦科蔬菜作物的根系呼吸旺盛，必须要保持土壤良好的透气性，在进行栽培时需要注意排水和中耕，令土壤保持良好的活性。

二、保护地综合性病虫害防治

保护地设施的发展，促进蔬菜作物实现了周年生产，有效提高了土地的利用率和提高了蔬菜作物的经济效益，但同时其种植面积的不断扩大和栽培年限的延长，也为病虫害的发生提供了较为有利的条件，甚至令病虫害的情况发生了改变。

（一）保护地病虫害发生特点

想进行保护地病虫害防治，首先需要了解保护地病虫害发生的特点。原本病虫害的发生规律随着保护地的周年生产，也逐渐从季节性危害变化为周年性危害。例如，蚜虫、美洲斑潜蝇、白粉虱等小型害虫，能够依托于保护地设施保温的特性实现越冬、越夏，因此出现了周年繁殖且四季为害的特性；另外，保护地蔬菜作物的产业化生产，为很多人创造了巨大的经济效益，甚至形成了集中生产同种蔬菜作物的专业化生产基地，这种情况很容易出现连作现象，造成土传病害越来越严重；再就是因为保护地设施内温度较高，湿度不易散发所以很容易引发喜湿性病害，尤其是早春时外界温度低无法通过通风进行降湿，通常会造成室内湿度达到 90% 以上，非常有利于灰霉病、疫病、白粉病、软腐病等喜湿性病害的发生。

（二）综合性病虫害防治

根据保护地病虫害发生的特点，综合性病虫害防治可以分为两个方向，一个是前期消毒灭菌灭虫处理，一个是加强栽培管理防治病虫害。

前期消毒灭菌灭虫一种是针对保护地设施，另一种则针对蔬菜作物。保护地设施多年使用后，其墙体、地面、支撑材料、覆盖材料等都容易成为病原菌的潜伏场所，因此在进行蔬菜作物栽培之前，通常采用高温闷棚或药剂熏棚的方式来灭杀病原物和虫源，可以选择定植前晴天闷棚，保证保护地设施内温度达到60℃以上7～10天，这样能够有效杀灭土壤表面和设施表面的病原物和虫卵，同时可以辅以药剂熏棚，采用药剂混合点燃或喷洒的方式，令其在密闭环境中充分发挥作用对病原物和虫卵进行灭杀。然后，需要对土壤进行消毒处理，就是在定植或播种之前，对土壤进行药剂消毒，之后进行耕翻来灭杀土壤中的病原物和虫卵，在进行药剂消毒时可以辅以地膜覆盖闷棚，令土壤20厘米以上深耕层温度达到60℃～70℃，这样能够很有效地灭杀土壤中的病虫害。

针对蔬菜作物进行病虫害防治首先需要选择抗病强的品种，可以根据当地病虫害危害情况有针对性地进行选择；其次是在播种前对种子进行消毒处理，通常采用的是温汤浸种的方式，将种子浸入50℃～60℃温水15～30分钟，在保证温度不会快速下降的情况下不断进行搅拌，这样能够很有效地对种子携带的病原菌等起到灭杀作用；最后是避免连作实行轮作栽培，通过对蔬菜作物病虫害和保护地情况的了解，有效进行轮作，例如，预防黄瓜和番茄枯萎病和青枯病，可以采用和葱蒜类蔬菜作物及禾谷类作物3年轮作的方式，有效避免土传病害大范围出现，如果是发病较重的地块，轮作期限需要延长到4～5年。

前期消毒灭菌灭虫处理后，还需要加强栽培期间的蔬菜作物管理。首先施肥需要选用充分腐熟的有机肥，并注重肥力配比，避免偏施，要使土壤肥力平衡，平衡的肥力能够有效促进植株的抗病虫能力，从而有效预防病虫害，也能够有效降低蔬菜作物生理病害的发生；其次是科学浇水，尽量避免大水漫灌，可采用地膜覆盖和膜下滴灌，在保证蔬菜作物水分需求的同时有效降低空气湿度和土壤湿度，从而创造不利于喜湿病害发生的条件，有效避免其发生；再次是注意保持保护地设施内的环境，及时清理杂草，并进行集中处理，及时控制中心病株和室内的枯枝烂叶及根茬，通常保护地病原多数源于室内，所以控制住中心病株就能够有效控制发病范围，在栽培过程中也需要及时摘除病叶病果并进行有效处理，避免病原菌范围性发展；然后也可以进行适当的药剂防治处理，先摸清病虫害发生的种类和大体的规律，然后选择比较恰当的药剂进行防治，同时控制药剂用量，还需要有针对性地对药剂进行交替使用或混合使用，从而达到一次用药来防止多种病虫害的目的；最后是生物防治，利用现有微生物农药对相应的病虫害进行防治，防治菜青虫、小菜蛾等可以利用苏云金杆菌，防治蓟马、潜叶蝇、斜纹夜蛾等可以利用阿维菌素，防治细菌病害可以利用链霉素、新植霉素等，微生物农药虽然起效较慢，但其优势极为明显，不会对环境造成危害，而且针对性强，不易出现病虫害抗药性，最终能够生产出真正绿色生态的产品。

第三章

保护地蔬菜作物生理病害及防治

第一节　茄科蔬菜作物生理病害及防治

茄科蔬菜作物最具代表性的就是番茄、茄子和辣椒，其生理病害主要体现在各类营养元素供应不均所造成的各种病害，以及气体、光照、温度、水分等供应不均所造成的病害等。

一、番茄生理病害及防治

（一）营养元素造成的病害

1. 氮造成的病害

氮造成的病害主要表现为氮缺乏和氮过剩。在保护地设施中番茄氮缺乏很少发生，仅在新建的砂质土壤保护地中可能出现，如果在保护地改良土壤过程中施用稻草过量也可能会出现氮缺乏症状。番茄氮缺乏通常表现为植株矮小，茎节细长，叶片小而薄且呈现淡绿色，同时叶脉间失绿，一般叶片失绿从下部出现逐渐向上部蔓延，严重时下部叶片黄化死亡并脱落。防治主要靠前期注意，例如，新建保护地设施要施用腐熟有机肥每亩 5000 千克以上，如果为了改良土壤需要施用稻草，需要严格控制施用时间和施用量，时间要选择夏季温度较高时，要在施用后 15 天以上才能进行定植，保证稻草能够充分分解。如果出现缺氮症状，可以及时追施氮肥，也可以采用叶片喷施氮肥的方式。

施用铵态氮肥过多，再遇到低温条件后就容易出现氮过剩，因为此时硝化细菌和亚硝化细菌的活动受到抑制，就会造成铵态氮在土壤中积累。氮过剩通常会出现在老龄保护地中，因为前茬残留在土壤中的硝态氮较多，而番茄的生长发育前期需氮量又相对较少。番茄氮过剩会表现为植株节间过长，茎从基部向上逐渐加粗呈现倒三角形，小叶片大且颜色深绿，叶片较软易染病。植株顶部的茎和叶片的叶形也会出现异常。例如，顶端叶片扭曲，嫩叶在傍晚容易卷曲，严重时会出现涡状扭曲；番茄植株的小叶片叶脉主脉隆起，小叶片反转呈船底状；茎上出现褐斑，且易出现果实着色不良和果实筋腐病。防治氮过量需要严格控制铵态氮肥和尿素的施用量，在地温较低的苗期或者土壤进行消毒后，应该不施用或少施用铵态氮肥和尿素，老龄保护地则需施用稻草或秸秆来中和，如果地温较高出现氮过剩，可以加大灌水量来降低土壤氮含量。

2. 磷造成的病害

一般保护地土壤很少会有磷缺乏现象，如果番茄出现磷缺乏，也往往发生在地温较低及根系吸收磷能力较弱时，如生长发育初期或土壤酸化，通常番茄缺磷会发生在苗期。番茄磷缺乏会出现植株生长缓慢，叶片稀疏且茎细，叶片小且无光泽，颜色紫绿且僵硬，背部叶脉明显，老叶片会黄化且干枯脱落。防治磷缺乏需要在育苗时施足磷肥，定植时需要追施磷肥，且保证定植后地温高于15℃。

3. 钾造成的病害

通常情况下番茄不会出现钾造成的病害，只有在番茄果实膨大期需钾量较大时，且老龄保护地土壤长期忽视钾肥施用才会出现缺钾症，土壤中氮过剩也会影响番茄根系对钾的吸收从而出现缺钾症状。番茄如果在生长发育初期出现缺钾症状，会先出现叶缘失绿干枯，严重时出现叶脉间失绿，在果实膨大期其果穗附近叶片最容易出现缺钾症状，缺钾的植株果实会着色不良，其症状和氮含量、水分供应有很大关系，如果灌水量大且氮过剩，植株叶片会颜色深绿且柔软，易感染各种病害，如果是干旱条件下缺钾叶片会颜色深绿且僵硬，耐旱能力降低并落花落果严重。防治钾缺乏需要注意钾肥施用，番茄是需钾量较大的蔬菜作物，所以应该多施用有机肥，施用钾肥时用量要达到氮肥用量的一半以上，可以分次进行施用，避免钾肥流失。

4. 钙造成的病害

保护地土壤酸化时容易出现供钙不足，而盐渍化土壤虽然含有大量钙但可溶盐浓度高，这会抑制番茄植株根系吸收钙，从而容易引起钙缺乏症。在土壤干燥、空气湿度较低且连续高温的环境条件下也容易出现番茄果实缺钙症，表现最明显的就是脐腐果。

番茄缺钙通常发生在生长发育的中后期，尤其是进入结果期，易影响果实质量，表现为上部叶片硬化且叶小，叶面褶皱，生长点停止生长，中部叶片叶缘黄化，下部叶片通常比较正常，果实幼果期容易在脐部附近出现茶色斑点并逐步恶化，果实内部转变为暗褐色并下陷，果实性状很差，一般果实超过鸡蛋大小后不会发生脐腐现象。

防治缺钙症，首先要确保土壤中不缺钙，可在砂质土壤中每茬都多施用腐熟鸡粪，如果土壤出现酸化，需要施用一定量的石灰，并且需要避免一次性施用大量铵态氮肥和尿素；其次是防止土壤过于干燥，适当增加灌水量，但需要注意避免植株徒长，如果土壤水分状况较好时出现缺钙症状，可以及时向叶面喷洒硝酸钙水溶液或氯化钙溶液，每周一次，连喷 2 ～ 3 周。

5. 镁造成的病害

镁造成的病害主要是缺镁症，这并非土壤中镁含量不足造成，而是因为地温较低造成植株根系对镁吸收能力不足。例如，在地温低于 15℃时即使土壤中镁含量较高，番茄的根系吸收镁的能力也会很低，土壤中钾肥较多更会抑制根系对镁的吸收。番茄缺镁症状主要出现在中下部叶片，先是叶片主脉附近失绿变黄，在果实膨大期则先从果实附近叶片发生黄化，缺镁严重会影响叶绿素合成，虽然初期出现时对果实不会产生大的影响，但若不进行及时处理，后穗果的坐果率和果实膨大都会受到影响。防治番茄缺镁症需要注意地温保持，尤其在番茄果实膨大期，需要保持地温在 15℃以上，如果第一穗果附近叶片出现缺镁症状，可以用硫酸镁水溶液进行喷施，这样可以有效缓解缺镁症状。

6. 硼造成的病害

番茄种植过程中土壤营养元素不均衡，通常会诱发番茄缺硼症状，土壤干旱和地温过低也会影响番茄对硼的吸收。番茄缺硼症状在生长点、花和茎上都会有所表现。生长点症状表现为第一花序或第二花序出现萎缩封顶，植株停止生长，另外叶柄周围容易形成不定芽；花和茎的症状主要是异常茎和花序返青，且两者通常同时出现，异常茎就是在植株第三、第四花序附近的主茎节间出现槽沟、缩短的现象，有时会出现茎部裂开呈缝隙或眼睛状，发病严重的茎会呈现"8"字形褐色病变，这种症状主要是因为高温干燥，且钾肥和氮肥营养元素过剩，抑制了硼的吸收，番茄植株在高温条件下生长速度加快但硼吸收不足，就会出现异常茎，出现异常茎后，在花序顶端会重新生长出新叶，这是由生殖生长向营养生长转化的现象，也被称为花序返青，这种花序结果情况很差。

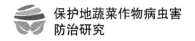

防治硼缺乏要注意施肥的平衡，并且需要及时进行高温降温处理，避免一次性施用大量钾肥和氮肥，而且需要加强水分管理，防止土壤的水分过多。综合而言，需要控制番茄植株的生长发育速度，在定植时最好确保秧苗壮大，苗龄以即将开花为宜，若是高温期进行育苗，则需要控制秧苗的生长，要尽早进行分苗，在第一穗果尚未坐住时要避免水和肥过量供应，避免植株茎叶生长过分旺盛而发生异常茎。

7.铁造成的病害

在碱性土壤、施用石灰不均匀、磷肥施用过量、土壤过于干燥和地温过低时，番茄往往易出现缺铁症。铁在番茄植株中移动性很差，所以缺铁症状会发生在上部的新叶处，通常表现为叶芽黄化，若苗期发生铁缺乏会出现全株黄化现象，如果缺铁严重，新叶会转换为黄白色。

防治铁缺乏需要在进行土壤处理时多加注意，碱性土壤施用酸性肥料，以及酸性土壤施用石灰改良时，要对土壤进行质地和 pH 值确定，然后根据数据进行施用量确定，并且施用时要注意均匀，可以通过深耕细耕方式确保充分混合，避免局部碱性或酸性过高，如果出现缺铁症状，可以用硫酸亚铁水溶液或柠檬酸铁水溶液进行叶面喷施。

（二）番茄果实生理病害

1.空洞果

番茄空洞果出现的主要因素有多种，如激素使用不当、养分过量，尤其是氮过多并遭遇5℃以下低温，而光照不足或地温过低造成植株根系受损等，也都较为容易令番茄出现空洞果。空洞果主要体现为果实胎座组织生长不充实，果皮部分和胎座部分的种子腔成为空洞。这不仅会造成产量降低，而且会严重影响果实的商品性状。

正常情况下番茄自花授粉后果实的果胶部分会较为发达，不会出现空洞果，但若在开花坐果期遭遇弱光和低温或高温等环境条件时，就会影响番茄花的发育，花粉较少不易授粉，会导致坐果困难，出现这样的情况后通常会喷施生长调节剂促进坐果，但因为未能授粉所以果实无法形成种子，就很容易出现空洞果。

防治空洞果需要合理运用生长调节剂，尤其是使用时需要注意遵循用药浓度，且高温状态下浓度还需进行一定比例降低，喷花或蘸花时也不宜过早，可以在第一花的花瓣发白时进行施用，并需要做好标记避免重复处理，在使用时要避开中午高温时段。若果实膨大期处在一二月份低温条件时，因为温度较低且光照不足，所以空洞果容易出现，可以增施二氧化碳和提高光照强度，这么做能够有效预防空洞果发生，但二氧化碳的浓度不能过高，否则会引起番茄植株叶枯病。若想提高花朵授粉，最好采用自然授粉，如蜜蜂或振动授粉，这样能够很大限度避免因使用生长调节剂而造成空洞果。

2. 畸形果

番茄出现畸形果通常原因是花芽分化期营养和水分供给过剩，导致果实心室增多且心室排列无序。畸形果形状多种多样，有椭圆果、纵沟果等，甚至多个果实长到一起，其内部心室数异常多。出现畸形果从花穗形成就有所表现，如花瓣或萼片数量较多、花子房形状不整齐等，这样的花发育成果实就是畸形果。

番茄在开花授粉期夜间温度较低且白天温度同样较低时，就容易出现畸形果，如果温度控制合适，但施肥过多，尤其是氮肥施用过多且浇水过多，也容易出现畸形果。所以，要注意培肥不要过多，且水分供应要控制好，这样能够有效避免畸形果大量出现。

3. 筋腐果

番茄筋腐病通常出现在光照不足、气温偏低、连续阴天、地温较低且土壤湿度过大或过干的环境条件下，而且氮肥施用过剩也会影响植株对营养元素的吸收，最终引发筋腐果。主要症状是果实着色不均，果皮维管束坏死，然后从果蒂到果顶形成黑筋，果实外形变化不大但维管束褐变，且不会转红，黑筋处组织硬化无法食用。

通常情况下保护地设施不会发生温度过低的情况，因此防治番茄筋腐病首先需要选择抗病品种，其次需要适量施用肥料，尤其是氮肥和钾肥，同时在光照强度不够时要及时改善光照条件，可以采用日光灯或反光膜提高光照，减少筋腐病发生。

4. 网纹果

网纹果通常会出现在气温较高的夏季，如果温度提升后土壤中氮肥多，地温较高水分多，土壤中的肥料就容易分解并快速被果实吸收，因为吸收肥量大且果实膨大速度快，就容易出现网纹果。表现为透过果实的表皮能够看到网状维管束，在着色期会更加严重，进入成熟期网纹仍然不会消失，网纹果收获后软化很快，严重时果实的内部如同水浸，商品性状极差。防治番茄网纹果出现，需要在高温期及番茄的生长发育后期有效控制土壤水分，另外在增施土壤肥时要深耕施用，并且适量施用，同时气温过高时需要加强通风换气，防止气温和地温快速上升。

5. 裂果

裂果也被称为开窗果，主要表现为果实表皮出现龟裂，之后逐渐加大呈现放射状，如果在果实临近成熟时出现裂果症状，会极大影响果实的商品性状。裂果主要出现在夏季和秋季高温干燥环境条件下，通常在高温干旱后水分供应过量，就很容易令水分向果实内输送从而导致果实内部快速膨胀，内部的膨胀致使果实表皮开裂。在高温干旱条件下果实遭受强光照，就容易使果皮老化，之后进行灌溉就容易造成裂果，而且会使果实出现同心圆状龟裂。

防治裂果需要避免果实长期在阳光下暴晒，尤其是高温干燥环境下更需要注意进行遮阳，在果实收获前应该避免土壤的水分急剧变化，以防止果实快速吸收水分发生膨胀。另外，在秋季阶段气温容易发生急剧变化，也容易造成裂果，因此此段时期需要注意进行合理的温度管理，例如，遮阳和盖苫需要合理运作，避免温度差距过大。

6. 日灼果

番茄日灼果主要发生在春季栽培末期，因为春季栽培末期正好进入温度提升阶段，日照强度开始大幅提升，果实受到阳光照射的部分出现果温上升，强度过大后就容易出现果肩组织灼伤并变白，并逐渐出现凹陷。防治日灼果需要避免果实遭受强光照，可以适当根据天气情况进行遮阳处理。

7. 番茄冻害

番茄冻害主要发生于特早熟栽培和秋延后栽培过程中，因为外界环境温度较低，保护地设施温度控制不当就容易令番茄遭受冻害，这也是番茄常见的生理病害之一。遭受冻害的番茄轻则减产，严重时会因植株冻死而绝收（图 3–1）。

图 3-1　番茄冻害·死苗

通常在保护地设施中，遭遇急剧寒流或持续低温时番茄容易遭受冻害，主要是植株中上部叶片出现症状，初期叶片会褪绿发黄，之后叶片脱水主脉间叶肉呈现黄白色，但叶脉为绿色，叶背上卷，严重时会茎叶干枯，主要出现在保护地设施温度较低的四周或两侧，一般没有中心病株（图3-2）。

图3-2　番茄冻害·叶片发黄

在番茄坐果期若出现极寒天气或长期低温气候，番茄的果实也容易出现一定程度的冻害，例如，较大的果实会失绿形成灰褐色死果，较小的果实则容易出现冻裂，裸露果实内部的心室（图3-3）。

图 3-3　番茄果实冻害·果实冻裂

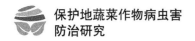
防治番茄冻害主要要选用耐低温品种，然后根据保护地设施的情况来确定播种期和育苗期，如果栽培越冬、超早熟或秋延后番茄，需要关注气候情况，在寒潮或长期阴冷天气出现前就做好防范，例如，提前灌水保持土壤湿度，降温时增盖棚内薄膜，同时外部加盖草苫或棉被，若温度无法满足生长发育需求则需要进行人工加温。若已发生冻害则需要加大放风量，避免室内温度提升过快，逐步进行温度提高才能令冻害处细胞逐渐融化并被植株再次吸收，有效减轻冻害程度。

（三）气体造成的病害

1.氨气造成的番茄病害

寒冷季节保护地设施室内温度偏低，通风会受到很大影响，此时土壤中的有机肥进行分解释放的铵态氮，以及施用化肥进入土壤中的铵态氮，在土壤碱性环境下转变为氨气，通风的减少会造成氨气的逐步累积，当氨气积累到一定浓度时就会使番茄受害。主要表现为番茄叶片呈现水浸状，干燥时呈现为褐色斑，且受害部位和健康部位的界限非常明显，如果氨气浓度过高不仅叶片会受到影响，植株茎的表面也会出现褐色斑，如果土壤透气性不佳，氨气的积累也会危害番茄根系从而造成根系生长点坏死，颜色变黄，植株下部老叶出现黄化。防治氨气危害需要避免施用生肥，施用充分腐熟的有机肥为最佳，并且要避免一次性施用过多氮肥。

2.亚硝酸气体造成的番茄病害

亚硝酸气体的危害通常发生在土壤酸化和盐渍化严重的地块，在这样的土壤之中，在铵态氮转化过程中，亚硝酸态氮向硝酸态氮的转化会受到很大阻碍，从而亚硝酸态氮会逐渐在土壤中积累，并且在酸性环境下会逐步气化。遭受亚硝酸气体危害的番茄主要表现为叶片呈现水浸状，和氨气危害类似，但干燥后其受害部位变白。番茄遭受亚硝酸气体危害是土壤退化的标志，仅仅靠通风和施肥管理无法完全杜绝，最佳的办法是置换退化的土壤。

二、茄子生理病害及防治

茄子的生理病害主要是营养元素不均所造成，也有温度和紫外线需求无法满足造成的生理病害，主要有以下几种表现。

（一）营养元素造成的病害

1. 氮造成的病害

茄子需肥量较高，尤其对氮需求量较大，所以对土壤中氮含量需求较高，对氮不足也比较敏感。当土壤氮不足时，茄子的植株会长势微弱且叶片稀疏，整个植株的叶片会小而薄，叶柄和茎之间夹角很小，紧靠在一起，下部叶片淡绿乃至变黄，且容易落果，即使坐果后果实也较小且膨大受阻。

防治茄子氮缺乏通常需要在定植前施足基肥，每亩需要施用完全腐熟有机肥 5000～6000 千克，而且不同品种需求也有所不同，例如，门茄和对茄在果实膨大期还需要及时进行追肥。施肥不能使用没有完全腐熟的鸡粪和猪粪，且量不能过多，如果量过大或施用了未完全腐熟基肥，当地温提升时土壤中的有机肥分解速度会加快，土壤中氧气含量会急剧下降，最终造成茄子根系供氧不足从而枯萎，生肥还会产生大量有害气体损害茄子的根系。

虽然茄子对氮的需求量较大，但土壤氮含量过高也会引发茄子氮过剩症状，其植株会徒长且叶片肥大，但叶面凹凸不平色泽浓绿，严重时叶片还会向外翻并出现下垂，叶片和茎之间夹角会变大，如果氮过剩时出现低温条件和光照不足等，症状还会加剧。

2. 磷和钾造成的病害

茄子缺磷的症状并不明显，类似于氮缺乏时的症状，整个植株长势弱且叶片小，叶面暗淡但颜色较深，叶脉发红，叶柄和茎的夹角很小，果实无法膨大。如果在生长发育的中后期出现缺磷症状，植株下部叶片会提前老化变黄。通常茄子出现缺磷症状是因为土壤酸性较大或地温较低氮肥施用过多，茄子根系无法吸收磷，防治茄子缺磷需要注意施肥时控制氮磷钾的比例，避免氮肥过多磷钾较少，若出现缺磷症状可采用叶面喷施 0.5% 过磷酸钙溶液来进行缓解。

茄子缺钾的症状同样不太明显，也类似于氮缺乏症状，尤其是土壤中钾缺乏不严重时，下部叶片会发黄且软弱。当钾缺乏严重时植株表现为下部叶片叶脉间出现黄斑并不断蔓延，或出现叶缘褪绿黄化，果实无法膨大。茄子出现缺钾通常是因为地温较低光照不足，造成土壤湿度过大从而影响根系吸收钾肥，如果采用有机肥做基肥通常不会出现土壤钾不足。防治茄子缺钾需要避免土壤积水，并及时进行中耕来保证土壤透气性和提高地温，注意及时揭苫保证光照，也能有效提高地温。若栽培过程中出现缺钾症状可以向土中施用草木灰或硫酸钾等，也可以直接叶面喷施 10% 草木灰浸出液或 0.2% 磷酸二氢钾溶液。

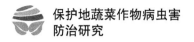
3.钙镁铁硼锰造成的病害

茄子在连续多年种植蔬菜作物的土壤中容易出现缺钙症状，干旱也会造成茄子对钙吸收不足而引起缺钙症状，表现为植株生长点畸形且生长缓慢，幼叶叶缘失绿，其叶脉变褐色形成网状叶，或呈现为铁锈状叶，缺钙还会引起茄子顶腐病。

茄子缺镁症通常发生在砂质土壤栽培中，这类土壤出现缺镁症通常是因为土壤中镁含量不足；在普通土壤中出现缺镁症状通常是因为施用钾肥过多且地温较低，磷不足也可能引起缺镁症。表现为植株下部叶片叶脉间出现黄化斑，并逐渐蔓延到整个叶片，严重时叶脉间出现褐色坏死斑。

茄子缺铁通常发生在植株的顶端，表现为顶部叶片出现黄化现象，且黄化现象很均匀，但不会出现黄化斑和坏死斑。

茄子缺硼通常也发生在植株顶端，表现为顶部茎叶僵硬，严重时新芽弯曲且停止生长，顶部叶片变黄，坐果后出现缺铁症状，其果皮会变为褐色，且落果严重，果实内部同样会变为褐色。

茄子缺锰通常发生在植株中上部叶片上，其叶脉间会出现并不明显的黄斑和褐色斑点，且叶片容易脱落。若土壤中锰过剩也会影响植株生长，表现为下部老叶片叶脉变为褐色，叶脉两侧会出现褐色斑点，通常酸化土壤和灌水过多的土壤会出现锰过剩症状。

茄子营养元素缺乏和过剩的症状原因基本和番茄相同，因此在防治措施方面也和番茄类似。主要做法就是采用充分腐熟的基肥，且施用氮磷钾肥需要较为均衡，要根据对元素的需求进行适当的比例控制，同时需要控制土壤水分和进行合理的地温管理，这样就能有效避免营养元素缺乏或过剩的症状出现。

（二）茄子果实生理病害

1.僵果

茄子僵果的主要引发原因是低温栽培，尤其茄子在开花期遭遇低温，会造成花授粉不良，导致果实无法形成种子或只有少量种子，果实内含有的植物生长素不增加，果实不会肥大，主要症状是果实顶部凹陷且不肥大，变为坚硬的小果，即使勉强肥大也较僵硬，其内部种子很少甚至没有种子。此症状也会出现在连续高温或连续阴雨天气光照不足条件下。

防治僵果出现的方法是加强温度管理，尤其在花芽分化期和花期，需要保持室内温度在 25℃～ 30℃，最高不能超过 35℃，且需要注意肥水管理，施肥不能过量，浇水也不能过大，最好采用地膜覆盖和滴灌的方式。

2. 凹凸果

茄子凹凸果也被称为鼓囊茄子，主要表现为果实肥大不良，其外表凹凸不平且果色不良，整体看茄子果实鼓鼓囊囊，内部也多数没有种子。凹凸果通常出现在收获期茄子植株长势衰弱时，伴随的症状是着色不良和乌皮果等，主要原因是土壤水分不足及生长调节剂施用不当。一般凹凸果出现在植株低节位细弱枝上，且产生凹凸果和品种有很大关系。例如，偏重于观赏性的非洲红茄的果实本就凹凸不平，但凹凸较为均匀，且果实颜色为鲜红，整体来看果实如同一个个灯笼，观赏价值较高（图 3-4）。

图 3-4 非洲红茄

（三）茄子植株生理病害

1. 沤根

茄子沤根通常出现在苗期，主要原因是室内温度较低且湿度大，而且长期光照不足。在这样的条件下，茄子根系根压较小导致其吸水力降低，表现为根部不长新根且根皮呈现出褐锈色，地上植株出现萎蔫且易于拔起。防治沤根首先需要在苗期和低温阶段注意水分供应，最好采用小水滴灌的方式，浇水需要在晴天的上午，且需要保证浇水后能够有连续两天晴天；其次则是需要时常进行室内通风且加强炼苗，提高幼苗适应力和强壮度，这样能够有效促进根系生长避免沤根；最后则需要及时进行揭苫，即使在阴天也需要揭苫，促进光照。

2. 落花

茄子落花通常有两种类型：第一种是花芽分化期昼夜温差较小，土壤肥力不足，水分供应不均衡，日照不足，造成茄子花质量差从而导致落花；第二种是开花期光照不足，且夜间温度较高，水分供应不够均衡导致落花。防治落花需要加强温度管理和肥水管理，注意进行通风保证夜间温度不能过高，最好不要在日光温室进行加温，水分则需要供应均衡，避免干旱和大水浇灌。

（四）气体造成的病害

在施肥管理方面，如果施用过量未腐熟的有机肥或施用过量尿素和铵态氮等，就容易令茄子出现氨气病害，茄子在幼苗期受害会在叶片四周呈现水浸状斑，并逐步变为黑色最终枯死，成长期受害则表现为叶缘褪绿变白并逐步干枯，甚至植株整体会突然萎蔫。如果施肥量过大使土壤变成酸性，硝酸化细菌的活力就会被抑制，从而令二氧化氮无法转化为硝酸态氮最终产生亚硝酸气害，表现为植株中上部叶背出现不规则的水浸状斑点或褐色斑点，数天后叶片就会干枯。另外，在外界温度较低时进行茄子栽培，通常需要对室内进行加温，如果燃料加温时燃烧不完全，就容易产生大量一氧化碳气体，若积累到一定量就会令茄子遭受一氧化碳气害，表现为叶缘出现类似缺钙症状的黄化或黄化斑点，如果一氧化碳含量猛然提升，还容易造成急性病害，其叶片会产生白色坏死斑，预防一氧化碳气害需要注意加热设备情况，若点火和熄火频繁，这就说明燃烧并不充分，可以在确保室内温度的情况下尽快通风。

防治气体病害需要注意施用完全腐熟的有机肥，并在施肥和追肥时要注意每次施用量，最好少量多次施用，追施尿素等易挥发化肥后需要及时浇水并加强通风。

三、辣椒生理病害及防治

茄科的辣椒主要有两类，一类是甜椒，也被称为彩椒或方椒，颜色有紫色、白色、黄色、红色、橙色和最常见的绿色等（图3–5 和图3–6），其含有非常高的维生素 C 和糖，生食营养价值最高，且具有抗白内障、癌症和心脏病的特点。

图 3–5　黄色彩椒

图 3–6　绿色彩椒

　　另一类则是辣椒，其果皮内含有辣椒素，果实通常为圆锥形或长圆形，未成熟时通常为绿色，成熟后变为红色或者紫色，也有成熟后为绿色的辣椒（图3-7）。整体而言，辣椒的幼苗不耐低温，所以保护地种植需要注意防寒，同时其开花结果期对高温抵抗力弱，温度高于35℃就会落花落果，所以需要注意遮阴降温；另外，辣椒对水分条件要求比较严格，其既不耐旱也不耐涝，而且喜欢较为干爽的空气条件。

图3-7　辣椒植株

（一）营养元素造成的病害

1. 氮缺乏病害

辣椒氮缺乏症主要体现在植株瘦弱，叶片较小且开花位置会上升，容易出现植株顶端开花的现象，叶片黄化从下部到上部逐渐加重，症状非常类似于干旱缺水造成的生理病害症状，但干旱缺水还会表现为叶柄弯曲且叶片下垂向上卷曲。若辣椒缺氮，减少灌溉次数后，土壤干旱条件下辣椒还会出现缺钙症状。

2. 磷缺乏病害

辣椒缺磷的症状表现并不明显，如果在生长初期出现植株生长缓慢但没有出现任何黄化现象，就可以考虑是否土壤缺磷，在生长中后期缺磷则叶片颜色会出现不平整且颜色浓绿，花期会形成短柱状花且结果晚，果实无法长大。

3. 钾缺乏病害

辣椒缺钾主要表现在叶片方面，通常叶片呈现暗绿色，且叶缘出现坏死，叶脉变为褐色，若缺钾严重则植株下部叶片会黄化，果实会畸形严重且个头较小。

4. 钙缺乏病害

辣椒缺钙主要表现在叶片和果实方面，植株顶部叶片会生长不良且叶尖黄化，部分叶片会出现类似氮过剩表现出的叶主脉凸起症状，果实容易出现脐腐果。

5. 镁缺乏病害

辣椒缺镁主要表现在植株下部叶片方面，叶片叶脉间会出现失绿现象，当土壤钾过剩和氮过剩时缺镁症就容易出现，因为钾和氮会抑制植株对镁的吸收。

6. 硼缺乏病害

辣椒缺硼主要表现在植株上部，其生长点会停止生长，生长点附近的叶片叶柄和叶脉硬化且容易折断，叶片会出现扭曲现象，同时落花严重。

7. 锰缺乏病害

辣椒缺锰主要出现在砂质土壤中，且甜椒表现较为明显，主要体现在叶片方面，叶面会出现杂色斑点但叶缘依旧保持绿色，叶脉间会失绿。

8. 营养元素过剩造成的病害

如果土壤中氮过多，辣椒就容易出现氮过剩病害，主要表现为叶片肥大但柔软，叶片颜色浓绿，叶柄很长，植株顶部幼叶叶片褶皱且出现凹凸不平现

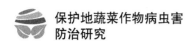
象，大叶片容易出现叶脉主脉凸起的现象，下部叶片还会产生扭曲。如果夜间温度较高且白天光照不足，氮过剩只表现为叶柄长和叶脉主脉凸起，幼叶不会出现症状。

种植辣椒时若通气不良，土壤积水严重，则辣椒容易出现锰过剩症状，主要表现为植株中下部叶片叶脉局部变为褐色，叶脉之间的叶肉会出现褐色斑点，叶片容易老化和脱落。

辣椒营养元素缺乏和营养元素过剩的防治与番茄的情况类似，主要需要注意基肥要用充分腐熟的有机肥，并且各营养元素比例要均衡，避免营养元素过剩。

（二）辣椒果实生理病害

1. 日灼果

辣椒日灼果主要出现在高温干燥且日照强度较高的条件下，如果植株叶面积较小而坐果较多，日灼果也容易出现。主要表现为果实受到太阳光直射的一面出现褐变并出现凹陷。防治日灼果需要避免植株干旱，并减少阳光直射果实的情况，在植株大量结果时需要封垄来促使枝叶能够覆盖果实，植株生长时需要注意培土来避免倒伏，倒伏的植株很容易使果实暴露在阳光下从而导致日灼果的形成。

2. 脐腐果

脐腐果主要表现为果实侧面出现黑褐色且稍微凹陷的斑点，并逐渐出现腐烂症状，因此也被称为腐烂果。辣椒脐腐果容易出现在生长发育后期，其出现通常是因为高温、干燥、多钾造成的植株吸收钙能力降低。如果在结果期土壤钙含量较高，植株营养生长过于旺盛，钙就会被大量分配到叶芽中从而造成果实缺乏钙导致脐腐果。防治脐腐果需要保持土壤湿润，这样能够方便钙随水分被输送到植株各个部位，另外需要注意培养植株的根系，促进根系壮大以便更好地促进钙吸收，如果根系发育不良，即使土壤中钙含量较高，辣椒也容易出现缺钙症状。

3. 僵果

辣椒僵果也被称为石果，表现为早期果实呈现柿饼状，后期果实为草莓状，果实皮厚肉硬，色泽光亮且柄长，但果内无籽或少籽，果实不膨大，即使后期环境适宜果实也不会再继续发育。通常引起辣椒僵果的原因是在播种一个月之后出现干旱、低温或高温天气状况，花期内辣椒无法正常授粉从而生成单性果，这类果缺乏生长素因此无法吸收营养元素膨大。防治僵果需要加强水肥管理，令辣椒植株长势旺盛并合理整枝，同时需要注意温湿控制，白天温度要控制在 23℃～ 30℃之间，夜间控制在 18℃左右，地温控制在 20℃左右，以便促进植株花朵正常授粉。

（三）气体造成的病害

辣椒遭受气体生理病害同样集中于氨气、亚硝酸气体、一氧化碳及二氧化硫方面。辣椒植株遭受氨气影响后，下部靠近地面的叶片会出现下垂且褪绿现象，干燥后会变为褐色，且植株的生长受到极大的抑制；受到亚硝酸气体影响后，未成熟的幼叶会出现部分坏死且畸形的现象，叶片背部的坏死斑呈褐色，严重时呈现为白色；在低温季节保护地设施内进行加温时容易出现一氧化碳和二氧化硫中毒，一氧化碳浓度较低时植株叶片等不会出现症状，但植株生长会受阻且花蕾容易脱落，一氧化碳浓度较高时叶片则会出现叶脉间褪绿现象，而二氧化硫中毒主要体现在叶片表面如同缺镁般叶脉间叶肉黄化，叶片背面会出现褐色斑点。

茄科蔬菜作物同属一科，其种植时营养的需求特性和生理病害特征也较为类似，不过不同茄科蔬菜作物的敏感度有所不同，因此在防治茄科蔬菜作物生理病害时不仅需要在整体上把握好水肥控制及环境控制，还需要有针对性地对不同蔬菜作物的生理特性进行有效的防控，尽量避免生理病害造成的蔬菜作物减产。

第二节　葫芦科蔬菜作物生理病害及防治

葫芦科蔬菜作物最具代表性的是黄瓜、冬瓜、西葫芦、丝瓜、苦瓜、吊瓜、葫芦、蛇瓜、老鼠瓜等（图 3–8、图 3–9 和图 3–10），其生理病害的表现大体类似，这里以黄瓜为主要代表进行生理病害和防治的介绍。

图 3-8　葫芦科·吊瓜

图 3-9　葫芦科·蛇瓜

图 3-10　葫芦科·老鼠瓜

一、营养元素造成的病害

（一）氮造成的病害

保护地黄瓜栽培通常不会出现氮缺乏症状，如果出现，多数是因为有机肥施用量过低，或改良保护地土壤时施用稻草过多，或土壤盐渍化严重致使黄瓜根系活力减弱。通常表现为叶片薄且小，从植株下部叶片开始出现黄化，并逐步向上发展，黄化均匀，生产期化果严重且果实短小，果实色泽较淡且多刺，畸形果较多，如果缺氮严重，黄瓜还会出现整个植株黄化且无法坐果的现象。防治黄瓜氮缺乏需要合理施用充分腐熟有机肥，若栽培过程中出现缺氮症状可以追施化学氮肥。

保护地黄瓜栽培氮缺乏不易出现，但因为老龄保护地使用年限较长，在施肥过量造成土壤盐渍化后，在地温升高时黄瓜就容易出现氮过剩症状，同时在施肥时过于偏施氮肥也会导致氮过剩。通常表现为植株中下部叶片卷曲且叶柄稍微下垂，叶片肥大浓绿但叶脉凹凸不平，植株易出现徒长且抗病性差，严重

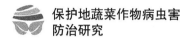

氮过剩会造成叶片萎蔫，数日后植株枯萎死亡。通常氮过剩症状会和磷钾缺乏症状一起出现，防治氮过剩要避免一次性施用过量氮肥，尤其是铵态氮肥的施用，最佳的做法是氮磷钾肥按比例施用，老龄保护地需要避免一次性施用5000千克以上腐熟鸡粪，并需要避免土壤过于干旱和过于潮湿。

（二）磷造成的病害

保护地土壤磷含量较低、土壤碱性或酸性较高、地温较低容易引起黄瓜出现磷缺乏症状。主要表现为植株萎缩且果实较小，叶片小而浓绿，叶片平展并上挺，老叶会出现暗红色斑点或斑块，有时斑块呈现褐色，植株下部叶片易脱落，如果土壤氮含量过高而磷含量低，则黄瓜容易出现叶片褶皱卷曲。防治黄瓜磷缺乏和防治番茄缺磷类似。

（三）钾造成的病害

保护地土壤砂质严重、有机肥施用不足、没有及时追施钾肥则容易造成黄瓜缺钾生理病害，地温较低且铵态氮施用过量也容易造成黄瓜缺钾。主要表现为植株生长缓慢且节间较短，叶片小呈现为青铜色，叶缘易出现黄绿色且发生卷曲，严重时叶缘会干枯呈烧焦状，叶片主叶脉会出现凹陷，后期叶脉间叶肉会失绿并逐步蔓延最后枯死，通常从下部老叶开始出现失绿，之后向上蔓延，若结果期出现缺钾症状果实中部和顶部会膨大，但伸长会受阻，形成短而粗的粗尾果等畸形果。氮肥过量、磷肥不足，将会加重缺钾症状，叶片会凹凸不平，叶缘失绿但叶片浓绿，通常土壤磷不足还会伴随钙缺失，除叶缘失绿外，叶脉也会出现失绿症状。防治钾缺失需要施足充分腐熟的有机基肥，并在果实膨大期注意追施钾肥。

（四）钙造成的病害

黄瓜缺钙通常发生在土壤酸度较高和多年不追施钙肥的保护地，而且即使土壤钙充足，当氮、钾和镁含量过高时，植株对钙的吸收也会被抑制从而引起缺钙症状。主要表现为多数叶片叶脉间失绿，叶缘和叶脉间会出现浅色斑点，整个植株会较为矮小节间较短，尤其体现在顶端节间，幼叶会叶缘黄化且上卷，并且无法长大，严重时老叶卷曲而顶芽坏死。通常最先出现缺钙症状的部分是叶缘处，其出现黄化后向叶片内侧不断扩展。防治黄瓜缺钙需要在酸化土壤中施用石灰来进行中和，若普通土壤中出现缺钙症状，则需要注意氮钾肥的含量问题。

（五）镁造成的病害

出现黄瓜缺镁症状主要有两个原因，一个是土壤砂质容易造成土壤含镁量低，另一个则是普通土壤磷和钾含量过多造成植株吸镁障碍，而且通常磷和钾过多时氮的含量也会较高，这会加重缺镁症状。即使土壤不缺乏镁，在气温较低和地温较低的情况下，黄瓜植株吸收镁的能力也会较弱，黄瓜也容易出现缺镁症状，所以种植黄瓜时需要注意温度的调节和控制。

缺镁症状主要表现为叶片主脉附近叶肉失绿，且逐渐向叶缘扩散，但叶缘会保留一些绿色，严重时叶脉间的叶肉会全部褪色发白，和叶脉的绿色呈现出鲜明对比。有时缺镁造成的叶片失绿会在叶脉间形成大的凹陷斑，层层叠叠如同虎斑，因此缺镁症也被称为虎斑症。通常缺镁症状主要发生在下部老叶，如果下部老叶因为缺镁造成运输养分机能降低，上部的新叶也会被影响，从而出现缺镁症状。和缺钾不同的是缺镁是从叶脉主脉的旁边开始失绿，因此容易导致黄瓜形成绿环叶，而缺钾是叶缘先失绿再向中间发展，容易导致黄瓜形成干边叶。

（六）硼造成的病害

砂质土壤环境中黄瓜容易出现硼缺失，如果保护地栽培为了高产而多茬连作，黄瓜也容易因带出过多养分造成微量元素消耗而产生硼缺失。而且植株吸收硼主要靠的是叶片蒸腾作用促进根系吸收水分时的连带吸收，因此土壤过于干旱也会造成黄瓜出现缺硼症状。同时磷能够促进植株对硼的吸收，所以在缺磷时黄瓜也容易出现缺硼症状。

缺硼症状主要表现为生长点发育不良，其附近节间会缩短，小叶畸形且生长点停止生长，果实期缺硼表现为果实带有纵向白色条纹或果实裂开，果皮表现为木质化且开裂处有黄白色分泌物产生。如果极度缺硼，植株生长点会顶端坏死，嫩叶向上卷曲且叶缘部分呈现褐色并最终死亡。通常情况下保护地内不太容易出现硼缺失的症状，如果老龄保护地出现这类症状，可以叶面喷施硼砂水进行应急，然后增施硼砂进行硼补充。

如果保护地硼肥施用过量，或者采用工业污水灌溉，植株就容易出现硼过剩的症状，通常表现为下部叶片叶尖发黄，之后逐渐扩散到整个叶缘，使叶片

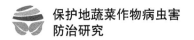
如同镶上黄边。如果苗期硼肥过量，出苗后第一片真叶叶尖会变为褐色并向内卷曲，之后逐渐黄化。

（七）锌造成的病害

通常情况下保护地黄瓜栽培不会出现缺锌的情况，但是如果土壤中磷含量过高或pH值过高，植株吸收锌的能力就会被影响，从而造成缺锌症状的出现，如果日照强度过高缺锌症状还会加剧。锌在蔬菜作物体内是较为容易移动的元素，因此缺锌症状多数出现在植株中下部的叶片中，一般表现为中位叶片失绿黄化，叶脉清晰可见并逐渐褪色，叶缘变黄之后逐步成为褐色，因为叶缘枯死所以叶片呈现卷曲状，植株生长点附近的节间会变短，但新叶不会发生黄化。缺锌症状和缺钾症状类似，但缺钾是叶缘先黄化并向内蔓延，而缺锌是全叶黄化且发展规律是从叶片中部向外扩散。防治缺锌需要避免土壤呈碱性，需要控制石灰施用量，如果发现植株有缺锌症状，可以用硫酸锌或氯化锌水溶液进行叶面喷施来减轻症状，同时在下茬黄瓜定植前要增施硫酸锌。

（八）铁造成的病害

保护地土壤若呈现碱性就容易使黄瓜出现缺铁症状，同时若磷肥施用过量也会致使植株对铁的吸收受阻，还有土壤过于干燥、过于潮湿及地温过低，都会抑制植株对铁的吸收，从而导致缺铁症。铁在植物体内的转移性很差，因此黄瓜缺铁时植株的生长较为正常，症状并不会太过明显，叶片不会表现出明显症状，有时上部叶片会出现黄化，严重时会呈现出黄白色，在诊断营养元素缺失时需要注意观察叶片是否全部黄化，如果只是叶缘出现黄化或出现斑状黄化则可能是其他生理病害。通常土壤栽培很少出现缺铁症状，而营养液育苗和无土栽培时容易出现。

（九）锰造成的病害

通常情况下土壤的锰含量都比较高，尤其是黏质土壤，在土壤透气性良好的条件下锰主要以高价状态存在，所以土壤溶液中锰浓度不会很高，但如果土壤排水不良或酸化，大量锰离子就会溶解在土壤溶液中从而被吸收，导致锰过剩症状的出现。当施用未腐熟的生肥时锰的有效性会增加，也容易造成锰过剩症状。黄瓜锰中毒的症状主要表现为叶片的网状叶脉变为褐色，之后是支脉变为褐色，最后是主脉变为褐色，通常从下部叶片开始出现然后逐渐向上发展。

防治锰过剩除了对酸性土壤施用石灰进行中和外，还需要在施用基肥时选择充分腐熟的有机肥，并注意灌水量，如果灌水量较大则需要增加中耕次数来确保土壤的透气性和排水性。

二、植株生理病害

（一）黄瓜低温障碍

黄瓜属于喜温蔬菜作物，其耐寒力较弱，如果温度数天时间持续维持在3℃～5℃，黄瓜植株就有可能出现低温障碍，通常寒潮来临时或暴风雪等气候容易出现冻害，因为此时保护地设施内温度较低所以植株细胞水会出现外渗，致使植株呈现水浸状，最终组织坏死呈现出干枯状。通常表现为叶片白色或青枯，严重冻害植株生长点会冻死，轻微受冻会造成花芽分化不良，根系发育不良，生长停滞且叶片变黄。防治黄瓜低温障碍需要加强温度管理，并选用耐寒品种，关注天气情况，若出现大范围寒潮需要及时对室内进行加温管理，而且在低温情况下要严格控制浇水避免地温持续下降。如果黄瓜已经遭受冻害，提升温度就需要缓慢进行，以便植株有一定的适应时间慢慢恢复机能。

（二）黄瓜蔓徒长

当土壤氮肥施用过多，或光照不足但温度偏高且水分高时，尤其是夜间温度较高昼夜温差小时，黄瓜很容易出现营养生长过旺而蔓徒长的现象。主要症状是植株长势过旺，叶片较大且节间长，茎粗壮但叶片颜色较淡，侧枝生长较早，摘心之后还容易酝酿小蔓，整个植株上的雌花很弱小，果实和叶片的大小不相称，容易出现化瓜现象。防治蔓徒长需要注意氮肥施用，同时要注意控制浇水和提高昼夜温差，可以适当进行通风管理降低夜间室温，如果出现徒长植株可以采用摘心或龙头下弯的方式来控制植株长势。

（三）降落伞叶

如果保护地黄瓜栽培遭遇连续阴雨天，白天保护地设施又密封，其内部温度较高且湿度较大，那么植株的蒸发作用就容易被抑制，从而造成植株生长点和叶片叶缘出现缺钙症状。主要症状是生长点附近的新叶叶尖黄化，之后整个叶缘黄化并逐渐枯萎，中间部分叶片中央部位凸起，因为叶缘枯萎卷曲所以叶片呈现出降落伞状（图3-11）。

图 3-11　保护地黄瓜降落伞叶

防治降落伞叶需要注意及时通风换气，避免室内湿度过大，确保植株蒸发量，适当进行中耕操作，改进根系发展环境促进根系发育，但土壤不可水分过大，尤其在生长初期需要控制土壤水分。如果症状较为严重，需要控制氮肥用量，并可对叶面喷施钙溶液。

（四）叶片褐色小斑症

保护地黄瓜栽培时若夜间室温低于10℃，地温低于15℃，室内湿度较大且光照不足，黄瓜就容易出现叶片褐色小斑症（图3-12和图3-13）。主要表现为叶片沿着叶脉出现褐色小斑点，症状轻时叶片能够继续生长发育，症状严重时叶脉间会出现黄褐色条斑，之后叶片枯死，因为叶片供养不足所以果实发育不良，果形短小且不整齐。

图 3-12　黄瓜叶片褐色小斑症·正面叶片

图 3-13　黄瓜叶片褐色小斑症·背面叶片

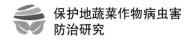

防治黄瓜叶片褐色小斑症需要进行夜间温度控制，避免夜间地温和气温过低，冬季栽培时需要少浇水，尤其是在天气阴冷的条件下要控制浇水，避免地温降低严重。

（五）黄瓜黄化叶

若冬季栽培遭遇降温致使室内气温过低且地温较低，又遭遇阴雨天气致使光照不足，很容易造成黄瓜根系发育不良，从而造成叶面黄化。主要表现为冬春季栽培的收获期，植株中上部叶片急剧黄化，初期在早晨叶片北面出现水渍状斑点，中午症状消失，数日后水渍处就会黄化，最终除叶脉外整个叶片黄化。防治黄瓜黄化叶需要进行保护地设施温度管理，并且避免低温时多肥多水，否则会加重叶片黄化的症状，可以采用地膜覆盖的方式来提高地温促进根系发育。

（六）急性萎蔫症

从黄瓜收获初期到盛期植株一直生长旺盛，但如果连续出现阴天情况，并且未能及时揭苫透光，植株就无法进行光合作用，就容易出现养分生产障碍，当猛然晴天后室内温度会快速升高，室内的空气湿度快速降低，植株的叶片蒸腾作用会加快，这种情况下就容易出现急性萎蔫症。主要表现为叶片急剧萎蔫，傍晚也无法恢复原状，茎内导管未出现病害症状。防治急性萎蔫症需要注意在连续多天阴雨天气后，一旦天气放晴不能一下全部解开草苫，若揭苫后出现萎蔫需要再次进行覆盖，待叶片恢复再揭苫，可以采用间隔揭苫的方式来控制光照，如果叶片萎蔫严重，可以用喷洒的方式向叶片喷清水来防止叶片萎蔫严重而受损。

（七）花打顶

黄瓜出现花打顶主要有 4 个方面原因：其一是土壤问题，若土壤盐渍化严重或者施肥过量，容易造成土壤水分不足，这样容易令黄瓜植株长期处于生理干旱状态，从而出现花打顶；其二是干旱过度，在进行幼苗培养时若摆放过于松散，水分管理不当，在定植后控水蹲苗过度使土壤干旱，就容易出现花打顶；其三是温度管理不当，白天温度和日照强度较好时，黄瓜光合作用积累的营养较多，但如果夜间温度低于 15℃，营养的转运就会受到影响，这种营养的积累会在叶片之中累积造成叶片浓绿皱缩且生长缓慢，因为营养无法向顶部运输，所以节间缩短甚至花打顶；其四是土壤肥力不足，或植株根系受损导致吸收肥力能力下降，这样也容易出现花打顶[1]。

花打顶的症状通常出现在苗期和定植初期，主要症状是生长点不再生长，其附近的节间缩短，开花的节位上升，距离顶端仅有 20～30 厘米，情况严重时会在植株顶端开花形成雌雄花间杂的花簇，开花之后主蔓不再生长伸长，瓜果也不再伸长。防治黄瓜花打顶需要在育苗时注意温度管理和水分管理，要将夜间温度控制在 15℃以上，并注意基肥施用和中耕，保持土壤通气状况良好，促进根系发展，在进行定植时灌水量不能过大，避免土壤积水，但土壤不能干旱，可以采用地膜覆盖的方式来保持水分。

三、果实生理病害

（一）化瓜症

黄瓜化瓜症出现的原因也较多，主要体现在 4 个方面：首先，植株谢花时水分供应过度，造成土壤通气不良，或者大瓜摘取过晚争夺了养分，都会造成小瓜养分供给不足最终化果；其次，当气温较低且光照又有所不足时，植株光合作用能力降低，养分供给不足，就会造成化果；再次，气温过高，尤其是夜间温度过高，但白天又光照不足，这样白天光合作用积累的营养较少但夜间营养消耗高，也会造成化果；最后，氮肥施用过量，水分充足但光照不良时，植株营养生长会过旺，从而抢夺营养造成化果。化瓜症最主要的症状是刚坐好的瓜或正在发育的小瓜生长停止（图 3-14），并且从瓜尖开始逐渐干瘪变黄，最终干枯脱落。

① 梁成华，吴建繁.保护地蔬菜生理病害诊断及防治（彩色图册）[M].北京：中国农业出版社，1999.

图 3-14　黄瓜坐果小瓜

防治化瓜症需要增强光照，提高光合作用强度来保证小瓜的营养供应，尽量早揭苫晚盖苫，即使阴天也需要进行揭苫处理，并保持保护地覆盖膜的清洁，保证光照情况，若光照依旧不足则需要适当进行人工光照。另外，需要控制水分供应并进行适当通风，调整室内的温度和湿度，防止植株徒长争夺营养，如果留瓜过多可以适当进行疏瓜，避免营养供应不足。

（二）畸形果

黄瓜畸形果出现概率较大，通常会出现弯曲果、细尾果、粗尾果、细腰果等。出现畸形果主要原因有两个：一个是花芽分化期遭受环境因素影响；另一个是在果实膨大期出现了不适合的生理代谢条件。

弯曲果的出现主要是因为叶片中产生的同化物质较少，或者叶片产生的同化物质无法顺利输送到果实中。例如，定植时植株过于密集，影响了光照和通风，为了改善光照和通风进行摘叶，摘叶过多就容易引起弯曲果；坐果时留果太多，果实之间争夺营养，但叶片产生的同化物质又不足以供应多个果实，就容易出现弯曲果；开花时花的素质不好，后期坐果后因为花素质的问题果实吸收营养较少，从而引起弯曲果；在果实成长前期水肥管理较好，但后期干旱或追肥过量引发植株根系损伤，虽然不一定会出现弯曲果，但也容易出现多刺多褶皱的细果。

粗尾果和细尾果容易出现在瘦弱且养分供给不足的植株上，粗尾果内含有种子，而细尾果不含种子。若结果较多但土壤肥力不足就容易出现细尾果，干旱情况也容易出现细尾果；而氮钾钙供给不足时，则容易出现粗尾果，粗尾果的出现主要是因为缺钾，缺钾会造成养分转移不良从而致使果实膨大受限，另外光照不足、高温或密植摘叶不当，也容易出现粗尾果。

细腰果也被称为蜂腰果，其症状主要体现为果实的一处或多处出现细腰，有时外部完全没有展现蜂腰的果实切开后也能看到内部空洞或开裂，出现细腰果主要原因是高温干燥、低温高湿、氮多而钾钙等缺失。

防治畸形果的出现首先需要进行合理的密植，种植不要过于密集以防影响植株的采光和通风，在摘叶时需要保留功能叶，植株下部的黄化老叶等可以及时摘除，同时要保证室内采光增加光照，水分供应最好选用滴灌模式，避免大水漫灌致使根系过早老化，在追肥时需要注意钾肥和硼肥的施用，尽量保证营养元素均衡。

四、气体造成的病害

气体对葫芦科蔬菜作物的危害主要是氨气和亚硝酸气体造成的，以黄瓜为例，保护地土壤呈现碱性的条件下，在施用铵态氮肥后其容易出现氨挥发从而造成空气中氨气含量过高，引发黄瓜植株叶片表面形成坏死斑，初始时如同被开水烫过，之后受害部位变为褐色，通常出现这样的症状后棚膜上凝结的水滴会呈现碱性反应。

若在保护地施用未完全腐熟的有机肥，地温较低的情况下铵态氮就无法正常由亚硝酸向硝酸转化，从而造成土壤中亚硝酸盐的积累，就容易引发植株中毒，植株上部叶片会变黄，类似缺铁症状，同时，土壤中的亚硝酸还会蒸发从而造成植株下部老叶出现坏死斑块，干枯后坏死部位变白。

防治措施就是在保护地栽培中不施用未完全腐熟的有机肥，如果土壤出现板结或酸化，需要及时施用石灰或稻草进行土壤改良。同时在温度能够达到蔬

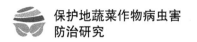

菜作物需求时要及时进行通风换气，避免有害气体积累。

第三节　豆科蔬菜作物生理病害及防治

豆科蔬菜作物比较常见的为豇豆、菜豆、豌豆等，其生理病害主要体现在营养元素不均衡方面。通常情况下，豆科蔬菜作物因为营养元素不均衡造成的生理病害症状基本类似，下面以菜豆为例进行详细阐述。

一、菜豆氮磷钾缺失

菜豆缺氮症状通常表现为植株长势弱，叶色变淡，叶片较薄且瘦小，植株下部叶片会出现黄化并易于脱落，若在结果期出现缺氮症状，果实会变得不饱满，且豆荚的弯曲度较大。

相对来说，菜豆缺磷症状并不明显，叶片和植株等依旧呈现正常状态，并不会出现失绿等特殊症状，但整体植株的生长会变慢，不仔细辨认通常很难察觉缺磷症状。

菜豆缺钾症状主要体现在叶片上，其下部叶片会叶脉间叶肉变黄并出现向上反卷的现象，植株上部的叶片呈现为淡绿色。保护地中，豆科蔬菜作物氮磷钾缺失症状很少会出现，只要在定植前施足腐熟有机肥，通常就不会造成氮磷钾缺失，若上茬出现过氮磷钾缺失症状，可在下茬定植前增加基肥施用量，并有针对性地增加缺失营养元素的基肥。

二、菜豆钙镁硼缺失

菜豆缺钙症通常会发生在土壤砂质严重或土壤酸性的保护地，缺钙症状主要表现为叶缘出现黄化现象，严重时叶缘会腐烂，菜豆缺钙时植株顶端嫩叶为淡黄色或淡绿色，而中下部位叶片会出现下垂，呈现出降落伞状，结果后果实无法快速膨大。在砂质土壤和酸性土壤中，需在施用基肥时增加有机肥用量。

菜豆缺镁症状通常表现在植株下部叶片上，首先叶片的叶脉间出现黄化，然后叶片过早脱落，通常缺镁时若土壤呈现酸性，菜豆还会出现缺钙症状从而形成组合症状，叶片的生长会受到抑制，叶片小且颜色淡，叶脉间黄化严重且叶缘坏死。

菜豆缺硼症状主要表现为生长点坏死，藤蔓的蔓顶干枯甚至蔓茎开裂，叶片发硬易折断，结果期豆荚籽粒少甚至没有籽粒。防治缺硼需要在土壤中施用硼砂基肥，如果在结果期出现缺硼症，可以用硼砂水溶液进行叶面喷施，能够有效减缓缺硼症。

第四节　十字花科蔬菜作物生理病害及防治

十字花科蔬菜作物最具代表性的是大白菜、结球甘蓝、油菜、萝卜和花椰菜等，其发生生理病害主要是营养元素不均衡导致，结球甘蓝还会因为采摘时机不适造成生理病害。

一、营养元素造成的病害

（一）氮造成的病害

大白菜缺氮症状通常表现为植株瘦小，整个植株叶片色泽淡绿，嫩叶呈现直立状，而老叶出现黄化；结球甘蓝缺氮症状表现为老叶并不会变很黄，只是颜色稍淡或呈现淡黄绿色。通常情况下，保护地基肥施用正常时十字花科蔬菜作物不会出现氮缺乏症状，但如果基肥施用过多或处于老龄保护地，则有可能出现氮过剩病害。

氮过剩时大白菜主要表现为叶片颜色浓绿，但叶脉之间会出现凹凸，叶柄的内侧会出现褐色斑点且叶尖卷曲。不过大白菜对氮过剩的敏感度不太高，结球甘蓝则更不敏感，如果土壤中氮过剩，结球甘蓝可能会结球不均，如结成扁平球。

（二）磷造成的病害

保护地土壤中磷通常不会严重缺失，但十字花科蔬菜作物在低温或土壤水分较大时对磷的吸收转化会受到影响，从而出现缺磷症状。如果土壤缺磷，植株的生长会受到限制，叶片较小且张开无法紧实，下部叶片会过早老化且黄化；如果温度过低，植株下部叶片则容易形成花青素，致使外部叶片变成红褐色；如果土壤水分过大，上述缺磷症状会更加明显。

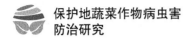
（三）钾造成的病害

大白菜缺钾症状主要表现为叶缘黄化，而且通常叶缘黄化从叶尖部位开始并逐步向内部叶脉间扩散，同时下部叶片的叶脉间还可能会出现白色斑点。

（四）钙造成的病害

钙通常是随着水分而被吸收，因此钙多向蒸腾旺盛的部位流动，当缺钙时植株生长点会出现黄化，叶片的叶缘部位也会呈干烧状，大白菜的症状较为明显，结球甘蓝则不太明显，不过在结球甘蓝结球期若出现土壤缺钙，新叶的叶缘会出现黄化且叶尖内卷。

（五）镁造成的病害

十字花科蔬菜作物缺镁并不会出现典型的叶脉间失绿，通常会在叶脉间产生黄色斑点或出现黄斑块，而且多数发生在下部叶片处，有时也会出现叶脉间淡绿色斑点，需要仔细进行分辨。

（六）硼造成的病害

硼在碱性土壤中会呈现为不可溶状态，从而很难被植株吸收，而在酸性土壤中则容易被植株吸收，因此在碱性土壤中很容易出现硼缺乏症状。如果施用氮钾肥过量，土壤缺水干旱时植株吸收硼的能力会受到抑制，而且十字花科蔬菜作物多数对钙和硼的需求量大，因此需要多施用基肥和微量元素肥。

硼和钙同样是溶于土壤水分中通过植株的蒸腾作用从而被吸收和运输，因此缺硼后植株会表现为生长点黄化，叶片僵硬，嫩叶的叶柄容易产生龟裂，裂口严重时呈现茶褐色裂口，且茎上也容易出现裂口。

大白菜很容易出现硼缺失症状，因此需要注意施用充分腐熟的有机肥，并且控制氮钾的肥量，避免过量抑制大白菜对硼的吸收；油菜若缺硼会导致返花现象，还会出现开花但不结种的现象，叶片表现为颜色暗绿且叶形变小，叶片增厚甚至出现凹凸皱缩，之后逐渐变为紫色或蓝紫色，叶脉褪绿变黄，生长点和花序褪绿变白，根系会出现肿大且发育不良，表皮变为褐色。防治缺硼可以在土壤施用基肥时加入硼肥，若出现硼缺失可以进行叶面喷施来缓解症状，并且需要注意氮磷钾肥的比例和施用量，若氮磷钾肥在土壤中含量过高，会影响到植株对钙、镁、硼等微量元素的吸收。

二、十字花科蔬菜作物其他生理病害

（一）结球甘蓝裂球病害

结球甘蓝的特性是成熟后形成叶片紧密包裹的菜球，如果收获时机不适，如超过了采收期，因为其根部吸收的水分一直在不断向菜球内输送，就容易导致球内的小叶片继续生长发育，最终导致表面球叶开裂产生裂球病害。裂球的结球甘蓝不易贮存，其商品性状也会因为形象明显下降，因此结球甘蓝在收获期不适宜大量浇水，若采摘期遭遇降雨造成土壤湿度较大，需要及时进行采摘避免裂球[①]。

（二）萝卜空心病害

萝卜的果实生长需要土壤水分平衡，在其根系生长发育阶段要求土壤的含水量在 60%～80%，土壤水分过量或时旱时涝都容易让萝卜出现空心病害，因此萝卜的水分供应需要适当，要避免过涝和过旱。在萝卜生长过程中适量追施硼肥能够促进萝卜的生长和根系饱满，可以从萝卜苗长出两三片真叶时就开始每隔 20 天追施一次硼肥，每亩用硼砂 150 克或硼酸 100 克，兑 60～75 千克水在傍晚喷施，这样可以防止萝卜空心病。

（三）花椰菜温度造成病害

花椰菜的营养生长适宜温度在 8℃～24℃ 之间，而花球的生长发育适宜温度为 15℃～18℃，如果在花球生长阶段温度低于 10℃ 或高于 25℃，就会令花球生长出现异常，如花薹缩短、花枝迅速伸长，结出的花球会小且松散，因此在种植花椰菜时需要严格控制温度，只有将温度控制在较为适合的范围才能够促进花椰菜花球的生长。

---

① 孙德岭.甘蓝栽培与病虫害防治［M］.天津：天津科技翻译出版公司，2010：58.

第四章
茄科蔬菜作物病虫害及防治

第一节　番茄主要病害及防治

一、番茄真菌病害及防治

番茄的真菌病害的病原菌多数属于半知菌亚门真菌，较为常见的真菌病害包括早疫病、晚疫病、叶霉病、灰霉病、菌核病、白粉病、枯萎病等。

（一）番茄早疫病

番茄早疫病主要由半知菌亚门真菌中链孢霉目黑霉科的茄链格孢传染，从番茄苗期到成株期都有可能发生，因为其主要病害表现是植株叶片会产生圆形或近圆形褐色病斑，其边缘有黄色或黄绿色晕环，中央是暗褐色斑块，形如同心轮纹，因此也被称为轮纹病。在空气较为潮湿的条件下病斑会出现黑色霉层，通常传染会从植株下部叶片开始向上扩散，茎部感染后病斑会出现在分杈处，呈现椭圆形或梭形褐色凹陷斑块，严重时茎秆会折断。果实若染病则会从果蒂附近开始出现褐色或暗褐色稍微凹陷且带有轮纹的病斑，病果易开裂脱落。

早疫病病原菌通常以菌丝体和分生孢子形式在土壤或随残株越冬，之后通过气体或水流传播，病原菌会通过叶片气孔或植株伤口入侵，其喜欢高湿高温环境，因此保护地春季种植时，若室内湿度大就容易出现早疫病。

因为番茄早疫病已出现多年，所以其病原菌的抗药性较强，最佳防治早疫病的方式是选用抗病品种，然后加强栽培管理过程中的抗病管理。在进行定植前需要对土壤进行深耕细作，彻底清除病残体，在早期出现病体时及时进行摘叶疏株处理，并结合药剂防治。另外，在进行栽培管理时需要注意室内的湿度情况，在能够达到温度需求的情况下注意通风换气，避免室内湿度过大引起病原菌传播蔓延。此外，可以采用药剂防治，在发病初期摘除病叶后采用 75% 百菌清可湿性粉剂 500 ～ 600 倍液或 64% 杀毒矾可湿性粉剂 500 倍液喷施，需要均匀喷施且不能漏喷，为避免抗药性需要交替或复配使用，每周一次，连续喷施 2 ～ 4 次。

（二）番茄晚疫病

番茄晚疫病主要由鞭毛菌亚门真菌中的致病疫霉引起，晚疫病病原菌通常会在保护地番茄或马铃薯块茎中越冬，靠孢子囊通过气流和流水传播，如果落在植株上会在水中萌发，因此通常会在湿度较大叶片易凝结露水时传播。晚疫病通常通过中心病株向四周扩散，因此需要尽早发现中心病株并及时进行防治，这样才能有效阻断晚疫病蔓延。

晚疫病主要危害番茄的叶片和果实，且通常从下部叶片向上部蔓延，叶片的叶尖和叶缘会出现暗绿色水浸状病斑，边缘不明显，之后病斑会快速变为暗褐色或暗紫色，其病斑处叶背边缘会出现白色稀疏的霉状物。如果环境较为潮湿，病斑会快速发展到全叶使叶片腐烂脱落。果实感染后，症状和叶片感染类似，初始出现不规则形状的灰绿色硬病斑，之后斑块中心变为黑褐色，并向外逐渐变浅，因此没有明显边界。

因为晚疫病传播的主要环境是高湿环境，因此晚疫病可以通过调整栽培条件和保护地环境来有效防治，在栽培过程中要及时摘取老叶、病叶，并注意改善通风和透光条件，及时发现中心病株进行控制，若发现病害除了将病株去除并集中处理外，还需要进行药剂喷施，可以采用 64% 杀毒矾可湿性粉剂 500 ～ 600 倍液或 72% 克鲁可湿性粉剂 800 倍液等进行喷施，每周一次，连续喷施 3 ～ 5 次。

（三）番茄叶霉病

番茄叶霉病主要由半知菌亚门真菌中的黄枝孢菌引起，其主要症状是病害处最终会形成灰褐色或黑褐色霉层，因此也被称为黑霉病。病原菌以分生孢子形式依附种子越冬，或以菌丝体形式随病残体于土壤中越冬，通过气流和种子传播，通常引起大范围流行的适宜条件是室内湿度达到 90% 以上，如果温度较高湿度在 95% 以上，半个月左右时间就会流行成灾。

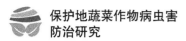
　　叶霉病主要症状体现在叶、茎、花和果实方面（图4-1）。叶片被侵染后初始会出现圆形或不规则的褪绿病斑，叶片背部病斑处会产生白色霉层，之后颜色逐渐加深成为灰褐色或黑褐色，病斑最后会变为黄褐色，且病叶会出现枯萎和轻微皱缩最后提早脱落，通常会从下向上逐渐蔓延；果实感染病原菌的症状多出现在果蒂部位，初始呈现黑色圆形病斑，之后逐渐硬化出现凹陷，老病斑表皮下有时会出现针尖状黑点；植株茎感染病原菌的症状和叶片症状类似，而且还会蔓延到花部引起落花。

图 4-1　番茄叶霉病

　　防治叶霉病主要是要选用抗病品种，并且在栽培过程中需要注意通风和光照，避免湿度过大，通常室内光照充足且温度达到30℃～36℃能够对病原菌起到抑制作用。在发病初期也可以用药剂防治，用45%百菌清烟剂每亩300克进行点燃熏棚，或者喷施多菌灵、百菌清等药剂，每周一次，连续喷施2～3次。

（四）番茄灰霉病

番茄灰霉病主要由半知菌亚门真菌中的灰葡萄孢菌引发，菌丝、分生孢子及菌核能够依附于病残体或土壤进行越冬或越夏，并在条件适宜时萌发，分生孢子能够借助气流、露水及农事操作进行传播，通常萌发后会产生芽管然后从植株伤口、衰老器官或枯死组织中侵入。其中，蘸花农事操作是其主要的传播途径，因此花期是传染高峰期，通常在温度 20℃且空气湿度达到 90% 时大范围传播，相对而言传播时对湿度的要求较为严格。

灰霉病会危害叶、茎、花和果实，尤其是花被侵染后青果受害极为严重。叶片染病多数会从叶尖开始出现水浸状浅褐色不规则边缘的病斑，然后呈现 V 字形向叶片内部扩展，病斑干枯后表面会出现灰霉；茎部染病会先出现水浸状小点然后扩展为长圆形或条形病斑，空气湿度较大时病斑处会出现灰褐色霉层，严重时病部上方植株会枯死；果实染病通常是因为花被感染，然后坐果后向果实表面和果柄发展，会呈现出灰白色软腐症状，病部出现大量灰色霉层导致落果。

防治灰霉病需要保持栽培管理时的湿度，注意晴天进行通风，若发病则需要控制浇水防止叶面结露，并及时摘除病叶病果，可以在各个关键期进行药剂预防，如定植前喷药、蘸花时带药、浇催果水前一天喷药，也可以在发病初期喷施 50% 速克灵可湿性粉剂 1500 倍液或 50% 多菌灵可湿性粉剂 500 倍液等，每周喷施一次，并根据病情采用药剂轮施的方式进行喷施。

（五）番茄斑枯病

番茄斑枯病主要由半知菌亚门真菌中的番茄壳针孢菌引发，菌丝和分生孢子能够在病残体上、杂草上或种子上越冬，在环境合适时能够吸水溢出借风传播，或随水肥沾染到植株上，然后从植株气孔入侵。当保护地气温达到 15℃以上且空气湿度在 92% ～ 94% 时会快速传播，一般湿度达不到不会发病。

斑枯病主要危害叶片，之后是叶柄和茎秆，通常不会危害果实，叶片受害初期会在叶背产生水渍状斑点，然后叶片正反面都会呈现圆形或近圆形棕褐色斑点，后期叶片病斑的边缘呈深褐色但中心部位为灰白色，如同鱼目，因此也被称为鱼目斑病，病斑通常直径 4 毫米左右，再次生长会散生出很多小黑点，数个病斑会联合成大斑，严重时病斑组织会脱落使叶片形成穿孔，茎秆染病会呈现椭圆形病斑。

防治斑枯病需要选用抗病品种，种子在播种前要注意进行温水浸泡、消毒杀菌处理，在进行栽培过程中需注意室内通风透光，需要实行 2 ～ 4 年轮作，避免土传病害大范围发展。若发病，早期需用 75% 百菌清可湿性粉剂 600 倍液或 40% 多硫悬浮剂 500 倍液等进行喷施，10 天一次，连续喷施 2 ～ 3 次。

（六）番茄菌核病

番茄菌核病主要由子囊菌亚门真菌中的核盘菌引发，菌核会在土壤或依附于种子进行越冬和越夏，菌核在土壤中能够存活 1 ～ 3 年，条件适宜时就会萌发产生子囊孢子，然后通过风及病残体等进行传播，病体和健康枝叶接触就会出现重复侵染，通常在高湿低温条件下易于传播，所以菌核病一般会在早春或晚秋出现。

菌核病能够侵染番茄的叶、茎和果实。叶片染病后初始是叶缘出现淡绿色水浸状病斑，若室内湿度较高病斑会出现少量白霉，之后变为灰褐色，病斑蔓延速度极快，很容易造成叶片枯死；茎部染病多数是由叶片感染后顺叶柄蔓延而引发，会造成茎部表皮纵裂，在茎表面乃至内部形成菌核；果实染病通常始于果柄并会向果面蔓延，导致果实如同被水烫过。

防治菌核病需要加强栽培管理，尤其是室内的湿度管理，因为核盘菌侵染多数是从土壤向上蔓延，所以可以采用覆盖地膜的方式来抑制病原菌传播。若发现菌核病，要及时采用药剂防治，发病初期可以用 5% 百菌清粉尘剂或 10% 灭克粉尘剂喷施，也可以喷施 40% 菌核净可湿性粉剂 500 倍液等，每周喷施一次，连续喷施 3 ～ 4 次。

（七）番茄白粉病

番茄白粉病主要由子囊菌亚门真菌中的白粉菌和鞑靼内丝菌引发，病原菌可依附于冬作番茄进行越冬，也可以闭囊壳形式随着病残体进行越冬。当条件适宜时会萌发子囊孢子，并通过气流传播，白粉病多发于早春和晚秋。

白粉病主要的症状是叶片出现褪绿斑点，之后病斑会扩大呈现为不规则状，出现白粉斑，有些还会直接在叶片背面萌发。不管侵染植株哪些部位，其主要的外在症状都是在病体表面产生白粉状霉斑（图 4-2）。霉斑会继续产生分生孢子进行重复侵染，造成巨大的传播。

图 4-2 番茄白粉病

防治白粉病需要选用抗病品种，同时需要注意清理土壤中的病残体减少越冬病原菌，在进行栽培管理时要注意温湿度管理，避免空气湿度过大，加强通风管理。发病初期可施用 10% 多百粉尘剂每亩 1 千克，或施用 45% 百菌清烟剂每亩 250 克，抑或喷施 25% 敌力脱乳油 3000 倍液等，每周或每两周一次，连续施用或喷施 2～3 次。

（八）番茄枯萎病

番茄枯萎病主要由半知菌亚门真菌中的番茄尖镰孢菌番茄专化型菌引起，病原菌能够以菌丝体形式潜伏在种子皮肉中或依附于病残体在土壤中越冬，如果没有寄主甚至能够在土壤中营腐生生活，其会通过植株根部及茎部的伤口入侵，之后在维管束中扩散并蔓延。在进行生长发育过程中，病原菌会产生一种有毒物质，这种有毒物质会随着维管束向植株四处扩散，引起植株叶片中毒出现枯萎，其属于番茄专属病原菌，并不会侵染其他作物。通常土壤湿度越大发病越严重，如果是饱和湿度，不仅会阻碍植株根系生长，而且还有利于病原菌

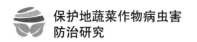

的生长发育，当土壤中有线虫危害时枯萎病会更为严重。

枯萎病通常从植株靠近地面的叶片开始逐渐向上发展，初始时叶片发黄之后变为褐色并枯死，但却不会脱落，通常发病会从植株的某一侧开始，另一侧比较正常，有时还会出现一张叶片一半发黄一半正常，因此也被称为半边枯。病原菌侵染处通常维管束组织变为褐色，严重时会造成植株全部叶片萎蔫枯死，如果空气湿度较大病部还会出现粉红色霉状物。

枯萎病属于一种土传病害，因此防治最好实行 3～4 年轮作，并且在育苗时要针对土壤进行消毒处理，可以在播种前 2～3 周在每平方米苗床上施用福尔马林 40 毫升加水 1～3 千克，然后用地膜覆盖 4～5 天再进行揭膜，让其自然散发药液后再进行播种。若在幼苗期发现少量病株，需要及时拔除并运用药剂喷施预防蔓延，若苗期后出现病株，需要在初期进行药剂灌根，可采用 70% 甲基托布津可湿性粉剂 1000 倍液或 50% 多菌灵可湿性粉剂 600 倍液等进行喷施或灌根，每隔一周一次，连续 3～4 次。

（九）番茄根腐病

番茄根腐病主要由半知菌亚门真菌中的根腐病原菌引发，病原菌通常以菌丝和卵孢子的形式依附在病残体上越冬，可以从植株伤口入侵，可以依托灌溉水进行传播，多发条件是高温高湿环境，通常土壤连作、土壤积水严重时根腐病容易发生。

根腐病主要危害番茄的根系（图 4-3），初期会在根系的主根和茎基部形成褐色斑，之后逐渐扩大，病斑处发生凹陷，严重时主根会变为褐色并腐烂，从而导致地上部分植株枯萎。感染病原菌的根系维管束会变为深褐色，根茎感染后易于腐烂且不会再生新根。发病初期病株会在中午出现萎蔫，但早晚会恢复，严重时无法恢复并逐渐枯死。

防治根腐病需要做好土壤消毒工作，而且育苗期需要注意培养无病壮苗，因为根腐病主要从根部侵染，所以最好与非茄科蔬菜作物实行 3～4 年轮作，在进行番茄栽培时需要注意水肥管理，避免大水漫灌，浇水后要适当中耕进行松土并提高土壤透气性，施用肥料要适当避免烧损植株根系。发病初期要及时拔除病株并集中处理，同时要进行土壤消毒杀菌，可以用 40% 乙磷铝可湿性粉剂 200 倍液等进行苗床浇灌，移栽时也可以运用 72.2% 普力克水剂 400～600 倍液进行浸根处理，移栽后也可用此药剂灌根。

图 4-3　番茄根腐病

二、番茄细菌病害及防治

（一）番茄青枯病

番茄青枯病主要由细菌中的青枯假单胞菌引发，病原菌可以在土壤中营腐生生活，也能够随病残体在土壤中潜伏越冬，在无寄主的情况下能够在土壤中存活 14 个月以上。其主要通过植株根部或茎基部的伤口入侵，会在植株的导管中繁殖并随着蒸腾作用逐步向上蔓延，最终破坏导管细胞组织和周围细胞组织，病害处会呈现褐色。番茄青枯病是一种喜欢高温高湿条件的细菌病害，通常多发于保护地春延后栽培。

青枯病主要表现为先是植株上部叶片萎蔫，之后是下部叶片萎蔫，中部叶片较为延迟，初始时只是中午萎蔫，傍晚后会恢复正常，但植株几天后会出现死亡，叶片依然为绿色只是颜色稍淡。

防治青枯病需要和非茄科蔬菜作物实行 4～5 年轮作，通常青枯病在弱碱

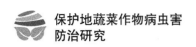
性环境下会受到抑制，因此可以施用石灰来调节土壤 pH 值进行青枯病预防。如果出现病害，可以施用新植霉素 3000～4000 倍液等进行灌根，10 天左右一次，连续 3～4 次。

（二）番茄细菌性髓部坏死病

番茄细菌性髓部坏死病主要由细菌中的皱纹假单胞菌引发，植株一旦发病会整株萎蔫，严重时致死。在保护地夜间低温高湿和土壤高氮条件下易于发病。发病初期植株嫩叶失绿，严重时植株整个上部褪绿并萎蔫，同时伴随下部茎坏死，病茎表面坚硬，出现褐色或黑褐色病斑，其外部无病变茎部维管束出现褐变，发生病变的部位容易生出很多不定根，因为主要体现在植株髓部，因此被称为髓部坏死病。

防治细菌性髓部坏死病需要注意基肥要施用完全腐熟有机肥，且氮磷钾营养需较为均衡，避免氮肥施用过多，同时保持室内通风，避免高湿环境出现。发病后要及时喷施药剂控制，可采用细菌必清 300 倍液喷施，3～4 天一次，连续 3～4 次，若控制较早病株依旧能够恢复。

（三）番茄细菌性斑疹病

番茄细菌性斑疹病同样由细菌引起，病原菌能够在病残体上、种子上及土壤中营腐生越冬，可以通过农事操作和水肥飞溅传播，喜潮湿低温环境。

细菌性斑疹病会危害叶、茎、花和果实，以叶片危害最为严重明显。初期叶片会出现深褐色或黑色斑点，病斑周围通常有黄色晕环，逐渐蔓延后叶柄和茎会染病，出现黑色斑点，结果期染病果实会受侵染，初期果实表面会出现稍微隆起的小斑点，当果实接近成熟时病斑组织依旧会保持长时间绿色。

防治细菌性斑疹病需要选用抗病品种，同时在干旱地区最好采用滴灌或沟灌，避免采用喷灌方式，在播种前需要对种子进行浸泡消毒杀菌，在进行农事操作时需要对接触植株的工具、手等进行消毒杀菌，减少病原菌传播途径。如果已经发病需及时采用药剂控制，可用 77% 多宁可湿性粉剂 600 倍液或新植霉素 4000 倍液等进行喷施，每周一次，连续喷施 3 次。

三、番茄病毒病害及防治

引发番茄病毒病害的主要病原是微生物中的病毒，较为常见的病毒病害是番茄花叶病、番茄蕨叶病、番茄条斑病和番茄 TY 病。引起番茄病毒病害的病毒有 20 多种，其中最为常见的就是烟草花叶病毒、黄瓜花叶病毒及 TY 病毒。病毒病害是系统侵染性病害，发生越早对产量影响越大，如果成株后被感染，相对而言产量损失会较小，因此整体而言病毒病害的防治需要尽早。通常病毒病害的发生和栽培条件也有很大关系，如果植株长势健壮且抗病能力强，即使被感染发病症状也较轻，但如果植株较为弱小则发病会较为严重。

（一）番茄花叶病

番茄花叶病主要是由烟草花叶病毒引起，这是一种抗逆性强且寄主极广的病毒，能够侵染 200 多种植物，通常是通过汁液进行传播，也能够依附在种皮上从而成为侵染源。烟草花叶病毒的传播通常发生在各种农事操作过程中，如整枝打杈、绑蔓和移苗，以操作人员的手、衣物和工具等为媒介，在相互摩擦过程中叶片轻微受损，病毒便通过伤口侵入。病毒也能够依附于病残体或杂草在土壤中越冬，从而成为侵染源。

烟草花叶病毒侵染后番茄主要表现为叶片上产生浓淡相间的斑驳，通常感染的叶片会皱缩不平，若植株感染严重还会造成植株矮化。

（二）番茄蕨叶病

番茄蕨叶病主要是由黄瓜花叶病毒引起，其主要通过多种蚜虫进行传播，如瓜蚜、桃蚜等，也能够像烟草花叶病毒般通过汁液传播，但通常情况下种子和土壤中不会留存病毒。

蕨叶病主要危害植株顶部，通常新叶会细长扭曲，且新叶的叶肉退化如同蕨叶，叶片背面的叶脉、叶柄及附近的茎会呈现为淡紫色。

（三）番茄条斑病

番茄条斑病主要是烟草花叶病毒和黄瓜花叶病毒复合侵染引起，烟草花叶病毒中的条斑株系侵染也会造成条斑病。感染条斑病的植株的表现也比较多样，在茎、叶、果上都可能出现症状，病斑的形状也会因为发病部位不同而有所差别，且在高温和强光照的条件下侵染易发生。

番茄植株的叶片被侵染后会出现云纹或茶褐色斑点；茎秆被侵染后，初期会出现暗绿色短条纹，纹理稍微凹陷，之后病害处会成为黑褐色并坏死，呈现出油浸状，而且变色只出现在表层；果实被侵染后会产生圆形或不规则形状的油浸状

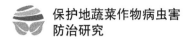

斑块，并伴随着果实畸形。被侵染的植株很容易出现黄化萎蔫，最终干枯并死亡。

（四）番茄 TY 病

番茄 TY 病也被称为番茄黄化曲叶病毒病或番茄黄化卷叶病毒病，这是一种毁灭性的病毒病害，发病非常凶猛，通常会对番茄产量造成巨大影响，严重时甚至会造成番茄绝产。感染 TY 病毒的植株会出现生长滞缓并且矮化，顶部的新叶褶皱呈簇状，叶片变小且稍微发黄，叶缘上卷，叶片厚实且脆硬易折断，若幼苗期感染 TY 病毒，会出现植株严重萎缩且后期开花结果异常的现象，成株感染后通常会在上部叶片和新芽处出现症状，中下部的叶片和果实不会受到巨大影响（图 4-4）。

图 4-4　番茄感染 TY 病毒症状

经过研究发现番茄 TY 病毒的传播主要媒介是烟粉虱和白粉虱（图 4-5），其沾染病毒后可以终生传毒，但不会经过虫卵进行 TY 病毒传播，成虫会在番茄顶部叶片背面活动，因此病毒多数从顶部叶片开始传染。同时，人工种植时植株损伤也会造成传染。防治 TY 病毒最佳的方式就是控制烟粉虱和白粉虱，但是通常烟粉虱和白粉虱非常难以清除和彻底防治，而隐性感染植株通常染病后却无任何症状，难以被察觉，因此 TY 病毒危害较为严重。

图 4-5　TY 病毒宿主白粉虱

　　因为病毒病害会依托一定的媒介进行传播，因此防治番茄病毒病害时需要注意掐断媒介传播途径，首先是选用抗病毒品种，其次是对种子进行消毒杀菌处理，最后则是加强栽培管理，采用多年轮作和深耕土壤杀菌的方式进行一定预防，同时要尽早进行避蚜虫和治蚜虫。

四、番茄根结线虫病及防治

　　番茄根结线虫病主要是由根结线虫侵染引发，通常根结线虫会以 2 龄幼虫或者卵的形式随病残体越冬，一般侵染的是番茄植株的根系，并且能够靠病土及灌溉水进行传播。越冬后根结线虫的 2 龄幼虫会通过接触根部从根尖入侵，之后会在根部生长发育，从植株根部取食并分泌刺激性物质，令植株根部细胞剧烈增生而出现肿块根结。

　　根结线虫大多分布在 20 厘米土壤中，在土壤湿度为 40%～70% 时繁殖最快，适宜生存的温度是 25℃～30℃。侵染植株后主要体现为根部须根和侧根产生瘤状物，大小不等，其内具有很多细小乳白色线虫隐藏，根结上一般能够再

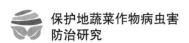
次长出细弱的新根，并会再次染病（图4-6和图4-7）。因为根结线虫病主要集中在根部，所以植株地面上部症状根据严重程度不同也有所不同，轻度侵染时植株上部症状不明显，重度侵染时植株会出现生长发育不良，叶片中午萎蔫并逐渐出现黄化枯死。

图4-6　番茄根结线虫病瘤状物

图 4-7　番茄根结线虫病病体细部

　　防治番茄根结线虫病主要方法是进行土壤消毒处理，可以使用溴甲烷熏蒸消毒法，在种植之前先将土壤润湿，然后深耕翻土并疏松平整，之后安置开好口的溴甲烷罐，药量为每亩 30 ～ 40 千克，之后进行覆膜，覆膜需保持膜隆起离开地面，48 小时后揭开地膜通风，放置 7 ～ 10 天散尽气体后再进行番茄种植。也可以在进行定植前采用大水漫灌的方式每亩施用福气多 16 袋，或施用

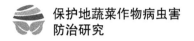
2% 阿维菌素 3 千克，其有效期在 1 ～ 2 个月，通常能够有效杀灭土壤中残留的根结线虫虫卵和幼虫。

第二节　辣椒主要病害及防治

一、辣椒真菌病害及防治

辣椒真菌病害主要病原菌是半知菌亚门真菌、鞭毛菌亚门真菌和子囊菌亚门真菌。

（一）辣椒灰霉病

辣椒灰霉病主要由半知菌亚门真菌中的灰葡萄孢菌引发，其在低温高湿环境下易于传播，因此冬春茬保护地栽培容易感染，病原菌会以菌核的形式在土壤越冬，或以分生孢子和菌丝的形式依附于病残体上越冬，传播主要靠气流和水流，同时农事操作也是传播途径之一。辣椒灰霉病的传播对湿度要求较高，在湿度达到 90% 以上时很容易发病，保护地通常在冬春季节会进行封闭管理以确保室内温度，长期密闭非常容易造成长期高湿，从而很容易导致灰霉病传播和蔓延。

辣椒各个部位在各个生长发育阶段都有可能感染灰霉病。苗期染病后子叶会最先开始显露症状，子叶前端会变黄之后蔓延到整个幼苗，导致幼苗的茎变细缢缩最终枯死；生长发育期染病后叶片的病斑处会逐渐腐烂或长出灰色霉状物，严重时植株上部的叶片会全部烂掉，并形成很强的传播；成株染病后上部的新叶会萎蔫枯死，叶片表面出现灰霉，茎上最初会出现水渍状不规则病斑，之后变为白色或灰褐色，病斑会逐渐蔓延最终绕茎一周导致病部之上的植株枝叶萎蔫枯死；花期染病后花瓣会显现出水浸状褐色斑，病斑生有灰色霉层。

环境湿度过大、光照不足、植株过于密集都容易造成灰霉病传播，因此防治灰霉病首先要加强通风管理，控制保护地室内的环境湿度，晴天状况下要早揭苫晚盖苫，提高光照强度来降低室内湿度。发病初期应该控制浇水避免湿度继续提升，同时要及时摘除病叶、病果及病枝等，并利用烟雾剂熏烟或药剂喷施进行病害防治，可每亩用 10% 速克灵烟雾剂 250 ～ 300 克进行熏烟，每周一次，连续 2～3 次，也可以喷施 50% 速克灵可湿性粉剂 2000 倍液等，每周一次，视病害传播情况喷施 2～3 次。

（二）辣椒炭疽病

辣椒炭疽病主要由半知菌亚门真菌中的辣椒刺盘孢菌及果腐刺盘孢菌引发，病原菌以分生孢子或菌丝体形式依附于种皮上越冬，能够通过气流和昆虫传播，通常是从辣椒伤口入侵，偶尔也会从植株表皮直接入侵。炭疽病的发生与保护地的温度和湿度关系密切，通常温度在 12℃～33℃之间，湿度在 70% 以上时易传播，分生孢子的入侵和发育要求湿度在 95% 以上，属于高温高湿传播类病原菌。

炭疽病主要危害果实，不同成熟度的果实受害程度也不同，例如，青果发病率较低而成熟果发病率较高。果实被感染后初始会在表皮出现近圆形或不规则水渍状黄褐色病斑，之后病斑逐渐成为灰褐色或黑褐色，病斑中心位置颜色较浅且轻微凹陷，表皮不破裂，病斑上会出现稍微凸起的密布小黑点的同心轮纹，天气潮湿时病斑会呈现为淡红色，天气干燥时病斑处会收缩成羊皮纸状且易破；叶片虽然受害较轻但也会被感染，通常会出现失绿水渍状病斑，并会逐步发展为边缘深褐色中心灰白色的圆形病斑，感染严重的病叶易干缩并脱落。

防治炭疽病可以选择抗病品种，同时在播种前对种子进行消毒杀菌处理，并和非茄科蔬菜作物实行 2～3 年轮作，在定植栽培时要避免过于密集，同时栽培管理过程中要注意降低湿度，加强通风和日照，但需要防止日灼病发生。若发病则需要及时进行病叶病果处理，可喷施 70% 甲基托布津可湿性粉剂 600～800 倍液或 50% 苯菌灵可湿性粉剂 1400～1500 倍液等，也可以采用烟熏药剂进行防治，通常每周喷施一次，连续喷施 2～3 次①。

（三）辣椒疫病

辣椒疫病主要由鞭毛菌亚门真菌中的辣椒疫霉菌引发，病原菌通常以卵孢子和厚垣孢子的形式在病残体上、种子上或土壤中越冬，土壤病残体带病率最高。条件适宜时病原菌会通过灌溉水传播到植株茎基部或靠近地面的植株组织上从而引起发病，在空气湿度达 85% 以上时传播迅速，尤其当阴雨后突然放晴

---

① 刘文明. 设施青椒栽培与病虫害防治 [M]. 天津：天津科技翻译出版公司，2010：69-70.

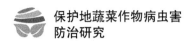

时，因为气温快速升高空气湿度极大，会快速在田间传播。

疫病的症状主要体现在茎、叶、果实上，辣椒从苗期到成株期都可能发病。苗期染病后幼苗茎基部会出现暗绿色水渍状病斑，幼苗容易猝倒或软腐，但相对而言苗期发病较少；成株期染病后茎基部会开始出现病斑，之后在茎的各个分杈处会形成黑褐色或黑色病斑，病斑会出现凹陷并令植株快速萎蔫最终死亡，通常植株从发病到枯死仅需要 3 ～ 5 天；植株叶片染病后会出现边缘黄色中间褐色的大病斑；果实染病多数从果蒂开始，先出现暗绿色水渍状病斑，之后病斑变软变褐色，并且会在病斑外长出白色霉层，若空气干燥果实会干瘪失水，通常果实染病后 2 ～ 3 天就会腐烂。因为辣椒疫病最突出的症状是植株茎部变为黑褐色或黑色，因此也被称为黑秆病。

防治疫病要选择抗病品种，并对保护地土壤进行消毒杀菌处理，避免连作，在定植蹲苗后要加强栽培管理，水肥管理需要适度，避免室内湿度过高。因为疫病发病快速、传染性强，因此需要做好前期防控，可以在播种前对种子进行消毒杀菌处理，定植后需要喷施药物避免初次感染，也可进行药物灌根处理避免病原菌入侵。发现病株后需要及时进行处理，并快速进行药剂控制，可以喷施 50% 甲霜铜可湿性粉剂 800 倍液或 64% 杀毒矾可湿性粉剂 500 倍液等，同时可结合浇灌处理，例如，夏季浇灌前每亩撒入 96% 的硫酸铜 3 千克，可以适当预防疫病，也可以采用烟熏法进行药物施用，每亩施用 45% 百菌清烟雾剂 250 ～ 300 克进行烟熏，9 天熏一次，连续 2 ～ 3 次。

（四）辣椒白粉病

辣椒白粉病主要由子囊菌亚门真菌中的鞑靼内丝白粉菌引发，病原菌会以闭囊壳形式依附于病叶或病残体在地表越冬，条件合适时分生孢子会通过植株叶片背面的气孔入侵，在 25℃～ 28℃的稍微干燥环境下最易传播。

白粉病主要危害植株的叶片，不管是老叶还是新叶都可能染病，感染初期叶片正面会出现褪绿形成的小黄点，之后小黄点逐渐扩展形成边缘不明显的失绿黄色斑驳，在病部的表面会产生白粉状孢子霉，严重时整个植株的叶片会变黄且遍布病斑，其传染性非常强，流行时叶片上白粉会快速增加致使叶片大量脱落，最终造成植株无叶。

防治白粉病需要选用抗病品种，定植时选择壮苗来提高抵抗力，同时栽培管理过程中要控制好室内的温度，并保证室内不至于干燥。若发病可以采用药剂控制，发病初期可以用 50% 硫黄悬浮剂 300 倍液或 2% 农抗 120 的 200 倍液等进行喷施，根据感染情况每周或每两周喷施一次，连续喷施 2～3 次。

二、辣椒细菌病害及防治

（一）辣椒软腐病

辣椒软腐病主要由细菌中的胡萝卜软腐欧氏菌引发，病原菌能够依附病残体在土壤中越冬，环境条件适合时会通过灌溉水等从植株伤口入侵，辣椒染病后病原菌能够通过烟青虫或气流进行传播，喜高湿高温环境。

软腐病主要侵染对象是果实，果实染病后初期会出现水渍状暗绿色病斑，之后逐渐变为褐色并产生软腐现象，有很强的恶臭味，果实内部果肉开始腐烂且果皮变白，最终整个果实失水干缩挂在植株上。

软腐病病原菌喜高温高湿环境，因此防治时可以在栽培管理过程中注意通风透气，避免保护地室内温度和湿度过高，需要注意及时喷洒烟青虫等细菌媒介的杀虫剂，一来避免虫害，二来防止烟青虫等携带细菌传播病害。若已发病需要及时喷施新植霉素 4000 倍液等，若果实已干缩需要及时进行摘除并集中处理，且需要避免在清理病残体时出现交叉感染。

（二）辣椒疮痂病

辣椒疮痂病主要由细菌中的野油菜黄单胞辣椒斑点病致病型细菌引发，病原菌通常能够依附种皮进行越冬，也能够依附在病残体上在田间越冬，可以通过带菌种子实现远距离病害传播，也能够通过灌溉水、气流及昆虫进行传播，通常通过水滴入侵植株的叶片、果实和茎，喜高温高湿性环境。

疮痂病能够侵染植株各个部位。叶片感染后先是出现水渍状失绿圆斑点，之后病斑变为褐色并凸起，如同疮痂；果实染病后果皮会出现圆形小病斑，病斑稍微凸起，有时病斑还会连片呈现深褐色，形成木栓化病斑；植株茎部染病后会出现褐色条斑，之后病部会木栓化。因为辣椒疮痂病的突出症状是形成斑点状病斑，且其是由细菌传染，所以也被称为细菌性斑点病，在病害严重时会造成大量落花落果，对辣椒产量的危害极大。

防治疮痂病需要选用抗病品种，并在播种前对种子进行消毒杀菌处理，定植后要注意中耕松土促进根系发育，提高植株抵抗力。发病后要及时进行药剂

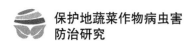
喷施，可选用新植霉素 4000 倍液或 72% 农用链霉素可溶性粉剂 4000 倍液等进行喷施，每周一次，连续喷施 3 ～ 4 次[①]。

三、辣椒病毒病害及防治

茄科的辣椒主要是辣椒和甜椒，两者病毒病害症状大体相似，主要侵染病毒和番茄相同，是烟草花叶病毒和黄瓜花叶病毒，最为常见的传播方式是汁液传播，同时蚜虫也是主要的传播媒介。在高温干旱的环境条件下蚜虫迁飞严重导致病毒传染加剧，根据辣椒的不同生长发育时期，病毒的传播和发病也有所不同，例如，辣椒苗期易于感染病毒，且容易受害严重，但等到了开花结果期植株抗性变强，即使受到病毒侵染发病也较轻。

辣椒病毒病害的症状主要为花叶型、丛簇型和条斑型。其中，花叶型症状是辣椒叶片会受到侵染呈现出浓绿和浅绿相间的斑驳，染病叶片会出现皱缩，严重时会产生褐色的坏死斑；丛簇型症状是叶片会产生黄绿相间的斑驳，严重时会出现黄褐色坏死斑，通常受到侵染的植株节间缩短，植株矮小，且中上部分的分枝会增多，呈现出丛簇状枝叶，新叶通常会变窄小或呈现线状，叶片的叶缘会向上卷曲，果实受到侵染会在表面呈现浅黄色或褐色的同心环状斑块；条斑型症状是叶片的叶脉呈现褐色或黑褐色斑纹，并且斑纹会沿着叶片的叶柄延伸到茎部，造成很严重的叶片脱落、落花和落果，严重时染病植株会矮化，叶片小而细，并在最终枯死。

防治辣椒病毒病害和防治番茄病毒病害的方法相同，可参考番茄病毒病害的防治方法进行有效控制。

第三节　茄子主要病害及防治

一、茄子真菌病害及防治

（一）茄子黄萎病

茄子黄萎病主要由半知菌亚门真菌中的大丽花轮枝孢菌引发，病原菌主要以菌丝体、微菌核和厚垣孢子形式依附于病残体上或在土壤中越冬，病原菌

---

① 林宝祥，焦慧艳.保护地蔬菜病虫害防治［M］.哈尔滨：黑龙江科学技术出版社，2008：42.

能够依附在茄子种皮，因此种子容易成为最初的侵染源。土壤中的病原菌能够通过灌溉水或农事操作进行传播，可通过植株根系的伤口入侵，也可从幼根的表皮和根毛入侵，之后会在植株维管束中繁殖并蔓延，并逐步扩展到茎、枝叶与果实中。土壤湿度、空气湿度较高，且温度较低的环境比较适合黄萎病传播蔓延。

黄萎病一般不会发生在苗期，多数发生在坐果后，通常会从上向下蔓延，或者从植株的一侧向全株蔓延，最初叶片的叶尖或者叶缘会失绿变黄，有时也发生在叶脉间，之后逐渐扩散到半个叶片或整个叶片。初期染病叶片晴天中午会萎蔫，但早晚会恢复，随着病情加重，染病叶片会由黄转为褐色，并伴有叶缘上卷，后期全部植株或半个植株的叶片会枯黄脱落[1]。

防治黄萎病需要选用抗病品种，并在栽培前对种子进行消毒杀菌处理，育苗时要注意培育壮苗，且在移栽定植时注意不能损伤幼苗植株的根系，定植前可以每亩施用 50% 多菌灵可湿性粉剂 2 千克，将其掺杂细土撒到土壤中用以消毒。进行定植时可以采用地膜覆盖栽培，采用滴灌模式进行浇水，要适当保持地面湿润，维持较高地温。发病后需要及时处理病株，喷施 50% 多菌灵可湿性粉剂 600 ～ 800 倍液等进行防治。苗期、定植前、定植缓苗后均可喷施药剂进行防治，苗期和定植前采用喷施，定植缓苗后采用灌根，需要注意灌根前先进行中耕来提高药效，整个栽培期间需要注意湿度控制。

（二）茄子灰霉病

茄子灰霉病主要由半知菌亚门真菌中的灰葡萄孢菌引发，病原菌通常以菌核的形式在土壤或地表越冬，也可以分生孢子形式依附病残体越冬。病原菌的传播对湿度要求比较高，尤其在高湿低温条件下容易传播。保护地冬春茬栽培时外界温度较低，而通常室内通风较少，湿度较大，从而形成高湿低温环境，非常适合灰霉病的传播。

茄子在幼苗期感染灰霉病，幼苗和子叶会快速发黄萎蔫，如果环境较为潮湿，在病叶上会出现水浸状病斑且伴有灰色霉层，之后病斑会从子叶扩展到茎，从而致使幼苗茎缢缩变细最终折断枯死，幼苗的真叶如果染病会出现浅褐色轮纹斑，呈近圆形或半圆形，后期植株叶片和茎上会生出灰色霉层导致腐

---

① 吴国兴 . 茄子保护地栽培［M］. 2 版 . 北京：金盾出版社，2011：133.

烂；成株期感染灰霉病，通常从叶片叶缘处显现症状，先出现水浸状大斑并逐渐变为褐色，然后形成近圆形的淡黄色病斑，通常病斑会具有轮纹，严重时叶片病斑会连片致使整个叶片干枯；茄子进入结果期最容易感染灰霉病，果实被感染后会在幼果的果蒂或顶部形成褐色水浸状病斑，之后病斑凹陷呈现为暗褐色，并开始腐烂出现灰色霉层。

防治灰霉病最好的方式是及时进行通风降湿，但需要做好温度管理，在冬春茬栽培时需要注意保温，避免寒流侵袭引起植株长势减弱，在定植之前可以施用 5% 百菌清粉尘剂每亩 1 千克或 50% 速克灵可湿性粉剂 1000 倍液，进行灭菌杀毒。在生长期出现灰霉病症状时要及时采用药剂防治，可采用 50% 速克灵可湿性粉剂 1500 倍液等进行喷施，也可以结合蘸花带药的方式进行防治。

（三）茄子褐纹病

茄子褐纹病主要由半知菌亚门真菌中的茄褐纹拟茎点霉菌引发，病原菌通常以菌丝体或分生孢子形式依附病残体越冬，还能够以菌丝体或分生孢子的形式潜伏在种皮上或种皮内越冬。带病种子会引起幼苗猝倒或立枯，而土壤带病则容易引起植株茎基部溃疡腐烂，新生分生孢子能够通过气流、灌水、农事操作和昆虫媒介进行传播，通常在高温高湿环境中易于传播，但在低温高湿环境下依旧能够传播，一般长茄品种抗褐纹病能力比圆茄品种强。

茄子幼苗感染褐纹病的发病症状集中在茎基部，初期会出现水渍状病斑，之后逐渐成为凹陷的褐色病斑，室内环境温度较高湿度较大时病斑会快速绕茎一周造成幼苗猝倒，稍大的幼苗如果受害会呈现立枯状，叶片染病后通常从植株下部底叶开始，出现近圆形或圆形苍白色水渍状病斑，之后病斑边缘变为深褐色，而中心部位呈灰白色或浅褐色，病斑具有轮纹，并伴随大量黑色粒点，严重时病斑会相连成为不规则大斑；成株茎部染病的症状和幼苗期类似，只是后期受害组织会干腐纵裂，造成病部皮层脱落木质裸露；果实遭受病害后呈现稍微凹陷的圆形或椭圆形浅褐色病斑，之后逐渐变为暗褐色，病斑具有轮纹并生有黑粒点，严重时病斑遍布整个果实。

防治褐纹病需要选用抗病品种，在栽培前对种子进行杀毒灭菌处理，播种前要对苗床进行消毒，可每平方米施用 50% 多菌灵可湿性粉剂 10 克混合 1～2 千克细土，对育苗钵进行下铺上盖播种，茄子褐纹病只危害茄子，所以和其他蔬菜作物实行 2～3 年轮作能够有效防治褐纹病。栽培过程中需要注意通风透气，避免空气湿度过大，栽培时可采用地膜覆盖和滴灌的方式。若发病需要及时摘除病叶和病果，在茄子结果后可以喷施 75% 百菌清可湿性粉剂 600 倍液等进行防治，每周喷施一次，连续喷施 2～3 次。

（四）茄子早疫病

茄子早疫病主要由半知菌亚门真菌中的茄链格孢菌引发，病原菌会以菌丝体形式依附病残体或在种皮内进行越冬，带菌种子在苗期就会发病，病原菌能够借助气流和灌溉水进行传播，并通过植株气孔入侵，喜高温高湿病环境。

早疫病主要危害植株叶片，通常从植株下部叶片发病，初始时叶片会出现深褐色小斑点，之后逐渐扩大形成圆形或近圆形病斑，直径 2～10 毫米，病斑中部呈灰褐色且具有明显的同心纹轮，边缘为深褐色，病斑中心部位有时会发生破裂，空气较为潮湿时病斑会生出灰黑色霉状物，严重时叶片上病斑连片造成叶片破碎和脱落，随着逐步蔓延，早疫病也会侵染植株的茎部，令茎部出现黑褐色近圆形病斑。

防治早疫病需要选用不带菌种子，进行栽培前需要对种子进行消毒杀菌处理，栽培管理过程中要及时摘除植株底部老叶病叶，并注意室内的通风透气，避免高湿高温环境。发病后要及时摘除病叶，然后喷施 75% 百菌清可湿性粉剂 500～600 倍液等，每周一次，连续喷施 2～3 次。

（五）茄子灰疽病

茄子灰疽病主要由半知菌亚门真菌中的辣椒丛刺盘孢菌引发，病原菌通常以菌丝体和分生孢子的形式依附在病残体进行越冬，也可以依附种子越冬并传播。病原菌可以通过灌溉水的溅射和昆虫媒介进行传播，在温暖高湿环境中易于流行，适宜温度为 20℃～27℃，适宜湿度为 90% 以上。

灰疽病主要危害茄子果实，感染后果实会产生 3～12 毫米的梭形或椭圆形黑褐色病斑，病斑稍微凹陷且生有轮纹状黑色小粒点，严重时病斑会连成大病斑，病部果实的果肉也呈现褐色，甚至会出现腐烂。叶片有时也会遭受危害，主要侵染老叶，初始时出现水渍状失绿斑点，逐渐扩大后会成为褐色不规则斑点，病部的中心部位呈灰白色，其上具有黑色小粒点，严重时病斑会成片，病叶容易脱落。

防治灰疽病可以选用抗病品种，通常抗褐纹病的品种也可抗灰疽病，在栽培前需要对种子进行消毒杀菌处理，栽培时要和非茄科蔬菜作物实行 2 ～ 3 年轮作，并在栽培管理时加强通风和光照，发病后需要及时去除病叶和病果，之后可喷施 50% 炭疽福美可湿性粉剂 400 倍液，或者将 75% 百菌清可湿性粉剂 800 倍液与 70% 甲基托布津可湿性粉剂 800 ～ 1000 倍液混合喷施，每周一次，连续喷施 2 ～ 3 次。

（六）茄子绵疫病

茄子绵疫病主要由鞭毛菌亚门真菌中的寄生疫霉菌和辣椒疫霉菌引发，病原菌会以卵孢子形式依附病残体在土壤中越冬，当条件适合时直接入侵植株的根部和茎，土壤中的病原菌会通过水的飞溅入侵果实，也能够通过气流和农事操作进行传播并造成重复感染。综合而言，茄子绵疫病的病原菌喜高温高湿环境，在气温达 25℃且空气湿度在 80% 以上时容易传播，在保护地中绵疫病通常发生在中后期。

绵疫病常引起茄果大量腐烂脱落，甚至在贮运期间茄果也可以继续发病。通常植株下部会先行发病，不同品种的茄果发病情况有所不同，例如，长茄品种通常在茄果的腰部发病，圆茄品种则主要从果实脐部发病。果实染病后初期会出现水渍状圆形黄褐色或暗褐色病斑，病斑稍微凹陷，若空气较为潮湿病斑蔓延会很快，果实的果尖会腐烂并呈黑褐色，病斑处会生出大量白色棉毛状霉层，染病果实很容易脱落，如果土壤较为湿润脱落的果实会快速腐烂并生出大量白霉，不脱落的染病果实会干枯失水；茎部染病后会出现梭形水渍状病斑，严重时病斑会绕茎一周造成植株萎蔫易断，空气湿度大时植株上部枝叶会生出稀疏的白霉；叶片染病后会出现水渍状近圆形病斑，呈浅褐色且边缘不明显，具有很明显的轮纹，若空气潮湿度较大病斑会快速蔓延并在边缘产生稀疏的白霉。

防治绵疫病需要选用抗病品种，一般圆茄品种比长茄品种抗病性强，因病原菌潜伏于土壤中越冬，所以可以和非茄科蔬菜作物实行 2 ～ 3 年轮作，在进行定植时可以采用高垄栽培并覆盖地膜，避免浇灌水飞溅造成病原菌入侵果实，同时保护地要加强通风以降温降湿。要及时摘除病株病果并进行集中处理，同时要进行药剂防治，可以选用 75% 百菌清可湿性粉剂 500 ～ 600 倍液或 64% 杀毒矾可湿性粉剂 500 倍液等进行喷施，每周喷施一次，连续 2 ～ 3 次。

（七）茄子菌核病

茄子菌核病主要由子囊菌亚门真菌中的核盘菌引发，病原菌通常以菌核的形式在土壤中越冬，也会依附种子进行越冬，能够通过气流、灌溉水和农事操作进行传播，接触传播性强，健体接触病体就会引起发病，在低温高湿环境下易于传播。

菌核病可发生在茄子各个生长阶段。苗期发病会从植株茎基部开始出现浅褐色水渍状病斑，若空气湿度较大病斑处还会生出白色棉絮状菌丝，病部通常会软腐，干燥环境下会呈现灰白色，严重时会造成幼苗枯死；成株期各个部位都有可能发病，叶片发病是叶缘先出现淡绿色水渍状病斑，之后逐渐扩展为圆形浅褐色病斑，其边缘呈现出暗绿色，并在潮湿环境中生出白霉，严重时病叶会软腐脱落，干燥后会形成斑块叶面并易破，茎部发病多出现在靠近地面的分权处，初始时会形成水渍状淡褐色病斑，之后病斑稍微凹陷呈灰白色，空气潮湿时皮层会腐烂并生出白色霉层，干燥时茎的中部空洞且表皮易破；果实发病主要有两种，一种是果柄受害，从而导致果实脱落，另一种是从靠近地面的果实脐部发病，先出现水渍状病斑，然后逐渐发展为凹陷褐色病斑，生成褐色和浅褐色相间的同心轮纹，严重时果实表面出现大量菌核并腐烂。

防治菌核病可以采用地膜覆盖栽培，能够在一定程度上减少病原菌的入侵，在栽培管理期间需要注意保温和控制室内湿度，及时进行通风管理。若发病要及时摘除病叶、病果及病株，并进行集中处理，可在发病初期用45%百菌清烟剂每亩250克熏棚一夜，或施用粉尘剂，可轮换交替使用，通常每10天施用一次，连续施用3～4次。

（八）茄子白粉病

茄子白粉病主要由子囊菌亚门真菌中的单丝壳白粉菌引发，病原菌通常以闭囊壳的形式依附病残体越冬，适宜环境下会产生子囊孢子进行侵染和传播，能够随气流传播，属于喜湿性真菌，传播适宜温度为16℃～25℃，但较耐干旱，因此干旱条件也能进行传播。

白粉病主要危害植株叶片，染病叶片正面或背面会出现大小不一且性状不规则的白粉斑点，严重时白粉斑会遍布整个叶片，最终导致叶片变黄并干枯，和番茄白粉病属于同类病原菌感染的病害。

防治白粉病需要避免密植，并在栽培期间注意通风和光照管理，同时要对

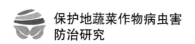

保护地土壤进行消毒杀菌处理，可以在定植前半个月用百菌清烟剂或硫黄进行熏棚，其他防治方法类似番茄白粉病。

二、茄子病毒病害及防治

茄子病毒病害的病原有十几种，主要是黄瓜花叶病毒、烟草花叶病毒、蚕豆萎蔫病毒和马铃薯 X 病毒等，其中，黄瓜花叶病毒和烟草花叶病毒会致使茄子花叶型症状，蚕豆萎蔫病毒则会引起茄子植株轮点状坏死，马铃薯 X 病毒则会造成茄子大型轮点状坏死。

茄子病毒病害的病原会在各种蔬菜作物或杂草的病残体根部越冬，还会通过蚜虫、白粉虱等媒介进行传播，同时还能通过汁液传播。在保护地多数病原是通过农事操作、蚜虫及白粉虱传播。茄子病毒病害多发于较为干旱和高温的环境。

茄子病毒病害症状主要是花叶型和轮点状坏死，幼苗染病后会出现矮化和生长缓慢的现象，严重时整个植株会枯死。成株期若染病，花叶型症状表现为叶片黄绿相间形成斑驳，且生长点附近的叶片症状更为明显，小叶变形且细小，稍显黄色，老叶通常会出现暗绿色不规则或圆形斑纹，有时病斑处会出现褐色坏死斑，症状主要出现在植株上部叶片；轮点状坏死常伴随叶片皱缩畸形，叶片上产生黄色轮状排列的小点。

防治茄子病毒病害最主要的方式是选用抗病毒品种，且在播种前要对种子进行消毒杀菌处理，定植后进行打杈整枝时要注意工具清洁，且需要对病株和健康植株分开操作，加强栽培管理时的中耕管理，及时除去田间的杂草和老叶病叶，同时加强肥水管理来提高植株的抗病性，在高温阶段要及时进行通风透气，可以采用洒水的方式进行降温和提高空气湿度。另外，需要对蚜虫和白粉虱等进行防治，可以在栽培前对土壤消毒杀菌灭虫卵，栽培期间运用防虫网进行病毒传播媒介控制。必要时需要进行药剂防治，可以在发病初期定期喷施 20% 病毒 A 可湿性粉剂 500 倍液等，10 天喷施一次，连续2～3 次。

第四节　茄科蔬菜作物主要虫害及防治

一、棉铃虫和烟青虫

棉铃虫和烟青虫都属于鳞翅目夜蛾科，棉铃虫主要危害番茄和茄子等茄科蔬菜作物，也会危害葫芦科、豆科及十字花科蔬菜作物，烟青虫主要危害辣椒。

（一）棉铃虫

棉铃虫的幼虫通常蛀食花蕾和果实，容易造成落果和果实腐烂，同时也会危害蔬菜作物的幼芽和嫩茎，会造成严重减产，对番茄的危害最重。棉铃虫分布极为广泛，在不同区域世代也有所差别，例如，在华北北部，包括河北北部、辽宁、内蒙古等一年发生3个世代，而在华北大范围区域一年发生4～5个世代，在长江以南则一年发生5～6个世代。因为其世代重叠且各地有所不同，因此给防治造成了很大困难。

棉铃虫的形态特征主要为卵、蛹、幼虫和成虫。卵为馒头形，直径在0.44～0.48毫米，高度在0.51～0.55毫米，从顶端到卵的底部有多条隆起的纵线，新产的卵为苹果绿，第二日变为黄色并出现红色条斑，在孵化之前会变为灰色；蛹通常为纺锤形，体长17～20毫米，腹部第5节到第7节的背腹两面会有7～8排刻点，刻点排列稀疏呈马蹄状，其腹部末端为圆形，臀棘为两个小突起并各生有一根长刺，初始化蛹时呈灰绿色或褐色，接近羽化时呈深褐色且外表具有光泽；幼虫通常为6龄，老熟后体长大概40毫米，体色变化很大，有多种颜色，如黄色、红色、黑色和绿色，每个腹节有毛瘤12个，刚毛细长，棉铃虫幼虫的形态和烟青虫幼虫不易区分；成虫为带翅飞蛾，体长15～20毫米，翅展27～38毫米，通常雌蛾为黄褐色，雄蛾为灰绿色。

棉铃虫危害蔬菜作物主要在幼虫期间，其成虫通常昼伏夜出，白天隐藏在植株叶背或花冠等阴暗处，傍晚开始活动，以花蜜为食，并且对萎蔫杨树枝有趋性，同时对紫外光有很强的趋性，因此可以用这两种特性进行成虫诱捕，成虫羽化当晚即可交尾，交尾2～3天后就会产卵，通常将卵产在长势旺盛且开花较早的植株的顶叶、嫩叶和花蕾处。

孵化期卵所处环境温度越高孵化时间越短，在30℃环境中2天即可孵化，25℃环境中4天孵化，20℃时则需要5～9天才可孵化。新幼虫会在吃掉卵壳

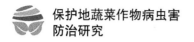
后取食附近的嫩叶，1～2天后取食叶片会形成缺口或孔洞。1～2龄的幼虫会吐丝下垂来更换植株，过程中会危害花、蕾及果，容易造成落花落果。3龄幼虫就会开始蛀果，会在番茄青果的果柄处咬出孔洞钻入果实蛀食，其虫体通常半露在果实之外，一头3龄幼虫能够蛀果3～5个，对果实危害极大。幼虫老熟之后会直接落于地面，然后钻入3～9厘米土壤中或土峰中化蛹。棉铃虫的危害主要集中在第二世代和第四世代。

防治棉铃虫的方法有4种。其一是采用诱杀成虫的方式减少虫量，可以设置黑光灯或高压汞灯等进行灯光诱杀，也可以利用萎蔫的杨树枝进行诱杀，可以剪取0.6米带叶的杨树枝，每10根扎成一把插在略高于蔬菜作物顶部的位置，每亩插10把，一周左右更换一次。其二是利用农事操作进行防治，可以在秋耕时进行深翻，阻止成虫羽化，也能在一定程度上使越冬蛹窒息，也可以在发病时及时进行整枝打杈，将带有卵和幼虫的枝叶带到室外集中处理，并及时摘除病果，还可以利用间作玉米的方式进行成虫诱捕，棉铃虫成虫产卵会进入玉米心叶，因此可以在茄科蔬菜作物定植前后间隔数行种植一行玉米，这样能够吸引第二代成虫进入心叶产卵，以便进行集中诱捕。其三是采用生物药剂防治，可以在20℃以上棉铃虫卵的孵化高峰期，喷施BT乳剂500倍液，这是一种芽孢杆菌细菌性杀虫剂，能够在幼虫食用完带有BT乳剂叶片后引起消化道病变而致使幼虫死亡，如果卵量过多可以3天后再喷施一次。其四是利用药剂防治，保护地棉铃虫害的药剂防治主要集中在第四世代，当百株虫率为一代5～10头、二代15～20头、三代25头以上时，可以使用化学药剂进行防治，以挑治为主，在棉铃虫孵化盛期到幼虫2龄前施药，例如，二代卵多数集中在植株顶部嫩叶，可以采用滴心挑治或仅喷施植株顶部的方式防治，尽量选用对天敌杀伤力小的农药，如卡死克、拉维因等。

（二）烟青虫

烟青虫以危害辣椒为主，也会危害豆类和甘蓝等，危害主要方式是幼虫啃食花蕾和果实，有时也会取食幼叶、芽和嫩茎等。其和棉铃虫非常相似，尤其是其幼虫和棉铃虫幼虫很难区分。

烟青虫的卵为底部平坦的扁圆形，高和宽均为0.4～0.5毫米，这一点和棉铃虫卵有所不同，同时烟青虫卵的卵孔明显，其卵外同样有纵棱，但长短相间且纵棱不达底部，初产的卵为黄色或黄绿色，孵化前变为淡紫灰色；烟青虫的蛹也和棉铃虫很相似，区别是其体前段部分更加粗短，气门小且低，而且通常不会突起，腹部末端的两根臀棘长刺基部相距比较近，刺的形态尖端略弯；烟青虫幼虫的大小、色泽和棉铃虫幼虫也很类似，只是体壁较薄，所以更加柔薄和光滑，身体上的小刺为圆锥状小点，比棉铃虫幼虫的刺短小；成虫体长 15 ～ 18 毫米，和棉铃虫成虫的区别主要体现在翅膀形态和花纹方面。

烟青虫的生活习性和棉铃虫差别较大，通常每年的世代数要少很多，例如，在华北地区一年仅发生 2 个世代，虫害发生也比棉铃虫晚，通常以蛹的形式越冬，可以在土壤中越冬，也可以在田地旁的石缝之中越冬。羽化后很快就会交尾产卵，通常会将卵散产于辣椒的中上部叶片上，有时也会产在辣椒的花瓣和萼片上，植株较为密集的地块着卵率高，卵孵化后幼虫取食卵壳后就会在植株上爬行觅食寻找花蕾，2 龄幼虫取食胎座并蛀果，3 龄后幼虫主要以果实为食，烟青虫蛀果会将虫粪留在果实内部，令辣椒完全失去食用价值并产生腐烂，老熟幼虫会钻入土壤 3 ～ 10 厘米化蛹。烟青虫属于喜温喜湿的害虫，所以秋茬蔬菜作物易染病。

防治烟青虫的方式和防治棉铃虫的方式相同，两者的类似性令防治手段也较为相同，只是棉铃虫主要危害番茄，且不会在辣椒上产卵，而烟青虫主要危害辣椒，在番茄上产卵后很难存活，可以根据这些特性和地域的虫害特征有效进行栽培茬次安排。

二、斜纹夜蛾

斜纹夜蛾是鳞翅目夜蛾科斜纹夜蛾属中的一个物种，因为其成虫前翅具有很多斑纹，中间有一条灰白色斜纹，因此得名。其危害主要在幼虫阶段，幼虫食性很杂且食量很大，是一种暴食性害虫，寄主非常广泛，茄科、十字花科、豆科、葫芦科都会被危害。

（一）外形特征

斜纹夜蛾的卵呈现为扁平的半球状，初始时为黄白色，之后变为暗灰色，通常黏合在一起呈现为块状，外部覆盖黄褐色绒毛；其蛹为红褐色的圆筒，长 15 ～ 20 毫米，尾部有一对短刺；幼虫体长 33 ～ 50 毫米，体表散布很多小白点，头部为黑褐色，体色以土黄色和黑绿色为主；成虫体长 14 ～ 20 毫米，身体呈现暗褐色，胸部背面有很多白色丛毛，翅展 35 ～ 46 毫米，前翅花纹多。

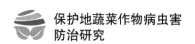

（二）生活习性

斜纹夜蛾主要是幼虫为害，一年发生 4～9 个世代，通常以老熟幼虫或蛹的方式在杂草中越冬，成虫昼伏夜出，飞翔性较强，具有趋光性，对糖、醋和酒味敏感，通常会将卵产在植株叶背的叶脉分权处。温度在 24℃ 左右卵经过 4～5 天即可孵化幼虫，初始时幼虫会聚集在叶背，幼虫有 6 龄，在 25℃ 环境下 14～20 天即可化蛹，幼虫会啃食植株的叶片、花蕾、花及果实，初龄幼虫主要啃食叶片表皮及叶肉，会留下叶片表皮从而留下透明斑，3 龄之后幼虫开始分散，具有昼伏夜出特点及假死性，白天潜伏夜晚取食，若遇到惊吓会蜷缩落地呈现假死状，4 龄后幼虫进入暴食期，啃食叶片后会留下主脉，在结球甘蓝上会钻入叶球内啃食叶片，幼虫颜色以土黄色、淡绿色和黑褐色为主。老熟幼虫化蛹适合的土壤湿度为 20% 左右，蛹期 11～18 天。

斜纹夜蛾较为耐高温，但抗寒性较弱，在 0℃ 环境下很难生存，其天敌为小茧蜂、多角体病毒、寄生蝇等，可以根据其生理特性进行有效防治。

（三）防治方式

根据其生理特性，防治方式可以分为多种。例如，清理田间杂草，并在收获后深耕晒土或冻土，以此来破坏化蛹场所，通常持续低温会造成蛹大量死亡；利用其趋光性进行黑光灯诱杀，或者利用其对糖、醋及酒的敏感性进行诱捕，可以配置糖醋酒水比例为 3∶4∶1∶2 的液体加少量敌百虫进行成虫诱捕；可以利用其天敌进行生物防治，或者利用雌蛾信息素化合物诱捕雄蛾；还可以采用药剂防治的方式，喷施 21% 灭杀毙乳油 6000～8000 倍液或 2.5% 天王星乳油 4000～5000 倍液等，交替喷施，每周一次，连续 2～3 次。

三、朱砂叶螨和二斑叶螨

朱砂叶螨也被称为红蜘蛛或火蜘蛛，寄主非常广泛，不仅玉米、高粱、花生、烟草等会被其危害，而且蔬菜作物如茄科、葫芦科、豆科也都会被其危害，但其不会危害苹果、梨、桃等蔷薇科果树；二斑叶螨也被称为白蜘蛛，因为两者都非常微小，所以很容易产生混淆，但二斑叶螨是一种国外传入的螨类害虫，抗药性更强且生长速度和繁殖力更高，寄主比朱砂叶螨更广，除了能危害朱砂叶螨会危害的多种作物，还会危害朱砂叶螨不危害的苹果、梨、桃等蔷薇科果树。

（一）朱砂叶螨

朱砂叶螨属于螨目叶螨科，其成虫体长一般都在 0.5 毫米以下，体色为锈红色或深红色，体躯两侧各有一个倒山字形黑斑。其形态主要为 4 个阶段，卵、幼虫、若虫和成虫，卵通常为圆球形，直径 0.13 毫米，初始时卵呈乳白色，之后变为橙红色，产在丝网之上。

朱砂叶螨每年可以发生 10 ～ 20 个世代，在保护地中甚至冬季可以不休眠而连续为害，不过通常较低温度和较大昼夜温差不利于朱砂叶螨生长繁殖，所以危害较轻。一般保护地栽培中，从 3 月开始室外温度开始提高，室内温度会更高，到 3 月中下旬朱砂叶螨的危害将会大量出现，通常成螨会将卵产于寄主叶片背面，在 21℃～ 25℃时卵期为 5 ～ 8 天，在 26℃以上时卵期为 3 ～ 5 天，幼螨和若螨在 20℃环境中历时 7 ～ 8 天完成一代，在 23℃～ 25℃环境中历时 10 ～ 13 天完成一代，在 28℃以上环境中仅 7 ～ 8 天完成一代，成螨寿命大约 19 ～ 29 天，能够营孤雌生殖，不受精卵都会发育成雄虫。

朱砂叶螨一般危害寄主下部叶片，然后向上转移，其危害通常为成螨和若螨群集在叶片背面吸食汁液，叶片受害后会出现灰白色或枯黄色的失绿斑点，之后叶片呈现出焦烟状最终脱落，危害特性有趋嫩的现象。

朱砂叶螨通常先在杂草上发生，然后从杂草迁移到蔬菜作物上，因此防治朱砂叶螨最好的方式是定植前清除各种杂草及各种残体。从保护地栽培的 2 月下旬开始，朱砂叶螨发生初期可以使用药剂防治，可喷施 20% 三唑锡悬浮剂 1500 倍液或 5% 霸螨灵乳油 2500 倍液等，在药剂中加入洗衣粉 300 倍液或碳酸氢铵 300 倍液能够有效提高防治效果，通常需要喷施 2 ～ 3 次。并且，也可以利用天敌效应进行生物防治，如释放捕食螨。

（二）二斑叶螨

二斑叶螨的形态和朱砂叶螨的形态非常相似，卵最初为乳白色，逐渐转变为橙黄色，即将孵化时会出现红色眼点但不会整体转变为红色，幼螨在初生时为白色，取食后会变为暗绿色，眼睛为红色，成螨、若螨和幼螨的体色通常为淡绿色或黄色，如果虫群密度较大需要迁移，体色会变为橙黄色，但不会出现红色个体，而且营养条件越好其体色越淡，可以通过体色和朱砂叶螨进行区别。

虽然二斑叶螨和朱砂叶螨非常相似，但两者生活习性有一定的差异性，朱砂叶螨在温度较高的环境下能够不进行冬蛰，但二斑叶螨不管室内温度多高，都会在10月下旬入蛰越冬，到第二年2月才会再次开始活动。其一年能够发生15个世代以上，而且其发育速度和取食的植株有很大关系，例如，在豆科蔬菜作物上发育时，在25℃条件下一代需要11天左右，而在30℃条件下一代仅需要8天，取食其他蔬菜作物时世代历时会相应延长。

二斑叶螨主要危害植株叶片，通常在叶片背面取食，群集进行汁液吸取，受害叶片通常会在叶柄附近的主脉两侧出现苍白色斑点，之后白色转变为灰白色，并向暗褐色发展，严重影响叶片的光合作用能力，造成叶片焦枯及提早脱落，其取食过程中还会释放毒素或生长调节物质，致使蔬菜作物生长失衡，以致有些幼叶呈现凹凸不平的受害状。

二斑叶螨和朱砂叶螨在防治方面最大的区别是二斑叶螨具有非常高的抗药性，例如，利用哒螨灵进行防治，二斑叶螨抗其毒性的能力比朱砂叶螨高30倍以上。而且，当二斑叶螨和朱砂叶螨同时危害蔬菜作物时，二斑叶螨因为其强抗药性和更快的世代速度，会逐渐将朱砂叶螨排斥掉，最终仅剩二斑叶螨为害。二斑叶螨药剂防治的方法和朱砂叶螨相同。

四、茶黄螨

茶黄螨属于螨目跗线螨科，其食性极杂，寄主非常广泛，主要危害茄科蔬菜作物、葫芦科蔬菜作物和豆科蔬菜作物，通常成螨和幼螨多聚集在植株幼嫩部刺吸汁液，致使植株受害。

（一）外形特征

茶黄螨的卵长约0.1毫米，呈现为灰白色半透明的椭圆形，其卵面有6排纵向排列的泡状突起但底部平整且光滑；幼螨身体为近椭圆形，躯体分为3节，并有3对足；若螨为棱形，呈现为半透明状，通常会被幼螨的表皮包裹，属于一个静止的生长发育阶段，因此也被称为静止期；雄成螨体长0.19毫米，身体为近六角形，足较长且比较粗壮，腹部尖端有锥台形尾吸盘，通常颜色为淡黄或黄绿色，雌成螨体长0.21毫米，身体呈现为阔卵形，体节不明显，在背部沿中线有一条白色条纹，腹部尖端平坦，通常为半透明状且有光泽，颜色是淡黄或黄绿色。

（二）生活习性

茶黄螨一年发生 20 个世代以上，在保护地可以周年发生，通常冬季危害较低，成螨会在土缝、杂草根部、越冬蔬菜作物卷叶或芽心越冬。在 18℃～20℃ 环境下一周时间可以发生一代，在 28℃～30℃环境下 4～5 天能够发生一代，适合发育的温度为 16℃～23℃、相对湿度为 80%～90%，但湿度对成虫影响很小，即使在湿度 40% 的环境中仍然能够正常生活，不过卵和幼螨在较为干燥的环境中会受到生长抑制。茶黄螨的雄成螨活动性更强，通常会携带雌成螨向植株嫩叶部位迁移。

茶黄螨通常聚集在叶片背面进行取食，危害叶片后叶片呈现灰褐色或黄褐色，如同油渍状，受害叶片的边缘会向下卷曲，辣椒和番茄的叶片会僵硬直立，且会皱缩变窄，嫩叶和嫩枝受害后会扭曲畸形，呈现为黄褐色，小叶片呈蕨叶状并大量脱落，顶端干枯或死亡脱落，症状很像病毒病害；危害花和花蕾后，受害花会变小，严重时无法开花坐果；果实受害后表现有所不同，茄子果实受害果柄和果皮会变为黄褐色且失去光泽，呈现出木栓化特性，最终果实会出现龟裂如同开花馒头，辣椒果实受害后果皮呈现木栓化茶锈色病斑，因为茶黄螨体形很小所以常被误诊为病毒病害。

（三）防治方法

防治茶黄螨需要及时对保护地环境进行清洁，及时铲除杂草及蔬菜作物的枯枝败叶，从而有效减少虫源，因为茶黄螨属于喜温害虫，所以可以选用早熟品种早种早收，有效避开茶黄螨发生的高峰，减少其危害。若出现茶黄螨需要在初期采用药剂防治，可以选用 35% 杀螨特乳油 1000 倍液或 5% 霸螨灵悬浮剂 3000 倍液等进行喷施，主要喷施的是植株上部的嫩叶、嫩枝和花器等，茄子和辣椒还需要注意不要喷到幼果，并需要注意轮换用药，每周一次，连续喷施 2～3 次。

五、美洲斑潜蝇

美洲斑潜蝇是双翅目潜蝇科害虫，其危害的蔬菜作物种类极多，茄科蔬菜作物、葫芦科蔬菜作物、豆科蔬菜作物和十字花科蔬菜作物中的大白菜等均会被其危害，因为其原产于美洲所以被称为美洲斑潜蝇。

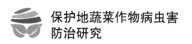
（一）外形特征

美洲斑潜蝇的卵为半透明，呈现为米黄色；幼虫呈无头蛆状，初始时无色透明，随着生长逐渐变为浅黄色或橙黄色，老熟幼虫体长约 3 毫米，腹部较为扁平，身体呈现为椭圆形；蛹前期为鲜黄色，之后逐渐变为黄褐色，最后呈现为红褐色，其前后各残留了两个气门突，后部气门突上有 3 个钝圆状突起；成虫很小，体长 1.3 ～ 2.3 毫米，雌虫稍大，雄虫稍小，是一种非常健壮的淡灰黑色小蝇，胸背板呈现亮黑色，身体腹部大部分为黑色，两侧为黄色，身体和足为黄色，具有黑色纹路。

（二）生活习性

美洲斑潜蝇在北方区域一年能够发生 15 ～ 16 个世代，温度在 25℃～30℃时发育速度最快，不过蛹的羽化率通常随着湿度的升高而增加，在湿度为 80% ～ 100% 时羽化率最高，湿度超过 100% 蛹会出现发霉现象。羽化后成虫在 24 小时内交尾产卵，其飞行能力较弱，通常温度较高的中午活动能力较强，可以随着植物材料的调运而进行远距离传播，成虫具有非常强烈的趋黄性，雌虫能够刺伤叶片表皮进行取食，并在伤口处产卵，雄虫通常和雌虫在同处取食。雌虫通常将卵产在叶片表皮下，在气温合适的情况下卵期在 2 ～ 5 天，幼虫孵化后会潜入叶片表皮下取食，最终形成弯曲的隧道，叶片表皮透明，平均气温在 24℃时幼虫历时 4 ～ 7 天老熟，之后咬破取食隧道末端表皮，在叶片外化蛹，可以在叶片上化蛹，也可以在土壤中化蛹。蛹期通常为 7 ～ 14 天，不同蔬菜作物叶面化蛹和土壤化蛹的比例有所不同，例如，在矮生菜豆叶面上化蛹率为 90% 以上，而在番茄和葫芦科蔬菜作物叶面上化蛹比例很低。

因为美洲斑潜蝇能够潜入叶片表皮下进行取食，形成蛇形白色虫道，所以会严重影响叶片的光合作用，严重时会造成叶片焦枯脱落，在初期，取食通道呈现不规则的线状伸展，而随着幼虫的生长和虫龄的增加虫道会逐渐变宽，虫道末端会宽于起始端。成虫中的雌虫刺伤叶片后会令叶片出现大量黄白色小斑点，其直径为 0.13 ～ 0.15 毫米。

（三）防治方法

因为美洲斑潜蝇具有远距离传播特性，所以需要强化检疫，具有美洲斑潜蝇的叶菜需要采用冷冻或熏蒸的方式处理后方可进行调运，避免范围传播；可以利用土壤深翻深耕的方式，春季加盖地膜来减少和消灭越冬的土壤虫蛹；在进行蔬菜作物栽培过程中及时清除带有虫源的枝叶，能够消灭30%～40%虫源；因为美洲斑潜蝇具有很强的黄色趋向性，所以可以在保护地悬挂 20 厘米 ×30 厘米的涂有机油的黄色粘板或粘纸，每周更换一次，这样能够很好地灭杀成虫；保护地可使用防虫网进行防治，覆盖前需要先清除室内残虫，北方区域可以在冬春两季、南方区域可以在 6—8 月在保护地入口和通风口安置防虫网；若已发生美洲斑潜蝇侵染，可以喷施 40% 灭蝇胺可湿性粉剂 4000 倍液，其有效期为 10～15 天，也可喷施 1.8% 阿维菌素乳油4000 倍液等；采用生物防治更加绿色自然，可以释放潜蝇姬小蜂进行寄生，寄生率能够达到 78.8%，也可喷施 6% 烟百素 900 倍液进行防治。

第五章

葫芦科蔬菜作物病虫害及防治

第一节 黄瓜主要病害及防治

一、黄瓜真菌病害及防治

（一）黄瓜枯萎病

黄瓜枯萎病主要由半知菌亚门真菌中的尖镰孢菌黄瓜专化型引发，也被称为萎蔫病，俗称死秧，黄瓜连作情况下极易发病。病原菌能够以菌丝体形式潜伏于种皮，也能够以菌丝体、菌核及厚垣孢子的形式依附于病残体在土壤中越冬，即使无寄主，病原菌也能够在土壤中营腐生生存5年左右。

病原菌能够通过灌溉水和土壤传播，通常会从黄瓜的根部和茎基部的伤口处入侵，也能够通过根毛顶端直接入侵，之后在维管束组织中发育并蔓延到整株，其在生长发育过程中会释放毒素，能够引起植株萎蔫和枯死，属于喜高温高湿真菌，通常土壤湿度越大发病越重。

黄瓜在苗期被侵染后幼苗茎基部会变为褐色并出现收缩从而萎蔫，出现猝倒现象，环境较为潮湿时会在茎基部出现白色或粉红色霉层。成株期受害，一般是在植株开花结果期出现症状，初期叶片会从下到上呈现为失水状萎蔫，白天萎蔫而早晚恢复，3～4天后萎蔫将无法恢复，通常会整株或部分枝蔓萎蔫，7天左右就能造成植株枯死，病株通常茎基部为褐色，随着病情加重会出现纵裂乃至流出松脂状胶质物，空气较为潮湿时病部布满霉状物。

防治黄瓜枯萎病需要在收获后及时清除病残体并对土壤进行消毒杀菌处理，需要与非瓜类蔬菜作物实行5年以上轮作，种植前需要对种子进行消毒杀菌处理，可以在夏季拉秧后对土壤进行深耕处理并覆膜，令土壤表面温度达到

60℃～70℃，5～10厘米深处达到40℃～50℃，并保持10天以上，这样能够起到良好的杀菌效果。栽培过程中要促进植株健壮提高抗病性，可以采用地膜覆盖和滴灌的方式进行栽培，同时要加强通风管理来降低地温。通过嫁接育苗也能有效防治枯萎病，可以用黑籽西瓜为砧木进行育苗，在育苗期间也可施用生物药剂青枯立克50～100毫升兑水15千克，每周一次，喷施2～3次，定植缓苗后继续进行喷施，若发现病苗，需要及时拔除并进行灭菌处理。可以在黄瓜发病初期施用化学药剂，用50%多菌灵可湿性粉剂500倍液或50%甲基托布津可湿性粉剂1000倍液进行喷施，每周一次，连续喷施3次，早预防和早治疗能够避免病害传播加重。

（二）黄瓜疮痂病

黄瓜疮痂病主要由半知菌亚门真菌中的瓜疮痂枝孢霉菌引发，也被称为黄瓜黑星病。病原菌主要以菌丝体形式依附病残体在土壤越冬，也能够依附在种皮上从而实现远距离传播。疮痂病的病原菌对温度的需求范围较广，但对湿度要求较为严格，通常在高湿低温条件下易于发病和传播。

黄瓜疮痂病会危害植株地面之上所有部位，幼嫩器官通常受害严重，在苗期子叶染病后会出现近圆形黄白色病斑，成株期染病叶片会出现近圆形污绿色病斑，之后转变为黄褐色，造成病部干枯并穿孔，茎上染病会出现中部略微凹陷的梭形黄褐色病斑，其病部表皮粗糙且呈现为疮痂状，果实染病后不仅生长畸形，而且病部会流胶并逐渐发展为深褐色凹陷疮痂病斑，在高湿的环境下病斑表层会长出灰黑色霉层。

防治黄瓜疮痂病需要从种子开始进行预防，栽培前可以对种子进行消毒杀菌处理，可以用55℃～60℃温水浸种16分钟，或采用50%多菌灵可湿性粉剂500倍液浸种20分钟再进行洗净。定植之前需要对保护地消毒，可以在定植10天之前每亩田园用1.6千克硫黄粉和3千克锯末混合后点燃熏棚一日，这样可有效起到防治效果。定植后要注意栽培管理，需要有效降低室内湿度减少叶片结露。药剂防治可以参考番茄叶霉病防治方式。

（三）黄瓜炭疽病

黄瓜炭疽病主要由半知菌亚门真菌中的葫芦科刺盘孢菌引发，病原菌会以菌丝或拟菌核的形式依附在种子或病残体上越冬，也能够在保护地土壤中或设施上越冬。条件适宜时病原菌会产生分生孢子，然后通过水流、农事操作及昆虫媒介进行传播和流行，带菌种子不经处理进行栽培后病原菌会直接入侵幼苗子叶促使幼苗发病。当温度在 10℃～30℃ 范围内时，空气湿度达到 80% 以上易于发病，空气湿度低于 54% 不会发病，当温度低于 10℃ 或高于 30℃ 时，病情发展会受到限制，因此，黄瓜炭疽病多发于连续阴雨天气、室内湿度较大且通风不良的环境。

黄瓜炭疽病在不同生长发育阶段都有可能发生，且危害的部位也有所不同，苗期染病后受害最严重的是茎基部，通常茎基部的表皮会由黄变褐，然后出现茎部缢缩，有时幼苗的子叶会生出圆形或半圆形红褐色病斑，最终导致幼苗倒伏死亡，成株期叶片受害会先形成近圆形失绿病斑，之后转变为黄褐色或红褐色，在发病后期叶片上的病斑易破裂从而形成穿孔，若茎部受害会出现稍凹陷的长椭圆形或梭形病斑，病斑边缘为红褐色，若果实受害会出现凹陷的圆形红褐色病斑，其病斑上还会生出黑色粒点，空气湿度较大时病斑之上会溢出粉红色分生孢子角。

防治黄瓜炭疽病需要选用抗病品种，并对种子进行消毒杀菌处理，需要和非葫芦科蔬菜作物实行 3 年以上轮作，进行种植时可以采用地膜覆盖来有效降低室内湿度，栽培管理过程中要注意控制室温和湿度，及时进行通风排湿，将室内的湿度控制在 70% 以下，在进行农事操作时需要注意对工具和接触物进行消毒杀菌。发病初期可以喷施药剂，也可进行烟熏防治，可喷施 80% 炭疽福美可湿性粉剂 800 倍液等，也可每亩用 45% 百菌清烟剂 200～250 克熏棚，傍晚进行，第二日清晨通风，每周一次，连续施用 2～3 次。

（四）黄瓜灰霉病

黄瓜灰霉病主要由半知菌亚门真菌中的灰葡萄孢菌引发，病原菌通常以菌丝体、分生孢子或菌核的形式依附在病残体上或直接在土壤中越冬，其分生孢子能够通过气流、灌溉水及农事操作进行传播，通常会从植株的伤口、气孔及表皮入侵，入侵后进入病害潜伏期，通常时间为 9～10 天，结果期是病原菌侵染和传播的高峰期。病原菌喜低温高湿环境，在气温达 18℃～23℃ 且湿度 90% 以上时传播最快，病发高峰期在冬春两季，尤其昼夜温差大、光照不足且室内湿度大时黄瓜更易发病，在温度达到 31℃ 以上时孢子萌发会受到阻碍，因此通常在 5 月温度提升后病害会减轻。

黄瓜灰霉病主要危害黄瓜的幼瓜及植株的茎叶，通常会从开败的雌花入侵，容易导致雌花的花瓣如水渍状腐烂同时生出淡灰褐色霉层，之后症状会进一步从脐部向幼瓜蔓延，脐部会产生水渍状病斑，之后果实迅速变软萎缩最终腐烂，受害的病花或病果落在健康的叶片或幼果上就会引发感染。叶片受害后先是叶面出现边缘明显的近圆形或不规则大型病斑，直径可达 20～50 毫米，开始时病斑为水渍状，之后转变为淡灰褐色并产生少量灰霉。腐烂的花和果在接触到植株茎蔓时容易黏附，从而引起茎部腐烂甚至导致植株瓜蔓折断枯死。

防治黄瓜灰霉病主要以栽培管理为主，根据病原菌不耐高温及高湿萌发的特点，要加强保护地室内的温度和湿度控制，及时对老叶病叶进行处理，若发现病花病果则需要及时进行摘除并集中处理，避免其接触健康部位引发新的传染。植株发病后可以在初期采用烟雾法进行熏棚防治，可每亩施用 200～250 克 10% 速克灵烟剂或者 250 克 45% 百菌清烟剂进行熏棚，时间为 3～4 小时，也可以喷施 50% 速克灵可湿性粉剂 2000 倍液等进行防治，通常需要各种防治方法交替使用以避免病原菌产生抗药性。

（五）黄瓜霜霉病

黄瓜霜霉病主要由鞭毛菌亚门真菌中的古巴假霜霉菌引发，在适宜真菌生长发育的条件下其发生非常迅速，通常一两周就会使瓜秧枯黄致使提早拉秧，俗称跑马干。在北方保护地中病原菌通常以菌丝体和孢子囊形式在保护地内越冬，能够通过气流、灌水等传播。

在接触到寄主叶片后，孢子囊通常在叶片表面有水滴的条件下萌发，并通过叶片的气孔或直接穿透表皮入侵植株，叶片染病后有 4～5 天潜育期，之后开始出现病斑，同时大量孢子囊萌发并重复侵染，从而致使病害传播。黄瓜霜霉病的流行和传播与温度和湿度关系较大，在 15℃～30℃ 之间病害容易发生，在 20℃～24℃ 范围内潜育期最短，传播最为严重，在昼夜温差大的环境下易于传播。因为孢子囊的萌发需要高湿度，因此低温高湿是黄瓜霜霉病传播的主要条件，同时，因为保护地室内昼夜温差大、湿度高，因此很容易在出现中心病株后病害快速向四周蔓延，若条件较为适合，通常 10 天左右就能够蔓延至整个保护地。

黄瓜霜霉病主要危害瓜叶片，尤其是成株期的叶片。当幼苗染病后子叶正面会出现不均匀的失绿黄色斑点，之后斑点会呈现为不规则形状的枯黄斑，

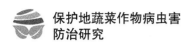
空气潮湿的条件下叶片背部会出现灰黑色霉层，病叶会很快干枯，最终幼苗死亡；成株通常在开花结果后开始发病，会从植株下部发病，受害叶片先是呈现水渍状失绿斑点，之后病斑沿叶脉蔓延呈现为多角形斑块，颜色为黄绿色或褐色，病斑边缘不明显。

霜霉病在5℃以下或30℃以上基本不发生，并且，空气湿度低于70%时，孢子囊无法萌发，空气湿度低于60%时，孢子囊则无法产生，因此温度和湿度的控制可以作为霜霉病最关键的防治方式。在保护地夜间空气湿度通常较高，因此在清晨揭苫后需要及时进行通风排湿，这样不仅可以降低室内湿度也能有效降低室内温度，从而起到控制病害发展的效果，当室内温度开始上升时可以关闭通风口让室内温度快速提高到30℃以上，这样也能够有效抑制病害发生，同时在下午需要进行通风排湿。

防治黄瓜霜霉病需要选用抗病品种，并避免连作，栽培时可以选用地膜覆盖的方式来减少土壤水分蒸发，避免空气湿度过大，有效提高地温，可以采用滴灌或膜下暗灌的方式进行浇水，并注意浇水后及时进行通风排湿。若室内黄瓜已经普遍发病，可以采用高温闷棚的方式进行灭菌处理，在晴天的中午密闭保护地两个小时，使植株上部温度达到44℃～46℃，但是需要控制温度不得高于48℃，避免对黄瓜造成巨大伤害，因为气温过高所以可以有效灭杀室内的病原菌，可以每周进行一次，2～3次后就能够有效控制病情发展。

采用药剂防治也是非常有效的措施，而且是以预防为主的措施，可以在黄瓜结果之前进行熏烟预防，可每亩施用200～250克45%百菌清烟剂进行熏烟处理，在傍晚进行熏烟，第二日清晨通风进行正常农事作业，每周熏一次，连续2～3次。若霜霉病发生最好施用水剂，可以喷施25%甲霜灵可湿性粉剂500～600倍液等，每10天喷施一次，连续2次，需要注意喷施要均匀，叶片正背面都需要均匀喷洒，因为霜霉病主要集中在植株上部，所以可以对上部植株进行喷药保护。

（六）黄瓜疫病

黄瓜疫病主要由鞭毛菌亚门真菌中的甜瓜疫霉菌引发，病原菌会以菌丝体、卵孢子或厚垣孢子形式依附于病残体在土壤中越冬，能够随气流和灌溉水进行传播，侵染植株后会产生大量孢子囊，并通过气流再次传播，从而形成蔓延，黄瓜疫病属于喜高温高湿病害。

黄瓜疫病主要危害植株的茎基部、叶片及果实。幼苗发病多集中在嫩尖部位，初始时呈现出水渍状暗绿色病斑，之后幼苗会萎蔫；成株发病主要集中在茎基部和嫩茎的节部，初始时呈现出水渍状暗绿色病斑，之后逐渐变软，出现缢缩，病部以上的植株会出现萎蔫乃至枯死；叶片受害会出现水渍状圆形或不规则较大病斑，病斑边缘不明显且扩展速度极快，干枯后病部呈现为青白色且易开裂，当扩展到叶柄后会造成叶片下垂；果实和其他部位受害时初期同样会出现暗绿色水渍状病斑，之后病斑处逐渐凹陷缢缩，若空气较为潮湿病斑处还会生出稀疏白霉并迅速腐烂，且散发出腥臭气味。

黄瓜疫病属于土传病害，进行防治需要选用抗病品种，同时避免连作，可以和非葫芦科蔬菜作物实行 5 年以上轮作来避免病害传播，在栽培前可以对土壤进行消毒杀菌处理，可以用 25% 甲霜灵可湿性粉剂 750 倍液喷淋地面，或每亩均匀撒上 1 吨切碎的稻草或麦秸，再均匀铺撒石灰 50 千克并进行深翻地，然后覆盖地膜灌水进行半个月的闷棚处理，这样能够杀死土壤中绝大多数病原菌。在栽培时可以采用地膜覆盖方式，并控制浇水，避免土壤湿度过大，当发现病株后要及时拔除并集中处理。种植时苗期管理可以选用 72.2% 霜霉威水分散粒剂 400 ～ 600 倍液对苗床进行浇灌，之后保持土壤湿润。发病后要及时进行药剂防治，可以用 50% 烯酰吗啉可湿性粉剂 30 ～ 40 克兑水进行植株喷施，5 ～ 7 天一次，连续喷施 3 次。

（七）黄瓜菌核病

黄瓜菌核病主要由子囊菌亚门真菌中的核盘菌引发，病原菌通常以菌核形式依附于病残体或种子在土壤中越冬，其在合适环境下会萌发出土，然后子囊盘成熟之后会释放大量子囊孢子，子囊孢子可借助气流进行传播。黄瓜菌核病多发于通风不畅的高湿低温环境，因为其病原菌多数积存于土壤中，所以连作易于发病，是土传病害。

黄瓜菌核病的主要症状是病部组织软腐，同时伴生密集的白色菌丝，有时还会有黑色鼠粪状菌核。通常植株受害症状是从靠近地面的植株茎部开始出现，先是出现水渍状失绿病斑，之后病斑逐步扩大并变为淡褐色，染病茎部会软腐且生出白色菌丝，后期茎部会纵裂干枯；叶片、幼果和植株茎蔓受害后前期症状和茎基部症状类似，但最后会在密集的白色菌丝上长出黑色菌核。黄瓜菌核病虽然会令植株茎部纵裂，但只是侵染茎部表皮，其木质部分不会受到侵

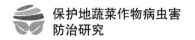
染，所以植株通常不会萎蔫。

防治黄瓜菌核病需要避免连作，在黄瓜收获后要及时清除病残体并对其进行集中处理，需要在土壤深耕后进行灌水闷棚，进行栽培时可以覆盖地膜避免病原菌子囊盘出土和孢子萌发扩散，并在维持温度的基础上要保证通风避免湿度过大。若已发病需要及时摘除病叶病果，并喷施 40% 菌核净可湿性粉剂 1000～1500 倍液或 50% 速克灵可湿性粉剂 1000～1500 倍液等，每 10 天一次，连续喷施 2～3 次。

（八）黄瓜蔓枯病

黄瓜蔓枯病主要由子囊菌亚门真菌中的甜瓜球壳菌引发，病原菌主要以分生孢子或子囊壳形式依附于病残体或种子越冬，也能够依附在室内各种设施表面进行越冬。病原菌能够随着气流、灌溉水、农事操作及昆虫媒介进行传播，通常会通过气孔和植株伤口入侵。黄瓜蔓枯病的发生和流行需要较高的温度和湿度，在空气湿度达 85% 以上、温度在 20℃～24℃时最易传播，尤其当土壤含水量大时黄瓜极易发病。

黄瓜蔓枯病主要侵染植株的叶片和茎蔓。叶片染病后会形成圆形较大病斑，通常直径在 15 毫米以上，多数在叶尖和叶缘发病并向叶片内部发展，病斑呈现 V 字形，主要是浅褐色或黄褐色，后期病斑易于破碎；茎蔓染病后会出现中央灰白色边缘红褐色的长椭圆形或梭形病斑，病斑稍微凹陷，其中心部位会逐渐变为黄褐色，并伴生有黑色粒点，有时病斑会溢出树脂胶状物，后期茎蔓会干枯纵裂，纵裂处呈现出乱麻状但维管束不变色，在空气环境较为潮湿的条件下茎节容易腐烂变黑甚至折断；果实染病后会出现失绿的黄色斑点，之后病斑出现凹陷并变为褐色，病部位置的果肉软化，同时伴有果实畸形。

防治黄瓜蔓枯病需要选用抗病品种，并对种子进行消毒杀菌处理，可以和非葫芦科蔬菜作物实行 2～3 年轮作，在进行种植前需要对土壤进行清理，将病残体等集中进行处理，在栽培过程中需要注意室内的通风降湿。若已染病，可在发病初期采用药剂防治，用 75% 百菌清可湿性粉剂 600 倍液或 70% 甲基托布津可湿性粉剂 1000 倍液等进行喷施，3～4 天一次，连续喷施 2 次，也可以采用烟熏法和粉尘法进行防治，在药剂防治过程中需要各种防治方法交替使用，避免病原菌出现抗药性。

（九）黄瓜白粉病

黄瓜白粉病主要由子囊菌亚门真菌中的单丝壳白粉菌引发，也被称为白毛病，在黄瓜整个生长发育期都可能发生，中后期发生较为严重，发生后发展迅速，严重时会造成葫芦科蔬菜作物叶片干枯甚至提早拉秧。病原菌会以闭囊壳形式依附于病残体在土壤表面越冬，条件适合时会释放子囊孢子对蔬菜作物进行侵染。黄瓜白粉病在 10℃～25℃时都能发生，属于喜高湿温暖的病害，且较为耐干燥，湿度大则容易传播。

黄瓜白粉病主要危害黄瓜的叶片，病情严重时会危害叶柄和茎蔓，通常果实受害较少。染病后病部会布满白粉，到后期病斑上会散生黄褐色或黑色粒点，叶片受害后通常在正面和背面产生近圆形的白色星状粉斑，正面较多，若空气比较潮湿，病斑会逐渐扩大为边缘不明显的白粉大斑，严重时病斑会遍布整个叶面，之后向叶柄和茎蔓蔓延，发病的后期白粉斑会逐渐变成灰白色并造成叶片干枯，叶柄和茎蔓的症状和叶片类似，只是白粉量偏少。

防治黄瓜白粉病需要选择抗病品种，不同品种对白粉病的抗性有所不同，所以需要因地制宜进行品种选择。在栽培定植之前可以对保护地进行消毒杀菌处理，可以在定植前 2～3 天用硫黄粉和锯末按 1：2 的比例混合熏棚一夜，熏棚时保持室内温度 20℃左右为最佳，进入栽培期要避免用硫黄熏蒸，可以每亩施用 45% 百菌清烟剂 250 克进行熏蒸。在栽培过程中需要注意室内湿度控制，可在温度适宜的情况下加强通风管理，浇水最好选择晴天上午，然后下午适当通风降低湿度，避免为病原菌传播创造适合环境。若已发病需要进行药剂防治，可以用 27% 高脂膜乳剂 80～100 倍液对叶片进行全面喷施，每周一次，连续 2～3 次，从而使叶片上出现一层薄膜来防止病原菌入侵，也能使病原菌因缺氧而死亡，也可以喷施 30% 特富灵可湿性粉剂 1500～2000 倍液等进行防治，每 7～10 天一次，连续喷施 3～4 次。

二、黄瓜细菌病害及防治

（一）黄瓜细菌性角斑病

黄瓜细菌性角斑病主要由细菌中的丁香假单胞杆菌黄瓜角斑病致病型引发，其症状和黄瓜霜霉病类似，因此容易混淆从而延误防治，在进行辨别时需要注意。该病原菌能够随病残体在土壤中越冬，也能依附在种子上进行越冬，通常会通过气流、灌溉水和农事操作进行传播。细菌性角斑病在24℃～28℃时容易发生，湿度对发病影响很大，通常空气湿度在70%以上发病较为严重，该病属于喜湿喜高温病害。

黄瓜细菌性角斑病主要危害黄瓜的叶片，叶柄和茎蔓的卷须也有可能染病，通常果实不会染病。叶片受害初期会沿着叶脉出现失绿小斑，其病斑背面为水渍状，之后病斑逐步变为黄色再成为褐色，最终干枯，病斑会受到叶脉影响扩展成为多角形，干枯后容易对叶片造成不规则穿孔，叶片如果受害严重会卷曲枯死，在湿度较大时病斑处会出现乳白色菌脓，这和黄瓜霜霉病症状有很明显的区别，而且，通常霜霉病不会危害瓜条，而角斑病会危害瓜条并有臭味，另外，霜霉病叶片受害通常不会穿孔，而角斑病会造成叶片穿孔[①]。

防治黄瓜细菌性角斑病需要选用抗病品种，栽培前需对种子进行消毒杀菌处理，在进行栽培时需要注意栽培管理，尤其是湿度的控制，最好避免大水漫灌，可以采用地膜覆盖和滴灌的模式进行小水勤浇，并在浇水后注意通风降湿，夜间最好保持空气湿度在70%以下。发病后要及时进行药剂防治，可以喷施72%农用链霉素可溶性粉剂4000倍液或77%可杀得可湿性微粒粉500倍液等，每周一次，连续喷施2～3次。

（二）黄瓜细菌性缘枯病

黄瓜细菌性缘枯病主要由细菌中的边缘假单胞菌边缘假单胞致病型引发，病原菌会依附病残体或附着种子越冬，通常是从叶片边缘的水孔或气孔进行入侵，并靠气流和农事操作进行传播和重复侵染。在空气湿度90%以上、温度20℃左右时容易萌发并流行，保护地早春黄瓜栽培时因为外界温度较低，所以通风较少，容易令植株叶片结露，从而非常容易导致植株被病原菌侵入，该病属于喜高湿低温病害。

黄瓜细菌性缘枯病主要危害黄瓜的叶片、茎和卷须及瓜条。叶片受害初期多数是叶缘出现水渍状斑点，若高湿状态维持时间较长，病斑蔓延会越快，因为受到叶片叶脉的限制，所以会成为不规则黄褐色病斑，病斑周围有晕环且病斑会相互连接，最终造成叶片边缘形成带状枯斑，甚至枯斑向叶片中心呈V字形扩展，若空气较为潮湿，病斑背面会出现乳白色菌脓，后期易引起叶片碎裂

① 陈杏禹．黄瓜保护地栽培［M］．北京：金盾出版社，2002；149–150.

形成穿孔；植株茎和卷须受害初期会出现水渍状病斑，之后病斑变为褐色；果实受害多数表现在果柄和果尖，先会形成褐色水渍状病斑，之后果实开始黄化凋萎，严重时果实会脱水干枯，湿度大时病部会溢出白色菌脓。

防治黄瓜细菌性缘枯病需要在栽培前对种子进行消毒杀菌处理，要和非葫芦科蔬菜作物实行 2 年以上轮作，栽培过程中要注意进行通风降湿处理，避免室内湿度过高，减少叶片的结露。发病初期要及时进行药剂防治，可以每亩施用 1 千克 5% 百菌清粉尘剂，也可以喷施 77% 可杀得可湿性微粒粉剂 400 倍液或 50% 琥胶肥酸铜可湿性粉剂 500 倍液等，每周一次，连续喷施 3～4 次。

三、黄瓜病毒病害及防治

黄瓜病毒病害主要是由黄瓜花叶病毒、烟草花叶病毒和南瓜花叶病毒侵染引发，病毒能够依附于病残体在土壤中越冬，也能够依附在种子上越冬，其主要通过汁液、种子、昆虫媒介及农事操作进行传播，其中最主要的传播途径是昆虫媒介，即蚜虫、白粉虱等。这些病毒均喜高温干旱环境，病毒病害的潜伏期为 15～25 天。

（一）主要症状

黄瓜病毒病害的主要症状有 4 类：其一是花叶型，幼苗受害后子叶会变黄变枯萎，植株矮小且受害幼叶会成为深浅绿色相间的花叶，成株受害后新叶会成为黄绿相间的花叶，叶片受害后会出现皱缩甚至叶片反卷，严重时叶片会变硬变脆并簇生小叶，果实受害后会出现凹凸不平的深浅绿色相间的花瓣，病果容易畸形且停止生长；其二是皱缩型，新叶的叶片会变小并出现蕨叶，叶片沿叶脉会出现浓绿色隆起的皱纹，有时叶脉边缘会坏死，果实受害后会凹凸不平或出现斑驳变形，严重时病株会枯死；其三是绿斑型，新叶初期会出现黄色斑点，之后斑点成为淡黄色斑纹，叶片的绿色部位会隆起成为瘤状，果实受害会出现浓绿病斑并隆起，成为畸形果；其四是黄化型，植株的中上部叶片的叶脉间会出现失绿斑点，之后斑点发展为淡黄色病斑，甚至全叶会变为鲜黄色且叶片向背面卷曲，叶脉仍然保持绿色。

（二）防治方法

防治黄瓜病毒病害需要选择抗病毒品种，在栽培前要对种子进行消毒杀菌

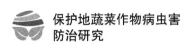
处理，育苗时要用遮阳网进行遮光降温处理培养壮苗，在摘果时要先摘健康果后摘病果，并对接触过病果的工具和手进行消毒处理。最主要的是在栽培过程中及时防治蚜虫和白粉虱等病毒媒介，可以运用防虫网，也可以设置黄板进行诱蚜。若已发病需要及时摘除病叶病果并对其进行集中处理，同时以药剂进行控制，药剂使用可参考番茄病毒病害防治。

四、黄瓜根结线虫病及防治

黄瓜根结线虫病是一种土传病害，根结线虫不仅自身会对植株造成极大的危害，而且还会传播和诱发一些真菌病害和细菌病害。不同地域，根结线虫的种类也有所区别，根结线虫主要有爪哇根结线虫、南方根结线虫、北方根结线虫和花生根结线虫等，对黄瓜的危害主要在根部。

（一）发病特性

根结线虫的生活史包括卵、幼虫和成虫 3 个阶段，其幼虫有 4 龄，危害黄瓜的根结线虫通常以卵和 2 龄幼虫形式依附在病残体上在土壤中越冬，能够在土壤下 5 ～ 30 厘米处存活 1 ～ 3 年。通常在地温提升到 10℃以上时，2 龄幼虫会在黄瓜根系分泌物的吸引下逐渐向根部移动并从根部尖端入侵，能够刺激根系细胞增生和过度生长，从而使根系形成结块。幼虫能够在结块中发育为成虫并交尾产卵，卵能够在结块中孵化发育，之后 2 龄幼虫会再次从结块中离开并侵染其他根系，根结线虫主要通过病土和灌溉水进行传播。

根结线虫生长和繁殖最适宜的条件是温度在 25℃～ 30℃，土壤湿度在40% ～ 70%。这样的条件恰好也非常适合植株的生长和发育，所以根结线虫病一旦发生就较难根除，其能够在植株适宜生长发育的环境中快速发展。根结线虫一般在较为干燥和湿度很大的土壤中会明显受到限制。

（二）主要症状

黄瓜根结线虫病主要危害黄瓜植株的根部，受害部位多数是侧根和须根，主要症状是形成大小不等的瘤状结块，结块初始时为质地柔软的白色块，之后逐渐变硬，且表面粗糙甚至龟裂，颜色变为浅黄褐色或深褐色。结块上能够继续长出细弱的新根，新根染病也会形成结块，因此最终容易形成成串根部结块。因为根结线虫主要危害植株根系，所以地上部位的症状会随着根系受害的程度的不同而有所不同，根系受害轻的植株表现为长势较弱，叶片较小且发黄，类似缺水缺肥的症状，而根系受害重的植株表现为植株矮小且结果不良，遇到高温和水分不足时会在中午时萎蔫。

（三）防治方法

黄瓜根结线虫病的防治可以从栽培管理、室内消毒杀菌及药剂防治着手。栽培管理分为两个方面：一个是实行轮作栽培，可以和芦笋实行2～5年轮作，也可以和葱、蒜、辣椒等抗性高的蔬菜作物轮作；另一个是在栽培过程中采用无虫土育苗，并做好室内清洁，及时清理病残体并深翻土壤，施用充分腐熟的有机肥料。室内消毒杀菌可以根据情况进行选择，有条件的保护地可以对地面10厘米及以下土壤进行淤灌数月，这样能够极大地抑制根结线虫的生长发育，虽然无法完全杀灭虫体，但能够造成其无法侵染植株，另外就是对土壤进行消毒杀菌处理，可以在夏季拉秧后进行太阳高温闷棚，先将稻草或麦秸切碎，每亩施用500千克，然后将50～100千克石灰均匀铺撒，之后对土壤进行深翻，并将土壤灌水趋近饱和，再铺上地膜进行闷棚半个月以上，令土壤20厘米处温度达到45℃以上，这样能够很好地杀死根结线虫及多数病原菌。药剂防治时可以在定植前半个月对土壤进行施药处理，每亩施用3%甲基异柳磷颗粒剂2～3千克等，施用后覆土踏实，覆盖地膜进行封闭处理，药剂处理也可以采用水剂、熏蒸相结合的方式，如果栽培过程中植株受害，可以进行灌药处理，例如，施用90%敌百虫晶体800倍液等，每株灌药0.25～0.5千克，连续灌药2次能够起到很好的防治效果。

第二节　西葫芦主要病害及防治

一、西葫芦真菌病害及防治

（一）西葫芦灰霉病

西葫芦灰霉病主要由半知菌亚门真菌中的灰葡萄孢菌引发，病原菌主要以菌丝体或菌核的形式在土壤越冬，能够在病残体上存活4～5个月。西葫芦灰霉病属于喜高湿低温病害，当湿度达到94%以上时很容易流行。

西葫芦灰霉病会危害西葫芦的叶片、茎蔓、花、幼果及较大的果实。幼苗

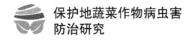
受害后很容易死亡，花和幼果受害后初期是蒂部出现水渍状病斑，之后病部逐渐软化，其表层会生出大量灰色或灰绿色霉层，最终导致果实萎缩及腐烂。

西葫芦灰霉病的症状和黄瓜灰霉病症状类似，防治方法也同样类似。主要是加强保护地栽培管理，可以采用高温低湿的管理方法避免病原菌萌发，同时要加强通风透气和提高光照，在发病后药剂防治可参考黄瓜灰霉病的药剂防治。

（二）西葫芦炭疽病

西葫芦炭疽病主要由半知菌亚门真菌中的瓜类刺盘孢菌引发，病原菌通常以菌丝体或拟菌核形式依附病残体或种皮进行越冬，带菌种子不经处理进行种植会令病原菌直接侵入子叶从而引起苗期发病。在 10℃ 以下或 30℃ 以上将不再发病，因此温度是发病的主要因素，在合适的温度范围中湿度越大越容易发病，湿度在 54% 以下分生孢子将不再萌发。

西葫芦炭疽病主要危害西葫芦的茎叶，尤其幼苗易通过带菌种子而染病，幼苗受害后子叶边缘会出现半圆形或不规则凹陷的浅褐色病斑，湿度较大时病斑处会长出粉红色黏稠物。成株受害主要症状是病部缢缩且变色，严重时植株会干枯死亡。

防治西葫芦炭疽病需要在种植前对种子进行消毒杀菌处理，并适当提早进行栽培，可定期喷施新高脂膜乳剂 800 倍液覆盖叶片，不仅能够强健植株，也能够提高抗性。发病后需要及时进行药剂防治，可喷施 75% 百菌清可湿性粉剂 700 倍液加 70% 甲基硫菌灵可湿性粉剂 600 倍液等，也可以每亩施用 45% 百菌清烟剂 250 克进行熏蒸处理。

（三）西葫芦白粉病

西葫芦白粉病主要由子囊菌亚门真菌中的单丝壳白粉菌和瓜类单丝壳菌引发，病原菌能够以闭囊壳形式依附在病残体上越冬，可以通过气流进行传播，通常会入侵西葫芦植株器官表皮。白粉病病原菌适宜的萌发温度为 16℃～20℃，在较低湿度条件下也可萌发，湿度越高萌发率越高，如果室内湿度过大或干燥高温，白粉病都会快速蔓延。

西葫芦白粉病的主要症状是受害部位生出很多白粉霉层，后期还会出现很多褐色或黑色粒点，主要侵染西葫芦植株的叶片，也能危害叶柄和茎蔓，果实相对受害较少。叶片受害后正面或背面会出现近圆形白色粉斑，之后粉斑向四周蔓延扩散，形成边缘不明显的白粉大斑，严重时整个叶片都会布满白粉霉层，之后霉层逐渐变为灰白色，病叶也会快速老化变脆；叶柄和茎蔓受害症状和叶片相似。

防治西葫芦白粉病首先需要选择抗病品种，在栽培前可以对保护地进行消毒杀菌处理，可以在定植前每亩施用 45% 百菌清烟剂 250 克进行熏蒸处理，也可以用硫黄粉进行熏蒸消毒，通常从傍晚开始，熏蒸一夜，熏蒸后 2～3 天即可进行定植，栽培过程中要注意通风透光，降低室内相对湿度，以避免病原菌传播。发病初期可以采用 27% 高脂膜乳剂 80～100 倍液进行叶片喷施，使之在叶片外形成一层薄膜来防止病原菌入侵，每周一次连续喷施 2～3 次能够有效灭杀病原菌，也可以喷施 30% 特富灵可湿性粉剂 1500～2000 倍液，每周一次，连续喷施 3～4 次，整体而言，防治西葫芦白粉病和防治黄瓜白粉病方法类似。

（四）西葫芦褐腐病

西葫芦褐腐病主要由接合菌亚门真菌中的瓜笄霉菌引发，病原菌主要以菌丝体形式依附病残体或以接合孢子形式进行越冬，能够通过气流、灌溉水和昆虫媒介传播，其腐生性强，通常只能从植株的伤口入侵活力较弱的花及幼瓜，喜低温高湿环境，若保护地通风不良或遭遇连续阴雨天气，西葫芦褐腐病就容易发生和流行。

西葫芦褐腐病的主要症状是先侵染萎蔫的弱花，令花朵变为褐色并软腐，之后通过花蒂蔓延到幼果，幼果受害后会从果蒂部位向下迅速腐烂，腐烂部位会出现大量霉菌，形成如同黑色粒点的菌丝和孢子。

防治西葫芦褐腐病需要与非葫芦科蔬菜作物实行 3 年以上轮作，可以高畦栽培并合理浇水，严格控制湿度，栽培管理过程中要合理密植保证植株的通风透光性，可以吊蔓栽培，在植株坐果后要及时摘除残花弱果并对其集中处理，可以在开花到幼果期间喷施 64% 杀毒矾可湿性粉剂 400～500 倍液或 75% 百菌清可湿性粉剂 600 倍液进行预防，也可以采用药剂熏蒸的方式进行预防，药剂需要交替使用来提高防治效果。

二、西葫芦病毒病害及防治

西葫芦病毒病害主要由黄瓜花叶病毒、甜瓜花叶病毒等引发，可以单独引

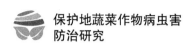
发，也可复合引发，病毒主要传播媒介是蚜虫，甜瓜花叶病毒还能够依附在种子上进行传播，在高温干旱及日照强度过高的环境中西葫芦病毒病害容易发生。

（一）主要症状

西葫芦病毒病害主要侵染叶片和果实，幼苗期到成株期都可能发病。叶片受害后会出现叶脉突出且叶肉失绿，整个叶片会逐渐呈现为花叶状并有疱斑，受害严重时植株矮化且叶片变小，上部叶片畸形呈鸡爪状，后期叶片会枯黄死亡；花期受害后花冠会扭曲畸形，致使结果减少甚至无法结果；果实受害后会出现瘤状突起或出现花斑。

（二）防治方法

防治西葫芦病毒病害需要选择抗病毒品种，在进行播种前要对种子进行消毒杀菌处理，可以在培育壮苗的基础上尽早定植，这样能够有效减轻病毒病害症状，栽培后需要注意打杈压蔓和摘瓜时避免接触性传染，及时对接触植株的工具进行消毒处理。若发现病体需要及时摘除，同时要积极防治蚜虫和白粉虱等，以昆虫为媒介是病毒病害传播和发展的主要方式，要加强中耕并及时将杂草和病残体集中处理。发病的初期需要进行药剂防治，可以喷施20%病毒A可湿性粉剂500倍液等，10天一次，连续喷施2～3次。

第三节　丝瓜苦瓜主要病害及防治

一、丝瓜主要病害及防治

（一）丝瓜霜霉病

丝瓜霜霉病主要由鞭毛菌亚门真菌中的古巴假霜霉菌引发，病原菌主要依附于病残体上进行越冬，可通过气流和雨水传播，能够以菌丝或孢子囊的形式从叶片气孔和水孔入侵。丝瓜霜霉病在昼夜温差较大、室内湿度高的条件下容易发生和传播。

丝瓜霜霉病主要危害植株的叶片，叶片受害初期会出现不规则失绿斑点，之后斑点逐渐扩展为多角形黄色病斑，若室内空气较为潮湿会在病斑背面生出灰黑色霉层，严重时病斑会连片，从而令叶片呈黄褐色且卷缩干枯，因为光合作用受到巨大影响，所以瓜条会弯曲瘦小，甚至会出现化瓜现象，产量和果实质量受到极大影响。

防治丝瓜霜霉病需要选用抗病品种，栽培过程中要注意密植情况，保证植株的通风透气，在控制温度的基础上要及时进行通风降湿管理，避免出现高湿环境。若发病后可以选择多种药剂进行防治，如 64% 杀毒矾可湿性粉剂 600 倍液等，药剂需要交替使用，既能避免病原菌产生抗性，又能有效提高药剂的效用。

（二）丝瓜褐斑病

丝瓜褐斑病主要由半知菌亚门真菌中的瓜类尾孢菌引发，病原菌能够以分生孢子或菌丝体的形式依附病残体进行越冬，主要靠气流进行传播，丝瓜褐斑病在高湿温暖环境中适宜发生和传播。

丝瓜褐斑病主要危害植株叶片，叶片受害初期会出现水浸状斑点，之后斑点逐渐扩散为 0.5～1.5 厘米的大病斑，其颜色为浅褐色或黄褐色，通常病斑的边缘呈现深褐色，若空气湿度较大则病斑会生出稀疏的灰黑色霉层，后期霉层中会生出针尖大小的黑色粒点。

防治丝瓜褐斑病要保持保护地清洁，及时对病残体进行清理和集中处理，并在栽培时注意通风透气来降低空气湿度，发病后要及时采用药剂防治，可以喷施 50% 甲霜铜可湿性粉剂 600～700 倍液、40% 甲基硫菌灵悬浮剂 600～800 倍液或 60% 百菌清可湿性粉剂 500 倍液等，每 10 天一次，连续 2 次，交替使用药剂能够起到更好的防治效果。

二、苦瓜主要病害及防治

（一）苦瓜枯萎病

苦瓜枯萎病主要由半知菌亚门真菌中的尖镰孢菌苦瓜专化型引发，病原菌主要以菌丝体或厚垣孢子的形式在土壤或肥料中越冬，分生孢子能够通过灌溉水进行传播，通常会从植株地上部分的伤口入侵，也可通过损伤的根系入侵，并且地上植株通常会出现多次侵染现象，地下侵染通常和根结线虫及地下害虫相关。

苦瓜枯萎病通常发生在植株开花期前后，典型的感染症状是地上瓜蔓萎蔫及地下根系发生病变，受害初期植株茎蔓上部叶片会从叶柄附近逐渐向叶尖萎蔫，中午较为明显，早晚会恢复，通常叶片上无法发现病斑，萎蔫数天后整个叶片会全部萎蔫下垂，早晚也无法恢复，检查茎蔓能够明显看到缢缩现象，如果空气湿度较大，茎蔓的病部会出现水渍状腐烂，病部出面会出现白色或粉红色霉层，将根系拔除会发现须根很少，根系的维管束变为褐色，茎蔓病部的组织内维管束同样变为褐色。

防治苦瓜枯萎病需要选用抗病品种，并避免葫芦科蔬菜作物连作，在栽培之前需要对土壤进行清洁并施用完全腐熟有机肥，避免为病原菌提供生长发育的环境。发病后要及时将病叶病株摘除并集中处理，可采用灌根形式施用药剂，用36%甲基硫菌灵悬浮剂400倍液或10%双效灵水剂250倍液等，对每株进行200毫升灌根处理，10天灌根一次，连续2～3次[①]。另外，可以采用柘木嫁接的方式进行枯萎病防治。

（二）苦瓜蔓枯病

苦瓜蔓枯病主要由子囊菌亚门真菌中的小双胞腔菌引发，病原菌主要以分生孢子或子囊壳的形式依附病残体或种子进行越冬，在环境适宜的情况下萌发，可以通过气流、灌溉水进行传播，通常会通过植株的气孔、水孔及伤口入侵，可以通过带菌种子进行远距离传播。播种带菌种子在苗期就会发病，苦瓜蔓枯病属于喜高湿高温病害，在温度达20℃～25℃、空气湿度达85%以上时易于发生和传播。

苦瓜蔓枯病主要危害植株的叶片、茎蔓和果实，对茎蔓的影响最大。通常叶片染病初期会出现圆形褐色病斑，其病斑中心为灰褐色，后期病斑处会生出黑色粒点；茎蔓染病初期病斑呈梭形或椭圆形，之后不断进行扩展呈不规则形状，病斑边缘颜色较深为褐色，其他部位为灰褐色，严重时病部会溢出胶质物，引起茎蔓枯萎，从而导致植株死亡；果实染病初期会出现水渍状斑点，之后病斑会产生凹陷并变为黄褐色，病部会生出黑色粒点，受害果实组织易破碎。

防治苦瓜蔓枯病需要选用抗病品种，并在栽培前对种子进行消毒杀菌处理，在保护地栽培中需要与非葫芦科蔬菜作物实行2～3年轮作，收获之后需要彻底清除病残体和杂草，在栽培过程中要保持通风，避免高湿度环境。发病后需要及时进行药剂防治，可选用75%百菌清可湿性粉剂600倍液或70%甲

① 王新文.保护地苦瓜丝瓜种植难题破解100法［M］.北京：金盾出版社，2008：44.

基托布津可湿性粉剂 600 倍液等进行喷施，也可使用粉尘剂进行喷粉处理，每周一次，连续 2 ～ 3 次。

第四节　葫芦科蔬菜作物主要虫害及防治

危害葫芦科蔬菜作物的害虫除一些广泛寄生的害虫，还有以下 4 个类别，其一是蓟马，其二是瓜蚜，其三是白粉虱，其四是鼠妇，其中瓜蚜和白粉虱是很多种病害的传播媒介。

一、棕榈蓟马

棕榈蓟马属于缨翅目蓟马科，主要寄主是茄子、豆科蔬菜作物和葫芦科蔬菜作物，通常以成虫和若虫群集在叶片背面为害。

（一）外形特征

棕榈蓟马的形态分为 3 个阶段，分别是卵、若虫和成虫。卵呈长椭圆形，通常为淡黄色，长约 0.2 毫米；卵初步孵化时的若虫非常微小且纤细，颜色主要为白色或淡黄色，若虫共有 4 龄，1 龄若虫和 2 龄若虫没有翅芽和单眼，其第 4 节触角前伸且非常大，行动力很强，3 龄若虫触角开始向两侧弯曲，翅芽出现并伸长到第 3 腹节至第 4 腹节位置，4 龄若虫也被称为伪蛹，其触角从头部折向背部，具有 3 个单眼，胸腔比腹腔长，且翅伸长到腹部末端；成虫大约 1 毫米，雌虫稍大，为 1 ～ 1.1 毫米，雄虫略小，为 0.8 ～ 0.9 毫米，通常身体呈金黄色，翅细长且透明，而且翅的周围有很多细小的长毛。

（二）生活习性

棕榈蓟马在不同的温度条件下发育周期也有不同，即从卵发育到成虫的时间，在 28℃时为 13 天左右，在 32℃时大概 10 天左右，在保护地中通常每年可发生 10 ～ 16 个世代，广东地区每年能够发生 20 个世代。棕榈蓟马的成虫在土壤中羽化后会向上移动，能飞善跳，可以借助气流的作用进行远距离迁飞，具有非常强烈的趋光性和趋蓝色性，能够进行两性生殖，也能进行孤雌生殖，通常在未完全张开的上部叶片上活动并将卵产于叶片之内，卵的孵化通常在傍晚，孵化后的若虫仅需要 2 ～ 3 分钟即可开始活动，1 龄若虫和 2 龄若虫多数

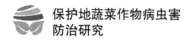

保护地蔬菜作物病虫害
防治研究

会在叶片的叶背和叶脉之间为害，聚集在一起吸取叶片的汁液，其活动非常活跃，除危害叶片外还会危害花萼及刚坐好的幼果，2龄若虫老熟后会在叶片间迅速爬行，沿植株的茎秆落地，3龄若虫不取食且行动较为缓慢，会落在地上钻入土壤下3～5厘米处逐渐过渡到4龄，并在土中完成伪化蛹，从3龄若虫到羽化通常需要时间3～4.5天，适宜温度是23℃～30℃，羽化后成虫再次飞出危害植株上部幼嫩部位。

被棕榈蓟马危害的通常为新叶和嫩芽，危害严重时叶片皱缩且无法长大，叶片不能展开，从而形成猫耳状蜷缩叶，整体植株矮小，幼果受害后会成为表面凹凸不平且果形弯曲的畸形果。黄瓜幼果受害会呈畸形且果皮有粗糙的锉吸状疤痕；丝瓜的叶片受害容易出现花叶，幼瓜受害则会成为粗细不均畸形果，有时幼瓜如同鼠尾，严重影响品质。

（三）防治方法

棕榈蓟马对蔬菜作物的危害主要是从其自土壤羽化钻出后开始，因此防治棕榈蓟马的最有效办法就是在种植蔬菜作物时，避免在曾被棕榈蓟马危害的地块种植，可以采用地膜覆盖的方式来减少成虫羽化钻出，同时需要注意将病残体、杂草等及时清除并集中处理。

可以在换茬时进行土壤消毒或在夏季进行高温闷棚来灭虫，在栽培过程中要注意增设防虫网，也可以利用棕榈蓟马对蓝光的趋性在保护地架设蓝色粘板或粘纸，黄色粘板也可以起到一定作用，另外，棕榈蓟马的天敌很多，捕食螨、小花蝽等都能够有效抑制棕榈蓟马数量，因此可以减少施用对其天敌有大杀伤力的杀虫剂，若已出现棕榈蓟马虫害，可以施用多杀菌素、苦参碱等低毒高效药剂，也可喷施25%杀虫双水剂400倍液等，药剂可以交替使用。

二、瓜蚜

瓜蚜又被称为蜜虫和油虫，属于同翅目蚜科，是世界性害虫，在中国根据地域不同危害性不同，通常在北方危害较为严重。瓜蚜寄主种类很多，主要有葫芦科蔬菜作物、茄科蔬菜作物、豆科蔬菜作物及十字花科蔬菜作物。

（一）外形特征

瓜蚜的形态可以分为5种，分别是卵、若蚜、雄蚜、无翅孤雌蚜、有翅孤

- 150 -

雌蚜。瓜蚜的卵呈长椭圆形，长度约为 0.5～0.7 毫米，初产时颜色为黄绿，之后变为深黑色且具有光泽；若蚜主要是两类，一类是无翅孤雌若蚜，共有 4 龄，末龄若蚜体长 1.63 毫米左右，宽度为 0.89 毫米左右，在春秋季节呈现为蓝灰黑色，在夏季呈现为黄色或黄绿色，拥有红色复眼，另一类是有翅孤雌若蚜，同样有 4 龄，在 3 龄时会出现两对翅芽，其后半部分为灰黄色，腹部背面会出现 3 对白色圆斑；有翅孤雌蚜体长 1.2～1.9 毫米，有两对透明翅，头部和胸部大部分为黑色，前胸背板为黑色，腹部在夏季为黄绿色，在春秋季节为深绿色或蓝黑色，其腹部为圆筒状；无翅孤雌蚜体长 1.5～1.9 毫米，身体呈现卵圆形，身体不生翅，体色在夏季多为黄色或黄绿色，在春秋季节为深绿色或蓝黑色，头部和胸部较小，腹部圆筒状，基部比较宽；雄蚜都生有两对透明翅，其形态和有翅孤雌蚜类似，只是腹部更纤细。

（二）生活习性

瓜蚜在不同的地域不同的气候条件下每年发生的世代也有所不同，通常发生 10 个世代以上，且其本身无滞育现象，只要条件合适、环境适合，就能够全年发生，一般会在寄主身上越冬。越冬卵在平均气温 6℃以上时就开始孵化，为第一代，通常孵化为不需要交配即可繁殖下一代的干母，也就是无翅孤雌蚜，繁殖 2～3 个世代之后开始出现有翅蚜，有翅蚜能够进行迁飞，危害多种蔬菜作物。进入夏季后会不断以孤雌生殖的方式进行繁殖并扩散，当天气转冷后寄主老化就会再产生有翅蚜继续迁飞。

瓜蚜在葫芦科蔬菜作物上以孤雌生殖为主，在春秋季节气温较低时 10 余天完成一代，而在夏季气温较高的环境中 4～5 天即可完成一代，每个雌蚜能够产若蚜 60～70 头，因此瓜蚜数量增长极快。瓜蚜较为适宜的生长和繁殖环境是干旱温暖环境，若温度超过 25℃、湿度在 75% 以上时危害将会明显下降。

越冬的虫卵孵化的幼虫没有翅但能够跳跃，其形态和生活习性与成虫相似，只是更加微小，其生长过程中会不断脱掉原来的外骨骼进行蜕皮，从卵孵化为若虫到第一次蜕皮，属于 1 龄若虫，之后每蜕皮一次增加 1 龄。整体而言，有翅蚜对黄色有趋性，对银灰色有趋避性，因此可以利用这些特性进行有效控制。

瓜蚜的若蚜和成蚜一般群集在植株叶背、嫩茎、嫩叶、嫩梢等处，通过将刺吸式口器刺入植株吸食汁液，在生活过程中会不断分泌油腻的蜜露，通常蜜露上会滋生霉菌形成病害传播的基床。植株生长点受害后叶片会卷缩，瓜苗受害后会萎蔫甚至枯死，成株的叶片受害后会提前枯死脱落，给植株造成严重减产。而且，因为其分泌的蜜露含糖量很高，所以能够吸引个体很小的黄蚁前来取食，甚至会形成一定的共生关系，令天敌生物防治效果减弱。

（三）防治方法

防治瓜蚜首先需要保证保护地清洁，要及时清理室内杂草、残株及病残体等，在蔬菜作物栽培过程中可以利用有翅蚜对银灰色的趋避性，使用银灰色防虫网或薄膜进行保护地覆盖，这样能够很好地起到避蚜效果，也可以利用其趋黄性，在田间设置黄色诱虫板或粘纸，这样能够在一定程度上控制瓜蚜的数量基数。

进行药物防治需要尽早，即在瓜蚜初始出现阶段就要进行药剂施用，可以采用喷雾法，也可以采用熏蒸法。喷雾法可选用30%乙酰甲胺磷乳油1000倍液，或者将40%菊马乳油和40%菊杀乳油各2000～3000倍液混合施用，且需要不同种类药剂交替使用，避免瓜蚜产生抗药性；熏蒸法可以每亩用80%敌敌畏乳油0.3～0.4千克混合锯末点燃熏蒸。除此之外，也可以将新鲜草木灰粉末撒在虫害聚集地，3～5天撒一次，连续2次，这样也能够有效防治瓜蚜泛滥[①]。

三、白粉虱

白粉虱也被称为小白蛾，属于同翅目粉虱科，其主要寄主是黄瓜、菜豆及茄科蔬菜作物。

（一）外形特征

白粉虱的卵通常有卵柄，形态为长椭圆形，长约0.22～0.26毫米，初生时卵为淡黄色，在孵化之前变为黑色，具有一定光泽，通常卵被产于叶片背面。若虫有4龄，孵化后为1龄若虫，体长约0.29毫米，有3对足，身体呈扁椭圆形，触角位于复眼的前下方，孵化3天后若虫可行动；2龄若虫体长约0.38毫米，触角和足逐渐退化，开始营固着生活，失去爬行能力，身体很薄，通常贴在叶片背面，身体呈半透明淡绿色；3龄若虫体长约0.52毫米，身体逐渐变厚且中央隆

---

① 王新文.保护地苦瓜丝瓜种植难题破解100法［M］.北京：金盾出版社，2008：136-138.

起，体背出现一层蜡质且身体四周有白色透明丝状物，身体通常为淡绿色且不透明；4龄若虫也被称为伪蛹，体长约0.7～0.82毫米，身体进一步变厚，颜色未变，其蛹壳呈卵形或长椭圆形，大小变化很大，通常长约1.64毫米，宽约0.74毫米，蛹壳上会覆盖白色蜡丝。成虫的雌虫体长约1～1.5毫米，雄虫稍小，身体呈白色，触角为丝状，复眼赤红，虫体和翅覆盖着一层白色蜡粉。

（二）生活习性

白粉虱一年可发生10个以上世代，一个月可完成一代，且世代重叠现象严重，伪蛹3天左右即可羽化，羽化后1～3天就会交配产卵，也可以孤雌生殖，成虫具有趋嫩性，会聚集在植株顶部的嫩叶处产卵，卵会以将卵柄插入叶片气孔的方式悬挂，并且很难脱落，会和寄主保持水分平衡，成虫白天很活跃，受到惊扰会很快飞起但飞行能力一般，可以在1.3米高度短距离飞行后停落在附近植株上。白粉虱的成虫对黄色具有较强的趋性，趋避银灰色和白色，其最适宜的繁殖温度为18℃～21℃，保护地的环境条件非常利于其传播。

白粉虱是刺吸式口器，通常成虫和若虫会聚集吸食植物汁液，主要危害较为鲜嫩的新叶，受害叶片会失绿变黄，严重时植株会长势衰弱萎蔫，甚至枯死，而且其还能分泌大量蜜液，这会严重污染植株叶片和果实。

受害的植株上白粉虱的各个虫态分布具有一定规律，因为成虫有趋嫩产卵性，所以植株最上部的嫩叶以成虫和初产的淡黄色卵为主，嫩叶稍微下方的叶片主要是初龄若虫，之后向下为虫龄若虫，再向下是老龄若虫，最下部叶片主要是伪蛹及新羽化的成虫。

（三）防治方法

防治白粉虱较为生态的方法是天敌防治和物理防治，天敌防治就是在保护地引入丽蚜小蜂、中华草蛉等，当保护地植株上出现白粉虱成虫时，可以在每株0.5头以下白粉虱的初期，每隔两周释放一次天敌，连续3次即可有效控制。采用物理防治主要是根据白粉虱对银灰色和白色的趋避性，以及对黄色的敏感趋性进行趋避和诱杀，可以在保护地门窗或通风口悬挂银灰色或白色膜条使成虫无法入侵，也可以在保护地设置黄色粘板进行成虫诱杀，通常橘橙黄色效果最佳。

另外，可以进行药剂防治，通常对白粉虱进行药剂防治需要连续多次才能有效控制，而且需要交替施用药物。可以选用熏蒸或水剂的方式进行控

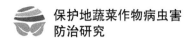
制，可以每亩施用 22% 灭蚜灵乳油 250 毫升加烟雾剂 400 克在傍晚进行熏蒸，也可以用 20% 杀灭菊酯乳油 5000 倍液或 2.5% 溴氰菊酯 2000 ～ 3000 倍液进行喷施，通常不同的蔬菜作物用药也会有所差别，可以根据情况进行适当调整和选择。

四、鼠妇

鼠妇又被称为潮虫或西瓜虫，属于等足目鼠妇科，其最大的特点是喜欢潮湿阴暗的环境，同时在受到外部机械刺激后身体会蜷缩成球形，因为其蜷缩的球形布满均匀纹路，所以被称为西瓜虫。

（一）外形特征

鼠妇通常体长约 10 ～ 14 毫米，背部呈褐色或灰色，整个体形宽阔而扁平，背部具有明显光泽，身体为 13 节，腹部有 7 对腹足，尾节末端有 2 个片状突起，头部有 2 对触角，一对明显另一对短且不明显。刚孵化的鼠妇身体为白色，仅有 6 对足，随着时间和生长，颜色会逐渐加深，并生出第 7 对足。

（二）生活习性

鼠妇一年通常发生一代，因为喜阴湿环境，所以会栖息在腐叶、植株残体、土块下等地方，能够以成体或幼体的形式在地下越冬，白天时会潜伏在阴暗处，夜间出来活动并危害蔬菜作物。鼠妇的再生能力很强，断足断触角之后，通过再次蜕皮即可生出新的足和触角。在保护地中鼠妇会啃食植株幼嫩的新根和根须，容易导致植株萎蔫或发育不良，也会啃食植株地上部分的嫩叶和嫩茎，通常会令植株上部萎蔫黄化，严重时会令植株根部和茎秆出现孔洞，从而导致植株溃烂。

（三）防治方法

因为鼠妇通常潜伏在各种砖缝杂草阴暗处，所以防治时需要保持室内清洁，避免室内出现各种废旧物品、杂草石块等。另外，可以对土壤进行消毒处理，可以每亩用 2.3% 溴氰菊酯或 20% 速灭杀丁 50 ～ 100 克，拌细土 10 ～ 20 千克均匀撒于地面，然后覆盖地膜，这样可以有效灭杀鼠妇，严重时可以施用 48% 乐斯本乳油 1500 倍液等，这样也能够有效灭杀鼠妇。

第六章

豆科蔬菜作物病虫害及防治

第一节　菜豆主要病害及防治

一、菜豆真菌病害及防治

（一）菜豆炭疽病

菜豆炭疽病主要由半知菌亚门真菌中的菜豆炭疽刺盘孢菌引发，病原菌能够以菌丝体形式依附在种皮上进行越冬，也能以分生孢子形式越冬，种子上的病原菌能够存活 2 年以上，若种植带菌种子则会在幼苗期发病，幼苗的子叶和幼茎会受到侵染，之后分生孢子通过气流、灌溉水、农事操作及昆虫媒介进行传播。菜豆炭疽病的潜伏期为 4～7 天，即使收获后菜豆也能继续发病，发病比较适宜的温度为 17℃，适宜的空气湿度为 100%，当温度低于 13℃或高于 27℃，空气湿度低于 92% 时，病害将不会发生。

菜豆炭疽病可侵染幼苗和成株。幼苗染病会在子叶上出现近圆形红褐色病斑，茎部出现锈色斑点，当茎伸长后病斑会扩展成为短条状锈色病斑，会致使幼苗茎部折断而枯死；成株受害主要影响的是叶片、茎部和种子，叶片受害会从叶脉开始出现多角形黑色或黑褐色网状斑，茎部受害初始时会出现褐色病斑，之后病斑凹陷并龟裂，果实受害会在果皮上出现褐色点状病斑，之后病斑扩大为近圆形或圆形，形成中间凹陷边缘突出的斑点，病斑外部有红褐色或紫色晕环，种子受害会出现黄褐色到深褐色的不规则状病斑，若湿度较大病斑会溢出粉红色黏稠物质。

防治菜豆炭疽病需要选用无病种子，可以在栽培前对种子进行粒选，然后对种子进行消毒杀菌处理，和非豆科蔬菜作物实行 2～3 年轮作，在栽培过程

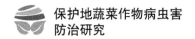
中要注意通风降湿，通常在控制空气湿度的情况下炭疽病发生概率较低。若进入开花期后出现症状，则要在初期及时进行药剂防治，可以喷施 50% 多菌灵可湿性粉剂 600 倍液或 80% 炭疽福美可湿性粉剂 800 倍液等，每周一次，连续喷施 2 次，在结荚期也可以喷药一次。

（二）菜豆枯萎病

菜豆枯萎病主要由半知菌亚门真菌中的菜豆尖镰刀孢菌引发，病原菌主要以厚垣孢子或菌丝体形式依附病残体进行越冬，病原菌的腐生性很强，能够在无寄主的条件下于土壤中营腐生生活 2 ～ 3 年，甚至更久，另外，病原菌还能够依附在种子上越冬并随种子进行远距离传播。病原菌会从植株的根系伤口或根毛顶端入侵，自茎部维管束组织中吸收营养生活，并随着植株的蒸腾作用向植株顶端蔓延，病原菌在维管束中不断繁殖会逐步堵塞导管，最终引起植株萎蔫枯萎。发病适宜的温度为 24℃ ～ 28℃，适宜的空气湿度为 70% 以上，因为病原菌主要从土壤侵入，所以土壤湿度越大越易发病。

菜豆枯萎病从根系开始萌发，初始的症状是植株下部叶片的叶脉呈现黑褐色，紧邻叶脉的叶肉组织变黄，并逐渐从下部向上部扩散，之后整个植株全部叶片枯黄脱落，最终枯萎死亡。因为枯萎病主要从根部开始，所以通常病株根系会发育不良，侧根较少易于拔起，剖开茎部能够明显看到植株维管束变成黄褐色或黑褐色。若开花结果期植株被感染，则结荚将减少，且结荚后病荚的背部腹缝线也会逐步变为黄褐色。

防治菜豆枯萎病需要选用抗病品种，同时在栽培前要对种子进行消毒杀菌处理，进行栽培时要注意控制室内湿度，可采用地膜覆盖和滴灌模式进行浇水，同时要合理通风降湿。发病后需要及时进行药剂防治，可以用 50% 多菌灵可湿性粉剂 1500 倍液或 70% 甲基托布津可湿性粉剂 1000 倍液等进行喷施或灌根，每周一次，连续 2 ～ 3 次。

（三）菜豆灰霉病

菜豆灰霉病主要由半知菌亚门真菌中的灰葡萄孢菌引发，病原菌主要以分生孢子、菌丝体或菌核形式依附在病残体上或直接在土壤中越冬，能够借助气流和农事操作进行传播。菜豆灰霉病属于喜高湿温暖病害，在 2℃ ～ 31℃ 环境下均能发生，适宜的传播温度是 20℃ ～ 23℃，适宜的传播湿度在 90% 以上。

菜豆灰霉病会危害菜豆的茎部、花朵、叶片和豆荚。苗期受害子叶会变软下垂，病部呈水渍状，且空气潮湿时会生出灰色霉层，若真叶受害，初期会从叶尖开始，呈现出浅褐色水渍状病斑，也有可能从叶片中部发病，先在叶片中部形成带有轮纹的浅褐色病斑，严重时病斑连片且生出灰色霉层；茎部受害症状多出现在根茎之上 11～15 厘米处，初始时会出现四周深褐色的云纹斑，病斑中间部位颜色稍淡，呈浅黄色或浅棕褐色，干燥的环境中病斑表皮会破裂呈纤维状，若环境较为潮湿则会在病斑上生出灰色霉层；有时病原菌也会从茎蔓的分枝处入侵，令分枝处出现凹陷的水渍状病斑，严重时会导致分枝萎蔫；结果期幼荚受害后会在果皮上出现褐色病斑，病斑会逐渐软腐并生出灰色霉层，菜豆的产量会受到巨大影响。

防治菜豆灰霉病主要需要注意栽培过程中的湿度管理，要及时进行通风降湿，可采用地膜覆盖的方式栽培，并及时摘除病叶、病株及病果。发病初期可以喷施 50% 速克灵可湿性粉剂 1000 倍液或甲霜灵可湿性粉剂 1500 倍液等，每周一次，连续喷施 3～4 次[①]，也可以运用粉尘法和熏蒸法进行防治，可参考番茄灰霉病或黄瓜灰霉病的防治方法。

（四）菜豆白绢病

菜豆白绢病主要由半知菌亚门真菌中的齐整小核菌引发，病原菌主要以菌核形式在土壤中越冬，通常能够在土壤中存活 5～8 年，甚至更长时间，通常能够通过灌溉水和农事操作进行传播，喜高湿环境。

菜豆白绢病的主要症状是染病茎部出现白色绢丝状菌丝。通常从茎基部发病，初始时出现水渍状暗褐色病斑，之后病斑向茎部上方蔓延或向地面呈辐射状扩展，病部会逐渐出现皮层腐烂并在表面密生白色绢丝状菌丝，菌丝逐渐成长和发展为球形油菜籽状的褐色菌丝。严重时表皮会腐烂到裸露茎部内部的木质部分，从而导致植株萎蔫枯死。

防治菜豆白绢病主要选用抗病品种，可以实行水旱轮作来提高防病效果，在进行种植前可以对土壤进行改良，适当增施石灰来改变酸性土壤，可每亩施用石灰 50～100 千克，或者将土壤深翻后每亩均匀施用绢遁 1 千克加细土 20 千克再进行旋耕以促进混合。在定植后到花期之间可以喷施绢遁 800～1000 倍

① 潘子龙，等. 保护地菜豆豇豆荷兰豆种植难题破解 100 法［M］. 北京：金盾出版社，2008：49-50.

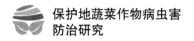
液等 2 ～ 3 次，若发现病株要及时进行拔除并集中处理，同时继续喷施药剂，可以选用上述药剂继续喷施，也可以用 36% 甲基托布津悬浮剂 500 倍液喷施茎基部及植株周围土壤，每周一次，连续 2 次。

（五）菜豆褐斑病

菜豆褐斑病主要由半知菌亚门真菌中的菜豆尾孢菌引发，病原菌主要以菌丝块形式依附病叶组织在地面越冬，条件合适后会产生分生孢子，可以通过气流进行传播，具有很强的再次侵染能力。菜豆褐斑病属于喜高温高湿病害，连作的保护地发病较严重。

菜豆褐斑病主要危害植株叶片，受害叶片会出现圆形或近圆形红褐色病斑，病斑有明显的轮纹，中心部分呈赤褐色，边缘较为明显，空气较为潮湿的条件下病斑的叶背部分会产生灰色霉层。

防治菜豆褐斑病需要保持保护地清洁，及时将病残体等进行清除和集中处理，可以与非豆科蔬菜作物实行轮作，在栽培过程中要注意通风降湿，可采用地膜覆盖和滴灌的方式进行栽培，这样能够适当减少发病。发病后需要及时施用药剂防治，可在开花初期出现少量病体时用 75% 百菌清可湿性粉剂 600 倍液或 70% 甲基托布津可湿性粉剂 1000 倍液进行喷施，10 天一次，连续喷施 2 ～ 3 次。

（六）菜豆黑斑病

菜豆黑斑病主要由半知菌亚门真菌中的芸薹链格孢菌菜豆变种引发，病原菌主要以分生孢子丛和菌丝体形式依附在病部或病残体上进行越冬，分生孢子能够借助气流和灌溉水进行传播，菜豆黑斑病属于喜温暖高湿病害。

菜豆黑斑病主要危害植株叶片，受害叶片会出现直径 3 ～ 9 毫米的圆形或近圆形褐色病斑，病斑具有轻微同心轮纹，潮湿条件下病斑表面会出现细微的黑色霉点，整个叶片通常会散生数个乃至数十个黑色病斑。

防治菜豆黑斑病需要适当进行密植，提高植株的采光和通风，同时在栽培期间需要注意空气湿度管理，合理进行通风降湿，并及时清理病残体。发病后需要及时进行药剂防治，可以在初期采用粉尘法、熏蒸法和水剂法施用药物，可每亩施用 1 千克 5% 百菌清粉尘剂，也可每亩施用 45% 百菌清烟雾剂 200 ～ 250 克，亦可喷施 75% 百菌清可湿性粉剂 600 倍液等，每周一次，连续 3 ～ 4 次。

（七）菜豆角斑病

菜豆角斑病主要由半知菌亚门真菌中的灰拟棒束孢菌引发，病原菌能够以菌丝块或分生孢子形式依附种子越冬，主要危害植株叶片，分生孢子会重复侵染造成危害。

菜豆角斑病主要在花期发生，通常受害叶片会产生黄褐色多角形病斑，之后病斑成为紫褐色，在叶背病斑处会生出灰紫色霉层，严重时荚果会受影响，通常荚果会产生直径1厘米左右中间黑色边缘紫褐色的霉斑，在后期其上会生出灰紫色霉层，病荚受害严重时其内部的种子会发生霉烂。

防治菜豆角斑病需要在种植前对种子进行消毒杀菌处理，然后和非豆科蔬菜作物实行多年轮作。发病后要及时进行药剂防治，可喷施64%杀毒矾可湿性粉剂600倍液等，每周一次，连续喷施2次。

（八）菜豆锈病

菜豆锈病主要由担子菌亚门真菌中的疣顶单胞锈菌引发，病原菌能够以菌丝体或夏孢子形式依附在菜豆上越冬，也能够以冬孢子形式依附在病残体上越冬，在环境适宜的情况下冬孢子会萌发菌丝和担孢子，其中担孢子能够靠气流侵染植株叶片，之后产生夏孢子对植株进行重复侵染。菜豆锈病发生的适宜温度为15℃～24℃，适宜湿度在95%以上，通常植株叶片上的水滴会成为锈病发生的必要条件，所以，保护地湿度极大时菜豆非常易于发病。整体而言，矮生的菜豆抗锈病能力强，而蔓生的菜豆抗锈病能力较差。

菜豆锈病主要危害植株叶片，叶片受害初期会生出稍微凸起的黄白色斑点，之后病斑表皮破裂散发红褐色粉末状夏孢子，夏孢子则易着生在叶片背面，从而令叶面出现失绿斑点，病斑周围会出现黄晕环，严重时病斑会出现在叶片正面，后期病部会生出黑褐色冬孢子。

防治菜豆锈病需要选用抗病品种，并加强栽培管理，尤其是湿度管理，需要及时将病残体进行清理并集中处理，以此来减少病原菌，要及时通风降湿和保证植株适当光照。发病后可以采用药剂防治，通常可以喷施20%粉锈宁乳油1500倍液或50%多菌灵可湿性粉剂600倍液等，每周一次，连续喷施3次。

（九）菜豆菌核病

菜豆菌核病主要由子囊菌亚门真菌中的核盘菌引发，病原菌会以菌核形式依附在病残体或种子上越冬，条件适宜时菌核会萌发产生子囊盘射出子囊孢子，子囊孢子会通过气流进行传播，通常会在菜豆开花后传播。菌核病属于喜低温高湿病害，在 5℃～20℃ 易于发生，保护地空气湿度大时容易传播，但菌核喜干燥，能够在干燥土壤中存活 3 年以上，在湿度较大的土壤中反而只能存活 1 年，如果土壤长期积水，菌核会在 30 天左右死亡。

菜豆菌核病多始发于茎部，且多数从茎基部或地面上第一分枝处的主茎发生，受害茎部会出现水渍状病斑，之后病斑变为灰白色，病部皮层易纵裂，空气湿度较大时病斑内出现黑色粒点。

防治菜豆菌核病需要注意作物轮作，可以与藜科蔬菜作物或百合科蔬菜作物实行 3 年以上轮作，进行栽培前要对种子进行消毒杀菌处理，在病害严重的保护地可以在夏季土壤闲置时采用深耕后大水漫灌并覆盖地膜的方式进行闷棚处理，这样能够杀死土壤中绝大多数菌核，栽培过程中要注意通风降湿，且可以适当提高室内温度，培养壮苗和强壮根系，以提高植株的抗病性。若发现病害要及时将病株进行清理并集中处理，在发病初期可喷施 50% 多菌灵可湿性粉剂 500 倍液等，主要喷施老叶和花器，每 10 天一次，连续喷施 2～3 次。

二、菜豆细菌病害及防治

菜豆细菌病害主要是细菌性疫病，是由细菌中的野油菜黄单胞杆菌菜豆疫病致病型引发，病原菌能够依附种子越冬，也能够依附病残体在土壤中越冬，但病残体分解后病原菌就会死亡。病原菌最适宜在 30℃ 生长传播，喜高温高湿环境，能够通过气流和昆虫媒介传播，通常从植株的伤口、气孔和水孔入侵。

菜豆细菌性疫病主要危害叶片、茎蔓及荚果。叶片受害初期会在叶尖或叶缘出现油渍状暗绿色斑点，之后斑点不断扩大成为不规则形状病斑，病斑周围通常有黄色晕环，病部变为褐色且半透明，还会溢出淡黄色菌脓，干枯后呈白色或黄白色，严重时病斑会布满叶片从而导致叶片枯萎，但通常病叶不会脱落，在高湿环境下有些病叶会快速变黑；茎蔓受害后会出现中间凹陷呈条状的红褐色溃疡病斑，病斑绕茎一周会造成植株上部茎蔓枯死；荚果受害后会出现中间轻微凹陷的圆形或不规则红褐色病斑，之后病斑变为褐色且伴有淡黄色菌脓分泌，严重时整个病荚会严重皱缩。

防治菜豆细菌性疫病需要在栽培前对种子进行消毒杀菌处理，以避免种子携带病原菌，可以和非豆科蔬菜作物实行 2～3 年轮作，栽培过程中要注意中耕除草，并合理进行通风降湿。发病后需要在初期及时进行药剂防治，可选用 72% 农用链霉素可溶性粉剂 4000 倍液等进行喷施，每周一次，连续喷施 2～3 次。

三、菜豆病毒病害及防治

菜豆病毒病害主要由菜豆普通花叶病毒、菜豆黄花叶病毒、黄瓜花叶病毒菜豆系、烟草花叶病毒等单独引发或混合引发，病原主要源自种子和蚜虫，能够通过农事操作进行汁液传播，在蚜虫发生时及在高温干旱环境中易于出现和传播。

菜豆病毒病害多数表现为系统性症状，在出苗时就会显现症状，受害植株生长会受到抑制，通常会株形矮小，开花迟缓或落花严重，即使结荚，数量也明显减少且豆荚生长畸形，荚果表皮会出现浅绿色斑点。叶片受害后会产生失绿带或斑驳，容易出现叶脉明显、叶片凹凸不平、皱缩畸形扭曲等现象。

防治菜豆病毒病害需要选择抗病毒品种，在进行栽培之前要对种子进行消毒杀菌处理，并及时进行防蚜治蚜。在栽培过程中要注意保护地清洁，及时将病叶、病株及杂草清理并集中处理，在出现蚜虫危害时可喷施蚜虱净可湿性粉剂 2000～2500 倍液进行防治，若发现病毒病害需要在初期进行药剂防治，可选用 2% 菌克毒克水剂 200～250 倍液或 1.5% 植病灵乳剂 800 倍液进行喷施，每周一次，连续 2～3 次。

第二节　豇豆主要病害及防治

一、豇豆真菌病害及防治

（一）豇豆锈病

豇豆锈病主要是由担子菌亚门真菌中的豇豆属单胞锈菌引发，病原菌能够以冬孢子形式依附病残体在地上越冬，在条件适宜时冬孢子会萌发产生担孢子和菌丝，担孢子萌发后会产生芽管侵染植株，之后形成夏孢子，夏孢子借助气流进行传播，最终导致病害流行。豇豆锈病属于喜高温高湿病害，通常植株表面出现露水是夏孢子萌发和传播的必要条件，因此在保护地湿度较大、排水不

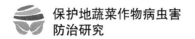
佳的条件下豇豆极易发病。

豇豆锈病主要危害植株叶片，但叶柄、茎蔓和豆荚也会遭受侵染，叶片受害初期会在叶背散生很多失绿小斑点，病斑稍微隆起并逐渐扩大，最终形成黄褐色夏孢子堆，夏孢子堆不断生长会造成病斑表皮破裂散出大量褐色粉末进行传播。在豇豆生长后期，病斑处会出现黑色冬孢子堆。有时在叶片正面、茎蔓及豆荚表皮也会出现黄色斑点，随着发展病斑周围会出现橙红色斑点，最后发展为夏孢子堆或冬孢子堆。

防治豇豆锈病要选用抗病品种，同时要注意保护地清洁，及时清除病残体并对其进行集中处理，在栽培过程中要注意通风排湿，避免出现高湿环境。若已发病要在初期摘除病叶并及时进行药剂防治，可以选用50%萎锈灵可湿性粉剂1000倍液、70%甲基托布津可湿性粉剂1000倍液或50%多菌灵可湿性粉剂800～1000倍液等进行喷施，每10天一次，连续喷施2～3次。

（二）豇豆煤霉病

豇豆煤霉病主要由半知菌亚门真菌中的豆类煤污尾孢菌引发，病原菌通常以菌丝块形式依附在病残体上越冬，当外界条件适宜时菌丝块会产生分生孢子进行侵染，分生孢子能够借助气流和灌溉水进行传播并造成重复侵染。豇豆煤霉病属于喜高温高湿病害，适宜的传播温度为30℃左右，适宜的传播湿度为85%以上，潜伏期为5～10天，一般豇豆会在开花结荚期发病，多数是老叶和成熟叶片发病，植株顶部的嫩叶很少发病。

豇豆煤霉病主要危害叶片，受害叶片初期会在正面和背面产生紫褐色斑点，之后病斑会扩散为直径1～2厘米的近圆形或不规则红褐色病斑，病斑的边缘不明显，表面通常密生灰黑色煤烟状霉层，叶背的症状比叶面更加严重。当侵染严重时病斑会连成片，最终造成叶片脱落，从而影响豆荚的生长和壮大，缩短采收期，令豇豆严重减产。

防治豇豆煤霉病需要选用抗病品种，在进行栽培前要对土壤进行细耕清洁，将病残体和杂草及时清理并集中处理，可以用新高脂膜浸种，这样能够有效隔离病原菌感染。在栽培时要注意进行湿度管理和温度管理，避免出现高湿环境。若已发病要在初期及时进行药剂防治，可选用50%多菌灵可湿性粉剂600倍液或50%混杀硫悬浮剂500倍液等进行喷施，每周一次，连续喷施 2 ～ 3 次 [①]。

（三）豇豆红斑病

豇豆红斑病主要由半知菌亚门真菌中的变灰尾孢菌引发，病原菌以分生孢子或菌丝体形式依附病残体越冬，能够靠气流进行传播，喜高温高湿环境。

豇豆红斑病主要危害植株的叶片，通常发生在老叶上，初期叶片上会出现受叶脉限制的多角形或不规则紫红色或红褐色病斑，大小为 2 ～ 15 毫米，其边缘多数为灰褐色，发展到后期病斑中部呈暗灰色，叶背处会生出暗灰色霉层。

防治豇豆红斑病要注意与非豆科蔬菜作物实行 2 ～ 3 年轮作，并及时对保护地进行清洁，深翻土壤清除病残体并对其进行集中处理。在栽培前要对种子进行消毒杀菌处理，进行栽培时要加强栽培管理，注意进行通风降湿，避免为病原菌创造生长繁殖的有利环境。若已发病需要及时进行药剂防治，可以喷施 50% 多菌灵加万霉灵可湿性粉剂 1000 ～ 1500 倍液或 75% 百菌清可湿性粉剂 600 倍液等，每周一次，连续喷施 2 ～ 3 次 [②]。

二、豇豆病毒病害及防治

豇豆病毒病害主要由黄瓜花叶病毒、蚕豆萎蔫病毒和豇豆蚜传花叶病毒等引发，这些病毒通常依附种子或病残体越冬，主要靠蚜虫媒介和农事操作进行汁液接触传播，传播受温度影响严重，适宜的发育温度为 15℃ ～ 38℃，适宜的传播温度为 20℃ ～ 35℃，适宜的传播湿度为 80% 以下。豇豆病毒病害属于喜高温耐干旱病害，通常在光照强度较高和光照时间较长的条件下发病会严重，潜育期为 10 ～ 15 天。

豇豆病毒病害若出现在苗期，表现为植株严重矮化乃至枯死，叶片呈花叶畸形，成株受害主要表现为嫩叶会呈现明脉或不明显的明脉，之后叶片会呈花叶畸形，受害严重的病株生长会受到抑制且结荚较少，受害的荚果会出现畸形果，豆粒上会产生黄绿花斑。

防治豇豆病毒病害需要选用抗病毒品种，通常青色种比较易染病。在进行

---

① 潘子龙，等 . 保护地菜豆豇豆荷兰豆种植难题破解 100 法［M］. 北京：金盾出版社，2008：114-115.

② 崔香红 . 保护地蔬菜医生［M］. 延吉：延边人民出版社，2002：84.

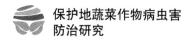
栽培时要注意防治蚜虫，并进行合理的水肥管理，要注意光照强度和光照时长的管理，若已发病可以在初期及时喷施 20% 病毒宁水溶性粉剂 500 倍液或 20% 病毒 A 可湿性粉剂 500 倍液进行针对性防治，可以配合喷施新高脂膜 800 倍液来增加药效和降低病毒入侵。

第三节　豆科蔬菜作物主要虫害及防治

一、花蓟马

花蓟马属于缨翅目蓟马科，主要虫害在南方发生，会危害豌豆、蚕豆、扁豆、白菜等蔬菜作物及杂草，主要危害蔬菜作物的花瓣，其次是危害植株叶片。

（一）外形特征

花蓟马主要有 3 种形态：其一是卵，花蓟马的卵正面呈鸡蛋形，侧面则呈肾形，有卵帽，在临近孵化时会出现明显的红色眼点；其二是若虫，共有 4 龄，卵孵化后为 1 龄若虫，其触角有 7 节，体长 0.3 ～ 0.6 毫米，触角的第 4 节膨大如同鼓槌，2 龄若虫通常为橘黄色，体长 0.6 ～ 0.8 毫米，3 龄若虫生翅，其翅芽能到腹部第 3 节，体长 1 ～ 1.2 毫米，也被称为前蛹，4 龄若虫为伪蛹，触角分节不明显，其身体背面有黄色晕环，触角从头部折向胸背部；其三是成虫，雌虫体长约 1.4 毫米，头、胸、前腿节端部和胫节均为浅褐色，其余部位为褐色，触角第 1 节、第 2 节、第 6 节、第 7 节、第 8 节为褐色，第 3 节和第 5 节后半端为黄色，雄虫比雌虫略小，通体呈黄色。

（二）生活习性

花蓟马在南方一年可以发生 10 个世代以上，在 20℃左右完成一代仅需 20 ～ 25 天，通常会以成虫形式依附病残体或在土壤表层中越冬，且世代重叠严重。卵通常会被产在蔬菜作物的花内组织中，如花瓣、花柄、花丝和子房等，在花瓣产卵机会最大，1 龄若虫和 2 龄若虫危害严重，但若虫活动力不强，3 龄若虫和 4 龄若虫不再进行取食，成虫具有很强的迁飞性，能够通过门窗和通风口等进入保护地，通常在中温和高湿环境中会大量繁殖从而危害作物，且伪蛹羽化为成虫后 2 ～ 3 天即可交尾产卵。主要危害植株的花瓣，若虫和成虫会聚集在花内进行取食，植株的花瓣和花器受害后会出现白化现象，在经过日晒之后病斑呈现黑褐色，严重时会造成花朵萎蔫，叶片有时也会被吸食，受害后呈现出银白色条纹，严重时会出现枯焦萎缩。

（三）防治方法

防治花蓟马需要及时清洁保护地，其中的杂草、病残体等要及时清理并集中处理，因为花蓟马主要危害花朵，因此可以在花期进行药剂防治，可喷施50%辛硫磷乳油1500倍液、10%吡虫啉可湿性粉剂2000倍液或25%杀虫双水剂400倍液等。

二、豆蚜

豆蚜属于同翅目蚜科，北方虫害较为严重，其寄主非常广泛，包括蚕豆、豌豆、菜豆、豇豆、花生、苜蓿等豆科蔬菜作物，其成蚜和若蚜会聚集在植株嫩叶、嫩茎、花序及豆荚上吸食汁液同时分泌蜜露，这不仅会造成植株叶片卷缩发黄，嫩叶或嫩茎萎缩呈龙头状，还会诱发植株煤污病，受害严重的植株矮小且生长停滞，容易落花落果，结荚减少甚至整个植株死亡。

（一）外形特征

豆蚜的主要形态有4种，为无翅若蚜、有翅若蚜、无翅孤雌蚜和有翅孤雌蚜，若蚜有4龄。无翅若蚜通常为灰紫色或黑褐色，体形很小；有翅若蚜通常为黄褐色，身体被薄蜡粉包裹，腹管细长呈黑色，翅芽的基部为暗黄色；无翅孤雌蚜体形肥胖，为褐色或紫褐色，有光泽，触角主要为黑色和淡黄白色，体长1.8～2毫米；有翅孤雌蚜为长卵形，身体主要是墨绿色或黑紫色，腹部颜色稍淡且有灰黑色斑纹，翅脉为橙黄色，体形比无翅孤雌蚜略小，体长1.5～1.8毫米。

（二）生活习性

豆蚜适宜的生长发育温度为8℃～35℃，适宜的湿度范围是60%～70%，在22℃～26℃环境下若虫历时4～6天即可成熟，若环境适合完成一代仅需7天，在长江流域每年能够发生20个世代。豆蚜能够以若蚜形式在寄生植株心叶或叶背处越冬，也能够以有翅孤雌蚜形式飞迁到越冬蔬菜作物上越冬。豆蚜具有较强的扩散能力和飞迁能力，春季和秋季属于发生高峰期，其对银灰色有趋避性，对黄色有强趋性。

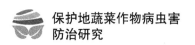
（三）防治方法

防治豆蚜可以采用物理方法，在保护地设置黄色粘板能够有效诱杀带有迁飞能力的有翅蚜，也可以在栽培前在保护地外布置银灰色带子以减少蚜虫进入保护地。若已出现豆蚜要及时进行药剂防治，可每亩喷施 30 ～ 35 克 12.5% 吡虫啉水可溶性浓液剂 3000 倍液、20 ～ 25 克 20% 康福多浓可溶剂 4000 ～ 5000倍液或 50 克 50% 抗蚜威可湿性粉剂 2000 倍液等，每周一次，连续喷施 2 ～ 3 次。

三、豌豆彩潜蝇

豌豆彩潜蝇属于双翅目潜蝇科，也被称为豌豆潜叶蝇或叶蛆，通常危害豇豆、蚕豆、荷兰豆等豆科蔬菜作物，也能危害白菜、油菜、萝卜等十字花科蔬菜作物及番茄等茄科蔬菜作物。

（一）外形特征

豌豆彩潜蝇有 4 种形态，分别是蛹、卵、幼虫和成虫。蛹通常为长椭圆形，形态较为扁平，初化蛹时为乳黄色，之后逐渐变为黄褐色或黑褐色，长 2.1 ～ 2.6 毫米；卵的表面较为光滑，为半透明乳白色或灰白色椭圆形，长大概 0.3 毫米；幼虫有 3 龄，初始孵化时为乳白色体表柔软光滑的小蛆状幼虫，取食后变为黄白色或鲜黄色，老熟幼虫体长 3.2 ～ 3.5 毫米；成虫体长 2 ～ 3 毫米，翅展 5 ～ 7 毫米，整体暗灰色，头部短而宽，呈黄色，翅为透明，伴有紫色闪光，后翅退化为黄色或橙黄色平衡棒。

（二）生活习性

豌豆彩潜蝇一年能发生 4 ～ 18 个世代，且易出现世代重叠，北方区域通常以蛹的形式在受害叶片中越冬，南方区域则以蛹的形式越冬，少数会以幼虫和成虫形式越冬。其特性是不耐高温，35℃以上就会活动力减弱甚至直接死亡，可以蛹的形式越夏，温度降低后再次为害。

豌豆彩潜蝇的成虫较为活跃，通常在白天活动夜间潜伏，如果夜晚温度达到 15℃ ～ 20℃也会爬行飞翔，通常会通过吸食叶片汁液和糖蜜来补充营养，蛹羽化为成虫后 1 ～ 3 天开始产卵，多数会将卵产在嫩叶的叶背边缘，会先用产卵器刺破叶背边缘的表皮再进行产卵，有卵的叶片会呈现灰白色小斑点。卵期在高温季节为 4 ～ 5 天，在春秋季节为 9 天。幼虫孵化后会从叶缘向内取食，其向叶片内取食会形成灰白色弯曲的隧道，食用叶片中的叶肉仅留表皮，随着幼虫长大，隧道会盘旋伸展并逐步加宽，幼虫期通常为 5～15 天。3 龄老熟幼虫会在啃食出的隧道末端化蛹，且化蛹时会将隧道末端的表皮咬破，将蛹的前气门与外界相通，蛹期为 8～21 天，羽化时其直接从气门钻出，根据这一气门与外界相通的特性可以在蛹期喷药，能够起到很好的防治效果。成虫吸食花蜜和叶片汁液，善飞且会爬行，趋化性较强。

豌豆彩潜蝇的成虫较耐低温，在 16℃左右可快速生长发育产卵，幼虫和蛹发育所需温度稍高，在 22℃环境下，豌豆彩潜蝇发生一代时间最短，仅需要 19～21 天。豌豆彩潜蝇严重危害叶片后还会造成叶片枯死，同时还能够危害豆科蔬菜作物的豆荚，从而造成严重减产。

（三）防治方法

防治豌豆彩潜蝇要注意保护地清洁，要及时将保护地内的杂草及病残体进行清理并集中处理，减少大部分虫源。在栽培过程中可以利用成虫强趋化性进行诱杀，例如，用诱杀剂点喷植株，诱杀剂可以用胡萝卜或甘蓝煮液，混合 0.5% 敌百虫毒剂，每 3～5 天运用一次，连续用 5～6 次能够有效控制虫量。若已发生虫害可以在早晨或晚上进行药剂防治，可喷施 20% 康福多乳油 2000 倍液或 18% 杀虫双水剂 500 倍液等，注意交替使用，避免出现抗药性。有条件的地区也可以用生物防治的方式，释放蚜小蜂、黑卵蜂或小茧蜂等，能够达到 80% 左右的灭虫效果。

四、蜗牛

危害蔬菜作物的蜗牛主要是软体动物门腹足纲的巴蜗牛科，也被称为水牛，能够危害豆科、十字花科、茄科、葫芦科及百合科的蔬菜作物，也会危害粮食作物和果树等，是一种杂食性害虫。

（一）外形特征

危害蔬菜作物的蜗牛主要有两种，一种是同型巴蜗牛，另一种是灰巴蜗牛。同型巴蜗牛初生的卵为有光泽的乳白色圆球，直径约 1.5 毫米，之后逐渐变为淡黄色，临近孵化时颜色会变为土黄色，孵化后幼贝体形很小，形态很像成贝；成贝的壳高 12 毫米、宽 16 毫米，通常有 5～6 个螺层，壳质厚且坚实，贝壳大小中等，前几个螺层增长较为缓慢，螺旋部位比较低矮，壳面呈褐红色或黄褐色，有稠密细致的生长线，壳口为马蹄形，口缘非常锋利；成贝爬行时体长大约 30 ～ 36 毫米，分为头、足和内脏囊 3 个部分，头部有两对可翻转收缩的触角，复眼在后触角顶端，其口器位于头部的腹面，具有触唇，有发达的齿舌和腭片。灰巴蜗牛的卵也为圆形，整体形态类似同型巴蜗牛，成贝的壳更大，通常高 19 毫米、宽 21 毫米，壳顶较尖且缝合线深，壳口并非马蹄形而是椭圆形，壳面为黄褐色或琥珀色。

（二）生活习性

以上两种蜗牛通常混合发生，一年发生 1 个世代，通常以幼贝和成贝形式在病残体、杂草或阴暗潮湿处进行越冬，越冬时壳口有白膜封闭，温度较高时就会活动并取食，虫害多发于早春和秋季，夏季温度较高、空气较干燥时其会潜伏在土中或植株根部进行越夏，若湿度较大时也会活动取食，整体而言，属于喜阴湿温暖环境的害虫，其幼贝和成贝都能够以齿舌刮食植株的茎叶从而造成缺刻或孔洞，严重时会吃光植株叶片、咬断嫩茎，从而造成幼苗死亡断垄，且会在叶片排留黑褐色虫粪，对植株造成很大影响。

（三）防治方法

防治蜗牛可以采用地膜覆盖的方式栽培，这样能够有效降低环境湿度，从而减少蜗牛危害，在栽培前要保证保护地清洁，可以在田园四周和垄间撒石灰带进行防治，每亩施用石灰 5 ～ 10 千克为佳。在进行栽培时要注意通风降湿，且要保证光照，及时将病残体、老叶片及杂草杂物等清理出去。若虫害发生可以采用诱杀方式进行蜗牛清理，利用其昼伏夜出和喜阴暗潮湿环境的特性，可以在保护地用树叶、杂草及菜叶等设置诱集堆，蜗牛白天会躲藏在其中，方便进行集中捕捉。

药剂防治有灭虫药剂或诱捕药剂两种方法。可以在潮湿土壤处每亩施用 0.75% 除蜗灵毒饵 500 克诱杀蜗牛，或用玉米粉或豆饼等辅以 2.5% ～ 6% 蜗牛敌药剂做成毒饵，傍晚放置于垄间诱杀蜗牛；也可以每亩用 8% 灭蛭灵 2 千克拌细土 5 千克撒于植株行间，或在清晨蜗牛尚未潜伏时喷施灭蛭灵或氨水 70 ～ 100 倍液，施用 1% 食盐水也能有效灭杀蜗牛，盐会令蜗牛身体表面的黏液渗出体外从而造成萎缩，致使蜗牛细胞缩水如同晒干最终死亡。

五、野蛞蝓

野蛞蝓也被称为鼻涕虫，属于软体动物门腹足纲蛞蝓科，危害范围和蜗牛类似，豆科、十字花科、茄科等蔬菜作物都会遭到危害。

（一）外形特征

野蛞蝓的形态有 3 个阶段：卵通常为白色透明状，可以通过表皮看到其内的卵核，直径 2～2.5 毫米，临近孵化时颜色会加深；初步孵化的幼体长 2～2.5 毫米，30 天左右可以长到 8 毫米，颜色为淡褐色，特征和成体相同；成体主要特点是柔软无外壳，多数为长菱形，体长 20～25 毫米，爬行时为 30～36 毫米，颜色多样，有暗灰色、黄白色和灰红色，少数品种身体上有不明显的斑点或暗带，其头部前端有 2 对暗黑色触角，头部近腹有口，其内有角质齿舌，能够刮食植株，体背的前端有一个其内包含退化贝壳的盾板，占据身体的1/3 左右，边缘稍微卷起，身体能够分泌黏液。野蛞蝓的整体外形就如同没有壳的蜗牛。

（二）生活习性

野蛞蝓在长江以南一年可发生 2～6 个世代，能够以成体或幼体的形式在蔬菜作物根部的湿润土壤中越冬，通常在春季和秋季危害严重。野蛞蝓昼伏夜出，非常怕光，在强光之下 2～3 个小时就会死亡，通常白天会隐藏在土壤中或阴暗处，耐饥力很强，能够在食物短缺或外界环境不良的情况下不吃不动存活较长时间，20%～30% 的土壤湿度、11℃～18℃的温度最适合其生长发育。主要危害蔬菜作物的嫩叶、幼芽和嫩茎，叶片会受到刮食从而出现缺刻或孔洞，并被其排泄的粪便污染从而易于被感染，幼芽和嫩茎受害后会出现缺顶或折断现象，从而引起植株缺失断垄。

（三）防治方法

因为野蛞蝓和蜗牛类似，且没有蜗牛身上保护自身的外壳，所以可以采用高浓度盐水灭杀，在野蛞蝓身上撒盐，数分钟后其就会脱水而死亡。其他防治方法和蜗牛相同。

第七章
十字花科蔬菜作物病虫害及防治

第一节　白菜主要病害及防治

一、白菜真菌病害及防治

（一）白菜炭疽病

白菜炭疽病主要由半知菌亚门真菌中的希金斯刺盘孢菌引发，病原菌能够依附病残体在土壤中越冬，也可依附在种子上越冬，通常通过气流和灌溉水进行传播。白菜炭疽病属于喜高温高湿病害，在通风透光效果较差的环境中很容易发生。

白菜炭疽病主要危害植株的叶片、花梗和种荚，十字花科蔬菜作物通常叶片受害较为严重，叶片受害初期会出现水渍状白色或失绿斑点，之后斑点逐渐扩展变化为圆形或近圆形灰褐色病斑，病斑通常中间凹陷呈半透明薄纸状，严重时中间部位会穿孔且病斑变为灰色，叶背受害主要表现在叶脉上，其上会出现凹陷的条状褐色病斑，叶柄、花梗和种荚受害会形成凹陷的梭形或扁圆形灰褐色病斑，在空气湿度较大的环境下病斑上会生有红色黏稠物。

防治白菜炭疽病需要选用抗病品种，并在栽培前对种子进行消毒杀菌处理，避免种子携带病原菌危害幼苗，栽培过程中要注意通风降湿，同时需要及时摘除病残体等并对其进行集中处理。若已发病需及时进行药剂防治，可以选用 70% 甲基托布津可湿性粉剂 1000 倍液或 40% 多硫悬浮剂 500 倍液等进行喷施，每周一次，连续喷施 3 次[1]，要交替使用不同药剂，避免病原菌产生抗

---

[1] 李桂舫，吴献忠.保护地蔬菜病虫害防治［M］.北京：金盾出版社，2002：189.

药性。

（二）白菜白粉病

白菜白粉病主要由子囊菌亚门真菌中的十字花科白粉菌引发，病原菌能够依附病残体在土壤中越冬，分生孢子通常靠气流进行传播，并会在植株的表皮萌发侵染菌丝完成入侵，菌丝能够在受害植株表皮不断伸长，因此病害会迅速蔓延到全株。

白菜白粉病主要危害十字花科蔬菜作物的叶片、茎、花器及种荚，初步受害时病部会出现白色粉状霉层，通常为放射状近圆形粉斑，严重时病斑会遍布植株各个部位，令叶片失绿黄化最终干枯，甚至造成整个植株干枯，种子若受害则会非常瘦瘪。

防治白菜白粉病需要选用抗病品种，在栽培前要注意清洁土壤，进行深耕细耕，将病残体和杂草等清除干净并集中处理，这样能够有效减少病原菌数量。栽培过程中施肥要均匀，要避免氮肥过量，若已发病需要及时进行药剂防治，可选用 20% 三唑酮乳油 2500 倍液或 15% 三唑酮可湿性粉剂 250 倍液等进行喷施，每周一次，连续喷施 2 次。

（三）白菜菌核病

白菜菌核病主要由子囊菌亚门真菌中的核盘菌引发，病原菌会以菌核形式在土壤中越冬、越夏，或依附采种株、种皮进行越冬、越夏，病原菌菌丝的生长发育和菌核形成的适宜温度为 0℃～30℃，最适宜的温度为 20℃，最适宜的空气湿度为 85% 以上。在外界环境适宜时菌核会萌发分生孢子，分生孢子会通过气流进行传播，萌发可在 48 小时内完成。在受害区域，白菜菌核病可以通过植株间的接触进行传播，属于喜高湿低温病害。

白菜菌核病主要危害白菜植株的根茎，若种植带菌种子，幼苗期就会发病，受害较轻时幼苗没有明显症状，但严重时幼苗根茎会出现腐烂并产生明显白色霉层。成株受害时，根茎表皮会发生腐烂，其茎部中心部位会出现空洞，高湿环境下病部外会出现白色丝状物或黑色鼠粪状菌核。因为病害主要危害根系，所以属于毁灭性病害，轻则植株根部腐烂，植株矮小减产，重则植株根茎折断，整株枯死而绝产。

防治白菜菌核病需要和非十字花科蔬菜作物实行 3 年以上轮作，在每茬蔬菜作物收获后都需要进行深耕,将病残体和杂草等彻底清除并集中处理,进行栽培前要对种子进行消毒杀菌处理,可用普通的温水浸种杀菌,也可用 50% 多菌灵可湿性粉剂进行拌种,药剂量为种子重量的 0.4%,栽培过程中要注意通风降湿,增强光照。若已发病要及时进行药剂防治,可喷施 70% 甲基托布津可湿性粉剂 1000 倍液或 50% 速克灵可湿性粉剂 1000 倍液等。若想进行预防也可以在定植前用药剂进行蘸根,可用菜丰宁 100 克兑水 15 ~ 20 升,将白菜的根蘸一下再定植,这样能够有效起到防治效果。

二、白菜细菌病害及防治

白菜细菌病害主要为黑腐病和软腐病,这里主要介绍白菜黑腐病,其主要由细菌中的野油菜黄单胞菌野油菜黑腐病致病型引发,病原菌能够依附种皮和病残体进行越冬,若种植带菌种子有时甚至会导致不出苗,栽培过程中黑腐病的传播主要通过气流、灌溉水及农事操作等,病原菌通常通过植株的伤口和叶片叶缘水孔入侵,当空气湿度较大叶片结露时病原菌易于传播入侵。

幼苗受害时子叶会呈现水浸状病斑,根髓部会变黑最终导致幼苗枯死;成株受害初始症状体现在叶缘上,先是叶缘叶脉变黑或出现叶斑,然后病斑向两侧或叶片内部扩展,会形成 V 字形大病斑,整体表现为病部叶脉变黑,湿度较大时受害叶片会腐烂,而空气湿度低、比较干燥时受害叶片会变脆变干。病原菌能够随着植株的维管束进行蔓延,很容易形成系统侵染。

防治白菜黑腐病需要和非十字花科蔬菜作物实行 2 年以上轮作,在进行栽培前要对种子进行消毒杀菌处理,栽培过程中要注意通风降湿,避免高湿环境出现。若已发病需要及时进行药剂防治,可选用 60% 抑霉灵 500 倍液或 72% 农用链霉素可溶性粉剂 4000 倍液进行喷施,每周一次,连续喷施 2 ~ 3 次,发现病株后要及时拔除,并及时向病穴撒石灰进行消毒。

白菜的真菌病害和细菌病害,和甘蓝相关病害属于同类真菌和细菌侵染,所以这里仅介绍其中一部分,其他真菌病害和细菌病害会在甘蓝相关病害介绍中一一体现。

三、白菜病毒病害及防治

白菜病毒病害主要由烟草花叶病毒、黄瓜花叶病毒、芜菁花叶病毒等引发，病毒能够在白菜采种株上越冬，也能够在杂草或病残体上越冬，通常通过各类蚜虫媒介和汁液接触进行传播，当环境气温较高、空气湿度较低、比较干旱时病毒容易萌发，在空气湿度达到 80% 以上时病毒不易萌发。

通常白菜在拥有 6 片真叶之前容易受害，拥有 6 片真叶后受害则明显减轻，连作严重时白菜受害较为严重。白菜幼苗期染病初期心叶会出现明脉且会沿叶脉失绿，之后呈现出花叶，叶片发生皱缩并变脆，通常病株会矮缩，叶片呈现出浓绿、淡绿及黄绿相间的斑驳，染病较重的植株叶片会皱缩成一团，叶面上密布褐色斑点，叶背上的叶脉会出现褐色的坏死状条斑且出现裂痕，整个植株根系不发达，难以结球。如果受害较轻，可能表现为叶片的半边出现皱缩，能够结球但结球不够紧实，球内叶片会出现灰色斑点。染病的植株抽薹晚，抽出来的薹也较短且扭曲畸形，植株抽薹前后很容易死亡。

防治白菜病毒病害首先需要选用抗病毒品种，并和非十字花科蔬菜作物实行 3 年以上轮作，在栽培前要对保护地进行彻底清洁，将杂草、杂物及病残体等及时清除并集中处理，栽培时要注意苗期管理以培育出壮苗，还需要积极进行蚜虫防治，可以根据蚜虫的趋性，在通风口或门窗处布置银灰色膜片避免蚜虫入侵传播，田间可以布置黄色粘板或粘纸，有效控制蚜虫数量。若已发病要及时进行药剂防治，可选用 20% 病毒净 500 倍液或 20% 病毒 A 可湿性粉剂 500 倍液等进行喷施，每周一次，连续喷施 2～3 次。

第二节　甘蓝主要病害及防治

一、甘蓝真菌病害及防治

（一）甘蓝黑根病

甘蓝黑根病主要由半知菌亚门真菌中的立枯丝核菌引发，其有性阶段为丝核薄膜革菌，属于担子菌亚门真菌。病原菌能够以菌核的形式在土壤中越冬，其主要靠接触进行传播，如果土壤含有菌丝，植株的根、茎、叶等接触到土壤就会被侵染，健康枝叶和病叶进行接触也会染病，另外，进行农事操作时不当的接触也会造成病害传播。

甘蓝黑根病的病原菌菌丝生长适宜温度为 20℃～30℃，在 25℃左右生长发育最快，其适应温度范围极广，在 6℃～40℃均能侵染植株，甘蓝黑根病属

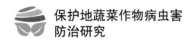
于喜高温高湿病害。其主要危害甘蓝幼苗的根部，受害幼苗的根部会变细变黑，有时根部外部还会覆盖少量白色丝状物，严重时植株会萎蔫乃至死亡。

防治甘蓝黑根病需要选用抗病品种，同时要注意壮苗培养，以此提高植株的抗性，栽培前可以对土壤进行消毒杀菌处理，栽培时要注意通风降湿，避免地温过高或过低。若已发病要及时进行药剂防治，可喷施 75% 百菌清可湿性粉剂 800 倍液等。

（二）甘蓝黑斑病

甘蓝黑斑病主要由半知菌亚门真菌中的甘蓝链格孢菌引发，病原菌能够以菌丝体或分生孢子形式在土壤中或依附病残体、种子越冬，比较适宜其生长发育的温度为 25℃～ 27℃，病原菌可在 10℃～ 35℃范围内进行传播，且主要通过气流和灌溉水进行传播。

甘蓝黑斑病主要危害甘蓝的叶片，受害叶片初期会出现明显的同心轮纹，呈现出灰褐色或黑褐色的圆形病斑，周围是黄色晕环，病斑通常为 5 ～ 30 毫米，若外部湿度较大，病斑上还会出现黑色霉层。受害严重时病斑会变多，叶片会变黄并干枯。叶柄受害后会出现稍微凹陷的梭形或条状黑褐色病斑，其上具有黑色霉层。

防治甘蓝黑斑病需要选用抗病品种，且需要加强栽培管理，避免保护地出现高湿环境，注意保证保护地清洁，及时清理病残体，可以将病残体埋入土壤深处促进其腐解。栽培前需要对种子进行消毒杀菌处理。若已发病要及时进行药剂防治，可以选用 1.5% 多抗霉素可湿性粉剂 300 倍液或 70% 甲基托布津可湿性粉剂 1000 倍液等进行喷施，每周一次，连续喷施 2 ～ 3 次。

（三）甘蓝黑胫病

甘蓝黑胫病主要由半知菌亚门真菌中的黑胫茎点霉菌引发，也被称为根腐病或根朽病。病原菌会以菌丝体形式依附在种子或病残体上越冬，也可以在带病采种株上越冬，依附在病残体上能够在土壤中存活 2 ～ 3 年，当温度达到 20℃左右时，菌丝体会产生分生孢子，分生孢子通过灌溉水和昆虫媒介进行传播。播种带菌种子会直接造成病原菌侵染子叶，之后侵染幼茎。甘蓝黑胫病属于喜高温高湿病害，在干旱环境下容易受到抑制。

甘蓝黑胫病在植株苗期危害严重，也会对成株造成危害。苗期发病后幼苗的子叶、真叶及幼茎会出现生有黑色粒点的圆形或椭圆形灰色病斑，茎基部容易因为溃疡腐烂而折断，最终导致植株枯死，病株移栽后病斑会向茎基部和根部蔓延，在根部形成紫黑色条斑最终引起主根和侧根腐烂死亡。成株期受害后叶片上会生出中央灰白色且生有黑色粒点的圆形或不规则病斑，病株的茎部和根部会出现已变黑的维管束组织，若将病株进行贮存，叶球容易出现干腐症状。

防治甘蓝黑胫病需要选用抗病品种，进行栽培前要对种子进行消毒杀菌处理，保护地要和非十字花科蔬菜作物实行 3 年以上轮作，栽培过程中要注意水肥供应，避免高湿环境出现，可采用高垄栽培，定植时需要注意避免损伤幼苗根部，若发现病苗需及时拔除并集中处理。另外，需要注意防治种蝇等地下害虫，其不仅会危害甘蓝，还会造成植株出现伤口使植株很容易受到病原菌侵染。若已发病要及时进行药剂防治，可选用 70% 甲基托布津可湿性粉剂 1000 倍液、50% 多菌灵可湿性粉剂 600 ～ 800 倍液或 75% 百菌清可湿性粉剂 500 ～ 600 倍液进行喷施，每 5 天一次，连续喷施 3 ～ 4 次[①]。

（四）甘蓝白斑病

甘蓝白斑病主要由半知菌亚门真菌中的白斑小尾孢菌引发，病原菌能够以菌丝块或菌丝体形式依附在种子上越冬，条件适宜时会萌发分生孢子，之后分生孢子从植株的气孔入侵，能够通过气流和灌溉水进行传播。病原菌流行的适宜温度是 5℃～ 28℃，适宜湿度在 60% 以上。通常多年连作和昼夜温差较大的保护地易发病。

甘蓝白斑病主要危害叶片，受害初期叶片会散生很多圆形褐色小斑点，之后斑点扩展为近圆形或长圆形病斑，病斑中心会变为白色或灰白色，其边缘有时会形成 1 ～ 2 个不规则轮纹或晕环，病斑叶背周围有时会出现污绿色晕环。空气较为干燥时病斑会变为白色膜状斑，可能会发生破裂或脱落造成叶面穿孔，空气较为潮湿时病斑表面会出现暗灰色霉层。受害严重时叶片病斑会连成片，使病叶由外向里发生干枯。

防治甘蓝白斑病需要选用抗病品种，在栽培前要对种子进行消毒杀菌处理，保护地要和非十字花科蔬菜作物实行 3 年轮作，要及时清理田园间的病残体并避免积水和高湿环境出现。若已发病需要及时进行药剂防治，可选用 50%

---

① 李桂舫，吴献忠 . 保护地蔬菜病虫害防治［M］. 北京：金盾出版社，2002：175.

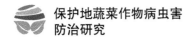

多菌灵可湿性粉剂 600 倍液或 70% 甲基托布津可湿性粉剂 1000 倍液进行喷施，每周一次，连续喷施 2～3 次。

（五）甘蓝霜霉病

甘蓝霜霉病主要由鞭毛菌亚门真菌中的甘蓝霜霉菌引发，病原菌能够在冬季保护地生长的甘蓝或油菜等病株上越冬，也能够随病残体或种子越冬，通常通过气流和灌溉水进行传播，适宜传播的温度为 16℃、空气湿度为 80% 以上，喜高湿温暖环境，当温度在 20℃～24℃时病原菌生长发育加快及传播性增强。

甘蓝霜霉病主要侵染叶片，初始时叶片会出现失绿性斑点，扩展后会因为受叶脉阻碍形成稍微凹陷的不规则或多角形 5～10 毫米或更大的病斑，病斑颜色通常为淡黄褐色或黄色，若外部环境较为潮湿会在病斑背面生出白色霉层，严重时受害叶片的病斑会连片，最终导致病叶干枯，高温环境下病斑容易成为黄褐色枯斑。

防治甘蓝霜霉病需要选用抗病品种，并和非十字花科蔬菜作物实行轮作，在进行栽培前要对种子进行消毒杀菌处理，栽培过程中要注意通风降湿、增强光照，在苗期需要注意水分管理，避免湿度过大，同时要促进幼苗的根系发育提高抗性，包心之后则要注意水肥供应。若已发病要及时进行药剂防治，可以选用 64% 杀毒矾可湿性粉剂 800 倍液或 75% 百菌清可湿性粉剂 500 倍液等进行喷施，每周一次，连续喷施 3～4 次。

（六）甘蓝白锈病

甘蓝白锈病主要由鞭毛菌亚门真菌中的白锈菌或大孢白锈菌引发，病原菌主要以卵孢子形式在土壤中越冬，也会依附种子越冬，还能够以菌丝体形式依附采种株越冬，能够随气流进行传播。甘蓝白锈病发生的适宜温度为 10℃左右，属于喜低温高湿病害。

甘蓝白锈病主要危害叶片，受害叶片正面会生出黄绿色病斑，病斑叶背处会出现白色隆起的疱斑，疱斑破裂会散发出白色粉状孢子囊。植株茎部受害会发生肥肿畸形，其病斑处会出现白色疱斑。

防治甘蓝白锈病需要和非十字花科蔬菜作物实行 2～3 年轮作，要及时清洁保护地，将病株、病叶等及时清除并集中处理。若已发病要在初期及时进行药剂防治，可以选用 25% 甲霜灵可湿性粉剂 800 倍液或 64% 杀毒矾可湿性粉剂 700 倍液等进行喷施，每周一次，连续喷施 2 ～ 3 次。

（七）甘蓝根肿病

甘蓝根肿病主要由鞭毛菌亚门真菌中的芸薹根肿菌引发，病原菌主要以休眠孢子形式依附病残体越冬和越夏，能够在土壤中存活 6 ～ 7 年，通常通过灌溉水和昆虫媒介进行传播，发育适宜的温度为 9℃ ～ 30℃，适宜的土壤湿度为 70% ～ 90%，当土壤湿度在 45% 以下时病原菌活力降低，在微酸性土壤中发病严重，而在微碱性土壤中发病较轻。

甘蓝根肿病主要危害植株的根系，会令植株地上部分矮化且下部叶片出现间歇式萎蔫，最后让叶片变黄枯萎，严重时会造成整株死亡。受害植株的主根通常会有鸡蛋大小，而侧根会生出米粒大小的肿瘤，根系开裂的位置会溃烂并散发恶臭气味。

防治甘蓝根肿病需要和非十字花科蔬菜作物实行 3 ～ 4 年轮作，在进行栽培前可以对土壤进行改良，可每亩撒石灰 100 ～ 150 千克进行深耕，令土壤呈现微碱性，这样可以有效抑制病害发生。当出现病株后要及时将病株拔除并集中处理，在病株所在穴内要撒石灰粉进行消毒。可以用药物灌根来进行防治，可用 20% 甲基立枯磷乳油 1000 倍液灌根，每株施用 0.4 ～ 0.5 升药液。若土壤湿度较大可以撒药土防治，每亩用 40% 拌种双粉剂 3 ～ 4 千克拌细干土 50 千克进行均匀铺撒，也可以将细土混着石灰均匀撒在植株周围。

二、甘蓝细菌病害及防治

甘蓝细菌病害主要由细菌中的胡萝卜软腐欧文氏菌胡萝卜软腐致病型引发，病原菌主要在病株和病残体组织中越冬，能够存活很长时间，在环境适宜时会通过灌溉水、昆虫媒介进行传播，主要从植株的伤口入侵，能够在 5℃ ～ 39℃环境下生长发育，最适宜的繁殖温度为 25℃ ～ 30℃。

甘蓝细菌病害即甘蓝软腐病，主要症状是受害部位初始时呈现半透明浸润状，之后变为褐色且变软腐下陷，会生出污白色细菌溢脓，有恶臭味且触摸有黏滑感。植株受害初期会在中午阳光充沛时萎蔫，早晚则会恢复，严重时萎蔫下垂的外叶将不再恢复，从而令叶球暴露，植株的叶茎部和根茎部的心髓组织会完全腐烂，充斥恶臭气味且充满灰黄色黏稠物，轻微用力即可令叶球落下。有些会从外叶的边缘开始腐烂并向下蔓延，也有些会从心叶顶端开始腐烂向下

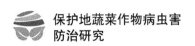
蔓延，最终造成根茎和叶茎腐烂。

防治甘蓝细菌病害需要选用抗病品种，并和非十字花科蔬菜作物实行轮作，栽培前可用 75% 农抗可湿性粉剂 1500 倍液 15 毫升拌 200 克种子，这样能够有效提高植株的抗病性。在进行栽培时要注意避免土壤湿度过大，采用高畦栽培并做好排水，要避免大水漫灌，同时注意防虫害以减少植株伤口。若发现病株要及时拔除并集中处理，病株所在的病穴要撒石灰粉进行消毒，并进行药剂防治，可用 0.02% 新植霉素或农用链霉素进行喷施，可同时结合灌根处理[①]。

三、甘蓝病毒病害及防治

甘蓝病毒病害主要由病毒中的黄瓜花叶病毒、烟草花叶病毒和芜菁花叶病毒引发，病毒能够在甘蓝、白菜或萝卜等病株上越冬，可通过蚜虫进行传播，也可通过汁液接触传播，因此需要注意农事操作过程中的工具消毒。在高温干旱环境下，土壤地温高、湿度低时，病害容易发生且易传播，通常会侵染七叶期以前的幼苗，会造成甘蓝和白菜无法结球。

甘蓝病毒病害的主要症状是幼苗叶片上会生出直径 2～3 毫米的失绿圆斑，尤其在迎光情况下非常明显，后期病斑会呈现出淡绿色或黄绿色斑驳，通常病株结球困难或结球疏松，非常容易造成甘蓝产量降低。

防治甘蓝病毒病害需要选用抗病毒品种，在进行栽培时要注意避免连作，及时对保护地进行清洁和消毒处理，在进行间苗时要注意对双手进行消毒，先进行健康苗处理再进行病苗处理。栽培管理要注重蚜虫防治，可以使用防虫网或银灰色膜条对保护地进行防护。若发现病株要及时进行药剂防治，可以选用 20% 病毒 A 可湿性粉剂 500 倍液等进行喷施，每周一次，连续喷施 2～3 次。

第三节　花椰菜主要病害及防治

花椰菜也叫菜花或花菜，是甘蓝的一种变种，其头部是白色花序，即通常食用的部位是花椰菜的花序部分，其富含多种维生素 B 群和 C 群，因为多数属于水溶性营养，所以花椰菜不适宜长时间高温烹饪和水煮。花椰菜属于喜冷凉半耐寒蔬菜作物，但其耐热和耐寒能力都不如结球甘蓝，因此属于生育环境较

---

① 孙德岭.甘蓝栽培与病虫害防治［M］.天津：天津科技翻译出版公司，2010：61-62.

为狭窄、对环境条件要求较为苛刻的蔬菜作物（图 7-1）。

图 7-1　十字花科蔬菜作物花椰菜

一、花椰菜真菌病害及防治

（一）花椰菜黑斑病

花椰菜黑斑病主要由半知菌亚门真菌中的芸薹链格孢菌引发，病原菌主要以分生孢子或菌丝体形式依附病叶、种皮或病残体等进行越冬，能够通过气流和灌溉水进行传播。整体发病适宜环境为温度 11℃～ 24℃、空气湿度 72%～ 85%，当保护地温度较低、湿度较高时容易发病，不同品种的花椰菜对黑斑病的抗性也有所不同，可以根据情况选择抗性较高的品种。

花椰菜黑斑病主要危害植株叶片、茎、花梗和种荚。叶片受害多数从植株下部和外部叶片开始，初始时会出现水渍状斑点，之后扩展为 5～ 30 毫米大小的圆形且具有明显同心轮纹的灰褐色或褐色大病斑，病斑外围常具有黄色晕环，有时病斑外还会产生黑色霉状物，受害严重时病斑会遍布整个叶片，造成叶片黄化干枯；植株茎部和叶柄受害时通常会出现椭圆形或条形稍微凹陷的暗褐色病斑；花梗和种荚受害时症状类似十字花科蔬菜作物的霜霉病，只是病部上会生有黑色霉状物。

防治花椰菜黑斑病需要选用抗病品种，在进行栽培前要对种子进行消毒杀菌处理，同时要保证保护地内的清洁，进行深耕细耕，将病残体和杂草等及时清理并集中处理，栽培过程中要注意水肥控制，避免高湿环境出现，时常进行通风降湿，并及时摘除老叶、病叶。若已发病需及时进行药剂防治，可以选用75% 百菌清可湿性粉剂 500 ～ 600 倍液或 0.05% 多抗霉素药剂等进行喷施，每10 天一次，连续喷施 2 ～ 3 次 [1]。

（二）花椰菜菌核病

花椰菜菌核病主要由子囊菌亚门真菌中的核盘菌引发，病原菌主要以菌核的形式在土壤中或依附种子越冬、越夏，当外界环境适合时就会萌发形成子囊盘和子囊孢子，主要通过侵染植株的衰老组织来侵染植株的健壮组织。比较适宜其生长繁殖的温度为 20℃左右、空气湿度为 85% 以上，通常连作保护地发病严重。

花椰菜菌核病主要危害茎部，受害植株茎部开始时会出现水渍状病斑，之后其茎部皮层变为褐色，并伴有腐烂现象，干燥之后病部表现为污白色，茎内部髓部半空腐朽呈纤维状，且其内壁会生有很多白色菌丝和黑色菌核，虽然叶球和茎部会发生腐烂，但通常没有恶臭味道。

防治花椰菜菌核病需要和非十字花科蔬菜作物实行 3 年以上轮作，若发病严重，可在保护地闲置时进行土壤深翻 50 厘米以上，或直接进行土壤更换，以减少病原菌的出现。栽培过程中要注意降低室内湿度，及时进行通风降湿。若已发病要及时进行药剂防治，可以喷施 70% 甲基托布津可湿性粉剂 1000 ～ 2000 倍液或 40% 菌核净可湿性粉剂 1000 ～ 1500 倍液等，每 10 天一次，连续喷施 2 ～ 3 次。

（三）花椰菜黑胫病

花椰菜黑胫病主要由子囊菌亚门真菌中的黑胫茎点霉引发，病原菌会以菌

---

① 林宝祥，焦慧艳.保护地蔬菜病虫害防治 [M].哈尔滨：黑龙江科学技术出版社，2008：90.

丝体形式依附病残体或种子越冬，在种子上的病原菌能够存活 3 年以上，当外界条件适宜时菌丝体会产生分生孢子，分生孢子会通过气流、灌溉水及昆虫媒介进行传播，花椰菜黑胫病属于喜高湿病害。

花椰菜黑胫病主要危害幼苗的子叶、嫩茎，成株受害主要体现在根部和叶片。苗期受害时病部会出现灰白色或褐色的病斑，之后病斑蔓延并散生出黑色粒点，茎部受害时病部会出现稍微凹陷的病斑，严重时茎部病斑变大造成病苗缺水枯死。成株受害时病斑主要呈圆形或椭圆形，主根和侧根会出现黑色长条病斑，严重时主根和侧根会腐烂朽败，叶片发黄严重，最终植株枯死。

防治花椰菜黑胫病要和非十字花科蔬菜作物实行 3 年轮作，在栽培前要对种子进行消毒杀菌处理，栽培过程中要注意各种害虫的防治，并对土壤进行药剂处理，避免地下害虫对植株根系造成危害，以防植株感染病原菌。若已发病需要及时进行药剂防治，可选用 60% 多福可湿性粉剂 400 倍液或 70% 百菌清可湿性粉剂 600 倍液等进行喷施，每周一次，连续喷施 2 ～ 3 次。

二、花椰菜细菌病害及防治

（一）花椰菜黑腐病

花椰菜黑腐病主要由细菌中的野油菜黄单胞菌野油菜黑腐病致病型引发，病原菌主要依附在种子或病残体上越冬，初次侵染的病原菌主要来自土壤，之后会随着气流、灌溉水及昆虫媒介进行传播，花椰菜黑腐病属于喜高温高湿病害。

花椰菜黑腐病主要危害花椰菜的叶片，首先是叶片的叶缘处出现黄色斑点，之后斑点开始向叶片内部蔓延，通常呈 V 字形向叶片叶柄处蔓延，最终到达叶柄，病部的症状是其叶脉出现黑点或细黑条，内部维管束会变为黑色，之后病原菌会蔓延到茎和根，最终造成植株叶片枯死且生长受阻。

防治花椰菜黑腐病要和非十字花科蔬菜作物实行 2 年以上轮作，在种植前要对种子进行消毒杀菌处理，并在栽培过程中要注意害虫防治，避免病原菌通过昆虫媒介传播，要及时进行通风降湿，发现病株后要及时拔除并集中处理。若已发病可在初期进行药剂防治，可选用 50% 福美双可湿性粉剂 500 倍液或 80% 代森锰锌可湿性粉剂 500 倍液进行喷施，每周一次，连续喷施 2 次。

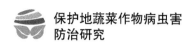
（二）花椰菜软腐病

花椰菜软腐病主要由细菌中的胡萝卜软腐欧氏杆菌胡萝卜软腐致病型引发，病原菌会在病株或病残体内越冬，在外界环境合适时通过气流、灌溉水和昆虫媒介传播，可通过植株地上部位的伤口和自然孔洞入侵。

花椰菜软腐病主要危害植株的叶片。病原菌一般从叶片的叶缘开始入侵，之后沿叶脉向叶片内蔓延，最终造成叶片腐烂，腐烂叶片会在较为潮湿的环境中快速腐败为黏滑状褐色腐烂物；病原菌有时也会从植株下部叶片的叶柄或根茎处开始入侵，最终引起叶柄基部和茎髓组织腐烂，腐烂物会散发出恶臭气味并流出黄色黏稠腐烂物。

防治花椰菜软腐病需要选择抗病品种，并及时对保护地进行清洁，将其中的病残体等及时清除并集中处理，在进行栽培时要和非十字花科蔬菜作物实行 2 年以上轮作，栽培过程中要合理施用水肥，避免水分不均导致植株上出现裂口，同时要注意昆虫防治，减少病原菌的传播。若已发病要及时进行药剂防治，可在发病初期喷施新植霉素 4000 倍液或 72% 农用链霉素可溶性粉剂 4000 倍液等，每 8 天或 10 天一次，连续喷施 2 ~ 3 次。

三、花椰菜病毒病害及防治

花椰菜病毒病害主要由芜菁花叶病毒导致，通常在幼苗期发生，且多见于春秋季节，能够侵染多种十字花科蔬菜作物。也会由黄瓜花叶病毒、烟草花叶病毒或萝卜花叶病毒引发，有时还会由多种病毒混合引发。

花椰菜病毒病害主要危害幼苗，受害幼苗初期会在叶片上出现近圆形失绿病斑，之后整个叶片会逐步失绿变淡，有时也会出现浓淡相间的绿色斑驳，严重时受害叶片会出现皱缩和畸形扭曲等现象，最终幼苗全株坏死。成株也会受害，初始时会在嫩叶上产生浓淡不均的斑驳，老叶的背面有时会出现黑褐色坏死斑并伴有叶脉坏死，严重时叶柄畸形，内外叶片比例失调，病株矮化畸形，花球变小乃至无法结球。

防治花椰菜病毒病害需要选用抗病毒品种，栽培时尽量避免苗期恰好在高温时期，育苗期遭遇干旱时要降温保湿勤浇水，以促使植株根系生长并提高抗病性，需要注意蚜虫防治，可以在幼苗七叶之前每周防治蚜虫一次，也可在保护地门窗和通风口布置防虫网或悬挂银灰色膜条。若发病要及时进行药剂防治，可选用和甘蓝相同的防治手段。

第四节　萝卜主要病害及防治

一、萝卜真菌病害及防治

（一）萝卜炭疽病

萝卜炭疽病主要由半知菌亚门真菌中的希金斯刺盘孢菌引发，病原菌主要以菌丝体或分生孢子形式依附种子越冬，也能以菌丝体形式依附病残体在地面上或土壤中越冬。环境合适时即可萌发，且菌丝体产生的分生孢子能够造成多次侵染，在高温高湿环境下最易传播。

萝卜炭疽病主要危害植株叶片，也会危害叶柄、花梗及种荚，叶片受害初期会出现略微凹陷的褐色圆斑，直径仅1～2毫米，之后病斑逐渐变为灰白色，病斑部位逐渐形成半透明薄组织状，非常容易造成叶片穿孔。当病害严重时叶片会密布上百个病斑，之后病斑连片，最终令叶片干枯，受害叶片的叶背处叶脉会出现褐色条斑。叶柄和花梗受害会生出纺锤形或椭圆形淡褐色病斑，病部凹陷明显，种荚受害症状和叶片类似。

防治萝卜炭疽病需要选用抗病品种，栽培前需要对种子进行消毒杀菌处理，栽培过程中要注意及时通风降湿降温，避免高湿高温同时出现，发病后需要及时进行药剂防治，可选用50%甲基托布津可湿性粉剂500倍液或25%多菌灵可湿性粉剂400～500倍液进行喷施，每10天一次，连续2～3次。

（二）萝卜拟黑斑病

萝卜拟黑斑病主要由半知菌亚门真菌中的芸薹链格孢菌引发，病原菌通常以菌丝体或分生孢子的形式依附病残体或采种株越冬，也能够以分生孢子形式依附种子越冬，播种带菌种子会直接造成病原菌侵染幼苗。萝卜拟黑斑病属于喜高湿病害，在冷凉环境和高温环境中都能够发生，且在高温潮湿环境中能快速传播。

萝卜拟黑斑病主要危害植株的叶、茎和荚，叶片受害初期会出现圆形或椭圆形黑褐色病斑，直径2～5毫米且具有同心轮纹，当空气湿度较大时病部会生出黑灰色霉层，和黑斑病的霉层非常类似。夏季气温较高，灌溉后地表温度

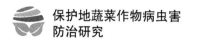

提升较快，很容易造成水分蒸发，这样就非常有利于病害传播。

防治萝卜拟黑斑病需要选用抗病品种，并和非十字花科蔬菜作物实行 2 年以上轮作，要做好保护地清洁，及时清理病残体、病叶、老叶及杂草等，栽培前需要对种子进行消毒杀菌处理，栽培过程中可以在发病前进行预防，可喷施 75% 百菌清可湿性粉剂 500 ～ 600 倍液或 64% 杀毒矾可湿性粉剂 500 倍液等，这样可以有效起到预防病害发生的效果。若已发病需及时喷施药剂，若和霜霉病同时发生，可用 72% 克抗灵可湿性粉剂 800 倍液或 69% 安克锰锌可湿性粉剂 1000 倍液等进行喷施，每周一次，连续喷施 3 ～ 4 次。

（三）萝卜根肿病

萝卜根肿病主要由鞭毛菌亚门真菌中的芸薹根肿菌引发，病原菌主要以休眠孢子囊形式依附在病残体上在土壤中越冬，通常会成为病害的侵染来源，病原菌能够在土壤中存活 5 年左右，土壤的酸碱度对病害的传播有较大影响，酸性土壤通常发病较为严重，碱性土壤发病则较轻，土壤湿度较大，如在 70% ～ 90% 时，植株受害严重，土壤湿度在 45% 以下时，病原菌容易死亡，在 19℃～ 25℃温度条件下，病原菌生长发育最好，萝卜根肿病属于喜高温高湿病害。

萝卜根肿病主要危害植株的根部，发病初期地上部分不会出现症状，当病害扩散后根部会形成肿瘤并逐渐膨大，此时地上部分植株会出现生长缓慢、矮化和叶片在中午萎蔫的现象，但早晚叶片萎蔫会恢复，严重时植株会变黄枯萎乃至死亡。根部感染后出现的肿瘤形状不定，通常出现在侧根上，主根不会发生巨大变形但会整体较小。

防治萝卜根肿病要和非十字花科蔬菜作物实行 6 年以上轮作，然后对土壤进行改良，可换茬深翻土壤并每亩施用石灰 100 千克，再进行细耕整地，将土壤调节为微碱性，以有效抑制根肿病发生。栽培过程中要注意控制土壤湿度，避免大水漫灌，发病后要及时进行药剂防治，可以用 40% 五氯硝基苯悬浮剂 500 倍液进行灌根处理，每株灌根 0.4 ～ 0.5 升药液即可。

（四）萝卜霜霉病

萝卜霜霉病主要由鞭毛菌亚门真菌中的寄生霜霉菌引发，病原菌主要以菌丝体形式依附病残体或采种株越冬，也能以卵孢子形式依附病残体在土壤中越冬。当外界条件适合时，菌丝体或卵孢子会产生孢子囊对植株进行侵染，播种带菌种子会直接导致病原菌侵染幼苗。孢子囊的生长及病原菌的萌发和入侵需要较低的温度和较高的湿度，因此萝卜霜霉病属于喜高湿低温病害，在保护地昼夜温差较大、叶片易结露的条件下非常易于发生。

萝卜霜霉病主要危害植株叶片及根部和茎部。叶片受害初期会出现不规则状失绿黄斑，之后病斑会逐步蔓延形成多角形黄褐斑，湿度较大时受害叶片的病斑正反面都会生出白色霉层，严重时病斑会连片，最终导致叶片干枯；根部和茎部受害后会生出灰褐色或黑褐色病斑。

防治萝卜霜霉病需要选用抗病品种，并和非十字花科蔬菜作物实行 2 年以上轮作，栽培前要对种子进行消毒杀菌处理，可以用 75% 百菌清可湿性粉剂进行拌种，栽培过程中要注意通风降湿，避免高湿环境出现。若已发病要及时进行药剂防治，可选用 25% 甲霜灵可湿性粉剂 600 ～ 800 倍液或 64% 杀毒矾可湿性粉剂 700 倍液等进行喷施，要将叶片正面背面都喷到，可每周一次，连续喷施 3 ～ 4 次。

（五）萝卜黑斑病

萝卜黑斑病主要由鞭毛菌亚门真菌中的萝卜链格孢菌引发，病原菌主要以菌丝体和分生孢子形式依附病叶存活，通常分生孢子会利用气流和灌溉水从植株叶片的气孔和植株表皮入侵，发病的适宜温度为 25℃。

萝卜黑斑病主要侵染叶片，受害叶片会生出浅灰色或灰白色病斑，病斑通常有绿色晕环，当空气湿度较大时，病斑的背面会生出很多灰色或黑色霉层。

防治萝卜黑斑病需要选用抗病品种，在栽培前要对种子进行消毒杀菌处理，可以用 50% 多菌灵可湿性粉剂进行拌种，用量为种子重量的 0.4% 即可。若已发病要及时进行药剂防治，可选用 1.5% 多抗霉素 300 倍液或 75% 百菌清可湿性粉剂 600 倍液等进行喷施，每周一次，连续喷施 3 ～ 4 次。

二、萝卜细菌病害及防治

萝卜的细菌病害主要是萝卜黑腐病，由细菌中的野油菜黄单胞菌野油菜黑腐病致病型引发，病原菌通常依附种子或病残体越冬，能够通过灌溉水和昆虫媒介进行传播，可从植株上的伤口入侵，也可通过叶缘处的水孔入侵，之后进入植株维管束组织内进行扩展。萝卜黑腐病较为适宜的传播温度为 25℃～

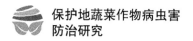

30℃，属于喜高温高湿病害。

萝卜黑腐病主要危害植株叶片及肉质根。叶片受害多数从叶缘开始，会从叶缘的叶脉处变黑并向内或两侧扩展，从而形成V字形黄褐色病斑；肉质根受害通常外表正常，但其内部维管束却已经遭受侵染变黑，失去商品价值，严重时肉质根内部组织会干缩形成空心，无法继续食用。

防治萝卜黑腐病需要和非十字花科蔬菜作物实行2年以上轮作，栽培前要对种子进行消毒杀菌处理，栽培过程中要注意通风降湿，这样能够有效减少病害的发生。若已发病需要及时进行药剂防治，可选用72%农用硫酸链霉素可溶性粉剂3000～4000倍液或新植霉素3000～4000倍液等进行喷施，每周一次，连续喷施2～3次[①]。

三、萝卜病毒病害及防治

萝卜病毒病害主要由黄瓜花叶病毒和芜菁花叶病毒引发，病毒主要在采种株或病残体上越冬，可以通过汁液和蚜虫媒介传播。通常病毒会在春季于十字花科蔬菜作物上传播，之后传到夏季的甘蓝再传到秋季的白菜或萝卜上，呈现出链状传播。当气温达到25℃以上、光照时间较长时，病毒潜育期较短，当气温低于15℃时，潜育期较长，会出现隐症现象，通常潜育期为9～14天。

萝卜病毒病害主要危害叶片，受害的植株的心叶会出现明脉现象，并发生皱缩，呈现出花叶型，植株能够在后期抽薹，但肉质根并不会饱满，受害严重的病株会出现明显矮化，同时畸形严重，最终造成严重减产。

防治萝卜病毒病害需要选用抗病毒品种，在栽培前要对土壤进行清洁，将其中病残体等进行集中处理，栽培过程中要注意选用壮苗培育，并适当进行中耕以提高植株抗病性，同时需要注意蚜虫防治，可在保护地门窗或通风口悬挂银灰色膜条驱虫，或在田间布置黄色粘板来控制蚜虫数量。若已发病要及时进行药剂防治，可选用20%病毒A可湿性粉剂500倍液或1.5%植病灵乳剂1000倍液进行喷施，每10天一次，连续喷施3次。

---

① 李桂舫，吴献忠.保护地蔬菜病虫害防治［M］.北京：金盾出版社，2002：201.

第五节　十字花科蔬菜作物主要虫害及防治

一、菜蛾

菜蛾也叫小菜蛾，其幼虫通常被称为小青虫或吊死鬼，属于鳞翅目夜蛾科，是世界性蔬菜害虫，主要危害甘蓝、白菜、油菜、花椰菜等十字花科蔬菜作物。

（一）外形特征

菜蛾主要有 4 种形态，分别是卵、幼虫、成虫和蛹。卵通常为椭圆形，其一端通常稍微倾斜，长度为 0.5 毫米，宽度 0.3 毫米，初生的卵为乳白色，之后变为淡黄色，其表面光滑有光泽；幼虫有 4 龄，老熟幼虫体长 10～12 毫米，两头稍尖呈纺锤形，身体上有细毛，头部黄褐色，胸腹为绿色；成虫为灰黑色，体长约 6～7 毫米，翅展约 12～16 毫米，静止时其翅膀会在背部叠起来呈现出屋脊状；蛹呈纺锤形，长约 5～8 毫米，初化的蛹呈现淡黄褐色，之后逐渐变为灰褐色，其上覆盖着稀疏的灰白色丝茧，通常附着在叶片上，临近羽化时蛹的复眼部位变黑，触角和足的颜色也会加深，背部会出现褐色的纵纹[①]。

（二）生活习性

菜蛾每年发生的世代数南北有所不同，为 3～6 个世代不等，在北方通常以蛹的形式越冬，成虫白天会潜伏在植株叶片背面或阴暗处，只有受到惊扰才会在植株间进行短距离飞行。成虫会将卵散产或数粒产在叶背的叶脉间的凹陷处，4 龄幼虫生长发育期为 12～27 天，温度越高发育越快，在 30℃左右仅需要 6 天即可完成发育，在 15℃需要 22 天，而在 11℃需要 33 天。幼虫对植株的危害极为严重，刚孵化的幼虫会半潜在叶内，将身体前半部分伸入表皮间啃食叶肉，2 龄及以前的幼虫通常只能取食叶肉而会留下表皮，从而会在叶面留下很多透明斑块，3 龄、4 龄幼虫会直接啃食叶片，将叶片啃食成各种缺刻和孔洞，最终仅留网状叶脉，而且幼虫有集中在菜的心叶位置啃食菜心的特点。老熟幼虫会在叶脉附近结茧化蛹，9 天左右即可羽化。

菜蛾的成虫具有趋光性，而且喜欢在芥子油含量较多的蔬菜作物上产卵，

---

①　李桂舫，吴献忠．保护地蔬菜病虫害防治［M］．北京：金盾出版社，2002：202.

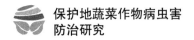
如芥菜、甘蓝、花椰菜等，可以将芥子油涂抹在一些物品或蔬菜作物上来引诱菜蛾成虫前往产卵。

（三）防治方法

防治菜蛾的方法较多，可以通过合理的轮作和间作来抑制菜蛾危害，十字花科蔬菜作物和洋芋或莴苣轮作，或者和番茄进行间作，都能够起到一定抑制菜蛾危害的作用，且要避免十字花科蔬菜作物和葫芦科、豆科蔬菜作物间作，菜心和青菜等短期蔬菜作物要远离甘蓝、白菜、花椰菜等生育期较长的蔬菜作物。在十字花科蔬菜作物收获后要及时对保护地进行清洁，深耕细作，将病残体和杂草等清除并集中处理。

也可以通过诱杀成虫的方式进行菜蛾防治，利用菜蛾的趋光性，用灯诱法进行成虫诱杀，每亩可布置黑光灯一盏，这样能够灭杀大量菜蛾和其他趋光性害虫，也能利用性诱法每亩布置性诱剂诱杀点 7 ～ 8 个来捕捉雄性菜蛾，这样能够令雌蛾产下没有受精的卵，从而使菜蛾无法继续繁殖。

还可以采用生物防治的方法，可在空气温度 20℃以上时用每克含量 100 亿活孢子的苏云金杆菌可湿性粉剂、杀螟杆菌粉或青虫菌粉稀释 500 ～ 800 倍液进行喷施，还能够根据天敌效应释放菜蛾天敌控制菜蛾数量。

最后也可以利用药剂防治，可在菜蛾卵的孵化高峰期施用 50% 杀螟松乳油800 ～ 1000 倍液或 40% 菊杀乳油 2000 ～ 3000 倍液等，交替进行喷施，每 5 天一次，连续 2 ～ 3 次。

二、桃蚜

桃蚜也叫烟蚜或蜜虫等，属于同翅目蚜科，通常会和萝卜蚜及甘蓝蚜混合发生。桃蚜的寄生范围极广，不仅危害十字花科蔬菜作物，还危害茄科蔬菜作物及桃树等果树。

（一）外形特征

桃蚜主要有 4 类形态。卵为有光泽的长椭圆形球体，初生卵为黄绿色，之后逐渐变为黑色；卵孵化后为若蚜，有 4 龄，其体形较短，腹部较圆，体色和无翅成蚜相似，有翅若蚜从 3 龄开始显现翅芽，且体形较瘦较长；无翅孤雌蚜体形较短粗，体长约 2 毫米，触角有 6 节，身体通常为绿色，有时也有黄色或樱红色成蚜；有翅孤雌蚜比无翅成蚜稍长，体形较瘦，体长2.2毫米，触角有6节，第3节触角的基部为淡黄色，且有9～17个感觉孔，其他各节触角均为黑色，其腹部为黄绿色、绿色、褐色或赤褐色，头和胸部为黑色，背面有淡黑色斑纹，有非常明显的额瘤，复眼为赤褐色。

（二）生活习性

桃蚜在北方区域一年可发生10个世代以上，在南方地区一年能够发生20个世代，乃至30个世代以上。通常以卵的形式在果树的分枝枝梢上或芽腋裂缝中越冬，外界温度适宜时桃蚜会在果树上繁殖并产生有翅孤雌蚜，之后迁飞到田间为害；也能够以无翅孤雌蚜形式在越冬或窖藏蔬菜作物上越冬，温度适宜时其会进行繁殖并以有翅孤雌蚜形式迁飞到春茬蔬菜作物上为害。桃蚜完成一代需要10天左右，夏季更短仅需7～10天，春秋则需13～14天，最适宜的生长发育温度为24℃，当温度达到28℃以上或6℃以下时桃蚜生长繁殖会受到抑制。

桃蚜对环境具有非常强的适应力，是一种世界性的害虫，总体而言有翅孤雌蚜对黄色和橙色具有很强的趋性，对银灰色有很强的趋避性，通常会以成蚜和若蚜群集的方式危害植株叶片和心叶，其会通过吸食叶片汁液造成植株营养不良和失水，同时也会分泌大量蜜露污染叶片，致使植株营养不良，发生叶片卷缩、黄化，乃至整体外叶萎蔫，受害的植株通常发育不良、植株矮小，苗期受害会造成幼苗死亡。萝卜、白菜和甘蓝等十字花科蔬菜作物受害严重时将无法抽薹开花，即使能够抽薹也会出现花梗扭曲变形、种荚畸形的现象。桃蚜除了自身会危害植株，而且还会成为各类病毒病害的传播媒介，其只要吸食过染病植株后再迁飞到无病害植株上进行取食，就会在很短的时间内传播病害，所以其造成的连带危害更为严重。

（三）防治方法

防治桃蚜主要靠预防。其一是保护地环境的清洁，要及时清除虫源植株，并在播种前对保护地进行彻底清洁，将杂草等进行清除并集中处理，另外因为桃蚜在高温高湿环境中会受到抑制，因此在桃蚜滋生鼎盛期可以创造湿润环境来抑制桃蚜发育，栽培过程中可以和玉米进行间作，玉米不仅能够起到遮阴降温的作用，还能够防止桃蚜传毒；其二是通过物理手段进行防蚜驱蚜，利用桃蚜对黄色和橙色的趋性及对银灰色的趋避性，在保护地门窗和通风口悬挂银灰色膜条，这样能够有效驱避桃蚜，另外在田间布置黄色粘板或粘纸，也能够有效控制虫源数量；其三是生物防治，通过释放草蛉、瓢虫、食蚜蝇等桃蚜的天敌，也可以起到控制桃蚜的效果；其四是药剂防治，在播种前每亩施用 1% 灭蚜松颗粒剂 10 千克能够有效治蚜，在栽培过程中喷施 50% 抗蚜威可湿性粉剂 2000～3000 倍液可以防治桃蚜却不会杀伤其天敌，或者可以喷施 20% 速灭杀丁乳油 2000～3000 倍液或 20% 灭杀毙乳油 5000～6000 倍液等，药剂要进行交替施用，且喷施时将重点放在植株的心叶和叶片背面，也能使用熏蒸法进行防治桃蚜。整体而言，防治桃蚜需要以预防为主，在治理时要避免同种药物连年施用，以防桃蚜产生抗药性。

三、萝卜蚜

萝卜蚜也被称为菜蚜、蜜虫或菜缢管蚜等，属于同翅目蚜科，主要危害白菜、萝卜等叶面毛多而蜡质较少的十字花科蔬菜作物，通常会和桃蚜混合为害。

（一）外形特征

萝卜蚜的卵和桃蚜相似；无翅孤雌蚜呈卵圆形，体长约为 1.8 毫米，体宽约 1.3 毫米，比桃蚜略小，触角有 6 节，在第 3 节和第 4 节触角处无感觉孔，但第 5 节和第 6 节各有一个感觉孔，身体整体呈现灰绿色或黄绿色，覆盖一层白色蜡粉，身体背部各节中央部位有浓绿横纹；有翅孤雌蚜身形稍小，体长约 1.6～1.8 毫米，触角有 6 节，第 3 节有排列不规则的感觉孔 16～26 个，第 4 节有排列为一行的感觉孔 2～6 个，第 5 节有感觉孔 0～2 个，触角长度约为身体长度的 3/4，头部和腹部为有光泽的黑色，其他部位为黄绿色或绿色，身体有时会覆盖一层白色蜡粉，身体两侧有黑斑；萝卜蚜的若蚜体形和体色与无翅成蚜相似，有 4 龄，个体较小，身形比无翅成蚜瘦，有翅若蚜在 3 龄时会显露翅芽。

（二）生活习性和防治方法

萝卜蚜每年可发生 10 个世代以上，南方区域甚至能够达到 30 个世代乃至 40 个世代以上，在保护地能够终年危害蔬菜作物。在北方区域通常会以无翅孤雌蚜和卵的形式随越冬蔬菜作物越冬，当温度适合时卵孵化并进行发育繁殖，几代后就会出现有翅孤雌蚜并向各种蔬菜作物进行转移。萝卜蚜的适宜生长发育温度为 14℃ ～ 25℃，种群增长的温度范围为 10℃ ～ 31℃，适宜的空气湿度为 75% ～ 80%，当温度低于 6℃ 或高于 30℃、空气湿度低于 40% 或高于 80% 时，萝卜蚜的繁殖速度会大幅度下降。相对比而言，萝卜蚜比桃蚜适应温度的范围更广，但桃蚜更耐低温，而萝卜蚜更耐高温，所以桃蚜通常在早春、秋季危害作物，而萝卜蚜通常在春末、夏季及秋初危害作物。

萝卜蚜危害植株的特点和桃蚜类似，通常是以成蚜和若蚜群集的方式刺吸植株叶片或嫩梢的汁液，令植株的叶片发生失绿变黄和萎蔫，嫩叶会卷缩畸形，影响蔬菜作物包心或结实，严重时会造成植株直接枯死，而且其分泌物蜜露会诱发多种真菌病害，影响叶片的光合作用，另外，其能够携带病毒，引发植株病毒病害。

防治萝卜蚜的方法和防治桃蚜的方法相同，但若进行药剂防治需要注意避免同种药剂连年使用，应该交替使用不同种药剂以避免蚜虫出现药物抗性。

四、甘蓝蚜

甘蓝蚜也被称为菜蚜或蜜虫，属于同翅目蚜科，主要危害叶面光滑且蜡质较多的十字花科蔬菜作物，如甘蓝、花椰菜等，这一点和萝卜蚜有所不同。

（一）外形特征

甘蓝蚜具备较为明显外形特征的是无翅孤雌蚜和有翅孤雌蚜。无翅孤雌蚜通常较大，卵圆形，体长约 2.5 毫米，通体暗绿色，复眼为黑色，身体会覆盖较厚的白色蜡粉，触角无感觉孔，尾片近似等边三角形，其两侧生有 2 ～ 3 根长毛；有翅孤雌蚜身形稍小，体长约 2.2 毫米，其身体腹部为黄绿色，头部和胸部为黑色，复眼为赤褐色，在腹部有数条并不明显的暗绿色横带，横带两侧具有 5 个黑点，全身覆盖白色蜡粉，触角第 3 节有 37 ～ 49 个不规则排列的感觉孔。

（二）生活习性和防治方法

甘蓝蚜主要以卵的形式越冬，在条件适宜时卵孵化后危害蔬菜作物，之后会进行迁移不断危害春季蔬菜作物和夏秋蔬菜作物。在北方地区能够一年发生 8 个世代，在南方地区则能一年发生 10 个世代以上，较为适宜的繁殖温度是

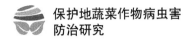
16℃～17℃，当温度高于18℃或低于14℃时，产卵数就会明显减少。

甘蓝蚜属于一种寡食性害虫，通常只危害十字花科蔬菜作物，且以甘蓝为主，成蚜和若蚜会群集在叶片或心叶吸食叶片汁液，从而造成植株失水和营养不良，同时其会分泌大量蜜露污染蔬菜作物，引发真菌病害，受害后叶片通常会卷缩黄化，叶球会包心不良，另外，甘蓝蚜还能够传播各种病毒病害。

防治甘蓝蚜的方法和防治桃蚜及萝卜蚜的方法相同，主要是其危害蔬菜作物的时间会有所不同，若和桃蚜及萝卜蚜混合为害则需要全年防治。

五、黄条跳甲

黄条跳甲也被称为土跳蚤或地蹦子，为鞘翅目叶甲科，危害蔬菜作物的黄条跳甲主要有4种，分别是黄直条跳甲、黄宽条跳甲、黄曲条跳甲和黄狭条跳甲，其中又以黄曲条跳甲分布最广、危害较重。其主要危害十字花科蔬菜作物，如萝卜、甘蓝、白菜、花椰菜等，也会危害葫芦科蔬菜作物和茄科蔬菜作物。

（一）外形特征

黄条跳甲主要有4种形态：其一是卵，通常为椭圆形，初生卵为半透明淡黄色，之后逐渐变为乳白色，长约0.3毫米；其二是幼虫，黄条跳甲的老熟幼虫为黄白色，头部、前胸及腹部末端为淡褐色，体长约4毫米，体形为长圆筒形，其拥有3对胸足却无腹足，各个体节生有不明显的肉瘤，肉瘤上生有细毛；其三是成虫，体长约3毫米，拥有硬壳和鞘翅，其鞘翅上各有一条黄色的纵斑，体形为长椭圆形，后足的腿节膨大，非常善于跳跃，4种黄条跳甲的黄色纵斑有所不同，可以根据纵斑的大小和形状来进行区分，黄曲条跳甲的纵斑为哑铃状，中部窄而弯曲，黄直条跳甲的纵斑窄而直，黄宽条跳甲的纵斑宽大，最窄处都超过翅宽的一半，黄狭条跳甲的纵斑窄且直，中间的宽度仅为翅宽的1/3；其四是蛹，体形为长椭圆形，长约2毫米，其腹部末端生有一对叉状突起，各节背面有褐色刚毛。

（二）生活习性

黄条跳甲主要是成虫和幼虫危害作物，通常以成虫形式在杂草上、病残体上或叶片背面潜伏越冬，保护地温度较高的情况下没有滞育现象，全年可发生4～8个世代，成虫寿命可长达一年。在温度达到10℃以上时成虫即可活动取食，20℃时食量会大增，其非常善于跳跃，高温条件下还能短暂飞行，成虫危害蔬菜作物时有群集性和趋嫩性。幼虫有 3 龄，只在土壤之中危害植株的根部，会以蔬菜作物根部的表皮为食，老熟幼虫会在 3～7 厘米深的土壤中化蛹。整体而言，在土壤湿度较大时黄条跳甲生长发育较快，在夏季高温时期成虫会进入土中蛰伏。

成虫会啃食植株的叶片形成非常多的孔洞，从而造成植株无法进行光合作用最终枯死，幼苗期最易受害，成虫会群集在植株叶背啃食出椭圆形孔洞，致使幼苗断垄缺苗，成虫还会啃食嫩荚、嫩枝叶和果梗等，将其咬断或给其留下疤痕从而造成植株无法继续生长，严重影响蔬菜作物产量；幼虫则蛀害植株的根系根皮，会咬断植株的须根，也会啃食主根或侧根等形成不规则条状疤痕，造成植株根系受损，从而导致植株长势减弱、叶片发黄萎蔫乃至死亡，受害严重的植株主根和侧根会被蛀食出黑色斑块且会腐烂，可以传播细菌性软腐病和黑腐病，造成更大的危害。

（三）防治方法

防治黄条跳甲可以采用物理防治和药剂防治两种方法。物理防治需要对保护地进行彻底清洁，在田园闲置时可以进行 50 厘米以上土壤深耕晒土，将病残体、杂草等清除并集中处理，杀灭一部分虫蛹从而减轻病害，在栽培过程中可以铺设地膜避免成虫将卵产在土壤，同时要培育壮苗来提高植株抵抗力。药剂防治可以在播种前对土壤进行处理，可用 80% 敌百虫可溶性粉剂和细土按 1∶50 的比例做毒土混合土壤浅耕，也可用 20% 速灭杀丁 3000～4000 倍液或 40% 菊马乳油 2000～3000 倍液喷施土壤，要将土壤表层淋透以起到药效，另外可以直接用药剂防治成虫，可以用以上的多种药剂在成虫开始活动但尚未产卵时进行喷施，喷施时要从周边向中央喷施，以防成虫逃避药剂，如果虫量较高，可以 3 天一次，连续喷施 3 次，同时还需要每亩施用 18% 杀虫双水剂 1000 倍液或敌百虫乳油 2000 倍液等进行灌根来灭杀幼虫。

六、地蛆

地蛆也被称为根蛆，是花蝇类的幼虫，危害十字花科蔬菜作物的地蛆主要有 3 种，分别是灰地种蝇、小萝卜蝇和萝卜地种蝇，其中灰地种蝇也被称为种蝇或种蛆，小萝卜蝇也被称为根蛆或毛尾地种蝇，萝卜地种蝇也被称为萝卜蝇

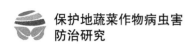
或白菜蝇，其均属于双翅目花蝇科。

（一）外形特征

花蝇类害虫的生长形态主要为卵、幼虫、成虫和蛹，不同花蝇的各阶段形态也有所不同。灰地种蝇的卵长约 1 毫米，呈稍微弯曲的乳白色长椭圆形，表面通常会具有网状纹；其幼虫的头部为退化状态，仅有一个黑色口钩，体长约 7～8 毫米，前端较细后端较粗，呈现为乳白色略带淡黄色的蛆形，尾部末端是截断状，其上生有 7 对肉质突起；成虫通常有触角和翅，触角为黑色，身体主要是灰黄色或褐色，体长 4～6 毫米，其腹部背面中央位置有一条不明显的黑色纵纹，各个腹节之间都有一条黑色横纹，雌虫的两只复眼间距较宽，中足胫节外上方有一根刚毛，雄虫两只复眼间距很小近乎接触，在后足胫节的内下方生有一列短毛，排列整齐且等长，短毛的末端稍微下弯；蛹为红褐色，长约 4～5 毫米，尾部有 7 对突起。

萝卜地种蝇和小萝卜蝇外形特征相似。其卵和灰地种蝇的卵相差不大，仅在弯曲部位有纵向凹陷；幼虫和灰地种蝇幼虫类似，区别是尾部末端生有 6 对肉质突起和 1 对红色椭圆形气门，其中第五对肉质突起较大且有分叉；成虫体长 6.5～7.5 毫米，胸部背面有 3 条黑色纵纹，各个腹节之间均有黑色横纹，腹部背面中央有一条黑色纵纹，雌虫身体主要为灰褐色，复眼间距较宽能够达到头部宽度的 1/3，雄虫两只复眼间距较近，为复眼宽度的 2 倍左右；蛹为红褐色或黄褐色，长约 6 毫米，尾部有 6 对突起。萝卜地种蝇和小萝卜蝇最大的区别在于腹部，萝卜地种蝇的腹部背面没有斑纹，而小萝卜蝇的腹部背面各个节间都有暗色的纵纹。

（二）生活习性

灰地种蝇主要以蛹的形式在土壤中越冬，一年发生 2～4 个世代，温度提升后蛹会羽化为成虫，主要危害时期在早春，成虫通常在晴天频繁活动，且会集中在苗床产卵，卵会产于植株根部的湿润土壤中或植株根部，卵孵化后幼虫会钻入还未出苗的种子中啃食胚乳，也会危害幼苗的嫩茎从而造成幼苗腐烂死亡，幼虫具有较强的食腐性，也具有喜湿性和背光性，成虫对葱蒜味道较为敏感且具有强趋性。

萝卜地种蝇通常以蛹的形式在浅土中越冬和越夏，在北方地区一年发生 1

个世代，成虫喜欢在阴天及日出日落前后危害植株，对糖醋味道有强趋性，通常会在较为阴冷潮湿的土壤缝隙中或植株叶片基部产卵，卵孵化后幼虫钻入植株的基部进行取食，然后逐渐啃食到植株的木质部和韧皮部，将植株的菜帮或根部蛀成带有隧道的状态，这样非常容易引发植株软腐病，3龄幼虫会在温度下降时向根部蛀食，老熟之后进入根系附近的土壤中化蛹。

小萝卜蝇通常以蛹的形式在土壤中越冬，也能在萝卜肉质根内越冬，一年发生 2～3 个世代，成虫喜欢将卵产于植株的叶柄基部及心叶处，孵化后幼虫直接钻入植株菜心破坏生长点，很容易造成植株成长为多头菜，3龄以上幼虫会钻入植株根部化蛹，通常在秋季会和萝卜地种蝇混合为害。

（三）防治方法

防治地蛆主要的物理方法是不施用未充分腐熟的有机肥，避免地蛆因对未腐熟有机肥的趋性而危害蔬菜作物，在育苗过程中可以采用营养钵育苗，使用清洁育苗土不仅能够避免地蛆为害，也能够促进壮苗产生，栽培过程中要注意水肥供应，避免土壤过于潮湿，可选择晴天中午前后浇水，保证植株根部表层土壤能够很快干燥。另外就是利用地蛆成虫的趋性进行成虫诱杀，可以糖醋水 1∶1∶2.5 的配比调制诱杀液，在诱杀液中加入少量锯末和敌百虫，拌匀后进行成虫诱杀，每5天加入一半新的诱杀液，保证其新鲜，在日出日落前后打开诱杀盆能够有效诱杀成虫。

还可以采用药剂防治，可以在栽培前用药剂拌种，也可以用药剂制造毒土和底肥一起施用，并施用充分腐熟的有机肥，避免为地蛆成长创造有利食腐环境。若已发病可以在成虫的雌雄比例达到 1∶1 时或成虫数量激增后10天施用药剂来灭杀卵和初孵化的幼虫，可每亩施用 2.5% 敌百虫粉剂 1.5～2 千克，也可施用 80% 敌百虫可溶性粉剂 3000 倍液或 21% 灭杀毙乳油 5000 倍液，若发现病株可以用 80% 敌百虫可溶性粉剂 1000 倍液进行灌根处理。为避免地蛆对药剂产生抗性需交替使用不同药剂。

第八章
其他科蔬菜作物病虫害及防治

第一节　芹菜主要病害及防治

一、芹菜真菌病害及防治

（一）芹菜叶斑病

芹菜叶斑病主要由半知菌亚门真菌中的芹菜尾孢菌引发，也被称为芹菜早疫病，病原菌通常会以菌丝体形式依附在病残体或种子上越冬，分生孢子会通过气流、灌溉水及农事操作等进行传播，较为适宜的发育温度为25℃～30℃。芹菜叶斑病属于喜高温高湿病害，在昼夜温差较大的保护地中易于发生和传播。

芹菜叶斑病主要危害植株叶片，也能侵染植株的叶柄和茎。叶片受害初期会出现水渍状黄绿色病斑，之后发展为不规则或圆形病斑，严重时病斑连成片造成叶片黄化枯死；叶柄和茎受害后初期会出现椭圆形稍凹陷的灰褐色病斑，严重时植株茎部软化形成倒伏。在空气湿度较大的情况下病部表层会出现灰色霉层。

防治芹菜叶斑病需要选用抗病品种，在栽培前要对种子进行消毒杀菌处理，要和不同科蔬菜作物实行2年以上轮作，在栽培过程中要及时清理病残体和杂草等。若已发病要及时进行药剂防治，可选用70%甲基托布津可湿性粉剂1000倍液或50%多菌灵可湿性粉剂500倍液等进行喷施，每9天一次，连续喷施2～3次。

（二）芹菜斑枯病

芹菜斑枯病主要由半知菌亚门真菌中的芹菜生壳针孢菌引发，也被称为芹菜叶枯病或芹菜晚疫病，病原菌会以菌丝体形式依附种皮或病残体进行越冬，分生孢子能够通过气流和灌溉水进行传播，若播种带菌种子，苗期就会发病，芹菜斑枯病属于喜高湿冷凉环境病害。

芹菜斑枯病主要危害叶片，叶柄和茎也会受到侵染，通常从离地面较近的老叶发病，初始时受害叶片会出现油渍状淡褐色斑点，其边缘呈现红褐色，病斑外会出现一圈黄色晕环，之后病斑从下部叶片向上部叶片蔓延，通常从外向里传染。叶柄和茎受害后会出现稍微凹陷的长圆形褐色病斑，病斑中间会散生黑色粒点，严重时其会引起植株茎部腐烂、叶片枯萎。

防治芹菜斑枯病可选用 2 年陈种进行栽培，这样可以有效避免斑枯病发生，在种植前可以先对新种进行消毒杀菌处理，栽培过程中要注意培养壮苗，避免出现高湿环境，注意保护地的通风降温降湿，白天可以控制气温在 15℃～20℃，高于 20℃ 即要通风降温，夜晚气温要保持在 10℃～15℃，减小昼夜温差。当幼苗长到 3 厘米左右时可以进行药物预防，可每亩施用 5% 百菌清粉尘剂 1 千克，也可每亩施用 5% 百菌清烟剂 200～250 克进行熏蒸，每周一次，连续施用 2～3 次[①]。

（三）芹菜假黑斑病

芹菜假黑斑病主要由半知菌亚门真菌中的细链格孢菌引发，也被称为芹菜黑斑病，病原菌会依附病残体越冬，可通过气流和灌溉水进行传播，芹菜假黑斑病通常会在芹菜生长的中后期空气湿度较大时发生和传播，属于喜高湿病害。

芹菜假黑斑病主要危害芹菜叶片，初期叶片会出现边缘清晰、大小约 6～8 毫米的近圆形病斑，之后病斑发生蔓延，有时病斑也会出现在叶片叶缘，当空气湿度较大时病斑表面会出现稀疏黑色霉层，病斑在后期容易出现破碎。

防治芹菜假黑斑病需选用抗病和耐病品种，栽培时要注意合理施用水肥，及时进行通风降湿，避免空气湿度过大。若已发病要及时进行药剂防治，可选用 75% 百菌清可湿性粉剂 500 倍液或 64% 杀毒矾可湿性粉剂 500 倍液进行喷施，每周一次，连续喷施 2～3 次。

（四）芹菜菌核病

芹菜菌核病主要由子囊菌亚门真菌中的核盘菌引发，病原菌能以菌核形式

---

① 高国训 . 芹菜栽培与病虫害防治［M］. 天津：天津科技翻译出版公司，2009：48-49.

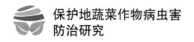
依附种子或在土壤中进行越冬，可以通过气流和灌溉水进行传播，也能够通过病部和健康部位的接触进行传播，当空气湿度达到 85% 以上、温度在 15℃ 以上时，病害容易发生并形成流行。

芹菜菌核病主要危害芹菜的叶片和茎，通常叶片发病较早，会出现水渍状淡黄褐色病斑，空气湿度较大时会生出白色菌丝令病部软腐，后期会在病部出现黑色鼠粪状菌核，若条件适宜病害还会蔓延到叶柄和茎部。

防治芹菜菌核病需要和非芹菜蔬菜作物实行 3 年以上轮作，栽培前要对种子进行消毒杀菌处理，土壤闲置时要进行深耕细作处理，及时将病残体和杂草等清除并集中处理，也可以在外界温度较高时进行高温闷棚处理，这样可以灭杀土壤中绝大多数菌核。若已发病需及时进行药剂防治，可每亩施用 45% 百菌清烟剂 250 克或 10% 速克灵烟剂 250 克进行熏蒸处理，每 8 天一次，连续熏蒸 2～3 次，也可用 50% 多菌灵可湿性粉剂 500 倍液或 40% 菌核净可湿性粉剂 1000 倍液进行喷施，可在苗期配合施用新高脂膜 800 倍液隔断病害传播途径来增强药效。

二、芹菜细菌病害及防治

（一）芹菜软腐病

芹菜软腐病主要由细菌中的胡萝卜软腐欧氏杆菌胡萝卜软腐致病型引发，病原菌通常在土壤中越冬，能通过灌溉水入侵植株伤口，芹菜在生长后期空气湿度较大时容易发病，当芹菜发生冻害或有虫害造成植株出现伤口时软腐病容易蔓延。

芹菜软腐病主要危害叶片的叶柄，通常发生在叶柄基部，初期会形成纺锤形水渍状淡褐色病斑，之后病斑逐渐扩展，叶柄病部发臭并呈现湿腐状，最终叶柄处仅剩表皮，进而叶片脱落。

防治芹菜软腐病需要和非芹菜蔬菜作物实行 2 年以上轮作，在栽培过程中定植时要注意作业避免伤根，苗期出现病株要及时将病株挖除并向病穴撒入石灰等进行消毒处理。若已发病要及时进行药剂防治，可喷施新植霉素 3000～4000 倍液或 72% 农用链霉素可溶性粉剂 3000～4000 倍液等，每周一次，连续喷施 2～3 次。

（二）芹菜细菌叶斑病

芹菜细菌叶斑病主要由细菌中的菊苣假单胞杆菌引发，病原菌可以在病残体或杂草上越冬，病害适宜发生和传播的温度为30℃，属于喜高温高湿病害，保护地空气湿度较大时易于发生和传播。

芹菜细菌叶斑病主要危害芹菜叶片，初期会在叶片形成浅褐色斑点，之后斑点随着叶脉走向进行蔓延形成多角形或不规则病斑，严重时病斑会相互融合导致叶片枯死，其病斑水渍状并不明显。

防治芹菜细菌叶斑病需要注意通风降湿，避免叶片结露引发病原菌传播。若已发病要及时进行药剂防治，可选用可杀得可湿性粉剂500倍液或72%农用硫酸链霉素可溶性粉剂400倍液等进行喷施，每周一次，连续喷施2～3次。

三、芹菜病毒病害及防治

芹菜病毒病害主要由芹菜花叶病毒和黄瓜花叶病毒引发，也被称为皱叶病或抽筋病，有时以上两种病毒也会结合马铃薯Y病毒或芜菁花叶病毒复合侵染植株。其中，黄瓜花叶病毒通常会依附在病残体或杂草上越冬，其他病毒主要通过汁液和昆虫媒介传播。

整体而言，芹菜病毒病害的病毒喜欢高温干旱环境，通常在空气湿度80%以下的高温环境中芹菜易于发病，最适宜发病的温度为20℃～35℃。芹菜从苗期到成株期都有可能发病，通常会全株染病，染病初期叶片会出现皱缩、失绿的现象，能够看到叶面出现浓绿和淡绿相间或者绿黄相间的病斑，受害的植株新生叶片较小，有时会发生扭曲变窄，严重时心叶的节间会缩短，全株都会出现黄化、皱缩等现象，发病较晚的植株会出现花叶但植株会较为正常。

防治芹菜病毒病害需要加强蚜虫防治，控制好昆虫媒介数量，可以在保护地门窗和通风口悬挂银灰色膜条驱避蚜虫，蚜虫发生后可在田间布置黄色粘板或采用药剂治理，栽培过程中要加强水肥管理，培育壮苗和强壮植株根系，提升其抗病性。若苗期发病需要及时进行药剂防治，可选用20%病毒A可湿性粉剂500～700倍液或病毒净400～600倍液进行喷施，每周一次，连续喷施2～3次。

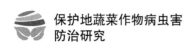

四、芹菜根结线虫病及防治

芹菜根结线虫病主要由南方根结线虫和爪哇根结线虫等多种根结线虫侵染根部引发，根结线虫能够以卵囊或卵的形式留存根组织越冬，或者以2龄幼虫形式在土壤中越冬，当外界环境适合时越冬卵会在病残体中孵化为幼虫，幼虫继续在病部组织中发育或迁出病部组织侵入植株新根，其能够借助病土和灌溉水进行传播。

芹菜根结线虫通常在土壤中入侵根尖，之后开始生长发育，从而令植株根部形成畸形肥肿，宛若瘤状，通常危害植株的侧根和须根，雄成虫通常呈细长蠕虫状，雌成虫则为梨形，雌成虫能够在寄生组织中分泌可刺激根部组织形成巨型细胞的唾液物质，从而引起根部出现瘤状物。染病初期植株地上部位症状不明显，严重时会出现植株矮化且生长发育不良、叶片变黄乃至萎蔫或枯死的症状。

防治芹菜根结线虫病可以与芦笋或禾本科蔬菜作物实行2～3年轮作，也可以实行水旱轮作，这样能够在一定程度上抑制根结线虫病发生，在栽培前可以对土壤进行30厘米以上深翻细耕，彻底清除并集中处理病残体，同时可采用大水漫灌闷棚的方式来阻碍根结线虫繁殖。药剂防治方法和茄科、葫芦科防治根结线虫的方法相似。

第二节　韭菜主要病害及防治

一、韭菜疫病

韭菜疫病主要由鞭毛菌亚门真菌中的烟草疫霉菌引发，病原菌主要以卵孢子形式依附病残体越冬，也可以孢子囊形式在土壤中越冬，当条件较为适宜时卵孢子或孢子囊开始侵染植株，当湿度较大时病部会长出孢子囊，孢子囊会借助气流和灌溉水进行传播。病害适宜的传播温度为25℃～32℃，属于喜高温高湿病害，在通风不良和光照不足的保护地易于发生和传播。

韭菜疫病几乎会危害韭菜植株所有部位，包括茎、鳞茎、根部及花薹等，会令植株生长受到很大抑制，使韭菜容易成片枯死，其中，以植株的假茎和鳞茎受害最为严重。叶片和花薹受害通常会从植株中下部开始，初始受害部位会出现长 5 ～ 50 毫米的水渍状暗绿色病斑，之后病斑扩展到叶片或花薹的一半大，受害部位通常会出现变黄凋萎现象，失水后病部会缢缩变细，当空气湿度较大时病部会出现软腐现象，病部表层会出现稀疏的灰白色霉层。植株的假茎受害后会出现浅褐色水渍状软腐病斑，叶鞘容易发生脱落，鳞茎受害后会在根盘部分出现浅褐色或褐色水渍状软腐病斑，内部组织呈现浅褐色。根部受害后根毛会变得极少，其无法正常吸收养分及水分，从而导致植株干枯或倒伏，主要受害症状是根部变为褐色并逐渐腐烂。

防治韭菜疫病主要靠栽培管理，对新种植或移栽的植株要防倒伏，若植株生长过旺可以适当进行剪叶处理，夏季避免土壤过于湿润，控制水分供应避免积水，冬季要少浇水并及时进行通风降湿。若已发病要及时进行药剂防治，可选用 64% 杀毒矾可湿性粉剂 500 倍液或 25% 甲霜灵可湿性粉剂 750 倍液等进行交替喷施，每 10 天一次，连续喷施 2 ～ 3 次，初次发病的保护地出现少量病株时可以用 25% 甲霜灵可湿性粉剂 1000 ～ 1200 倍液进行灌根处理，每株灌根 130 克即可。

二、韭菜灰霉病

韭菜灰霉病主要由半知菌亚门真菌中的葱鳞葡萄孢菌引发，是冬春茬保护地韭菜的主要病害之一，通常会造成韭菜叶片枯死或腐烂，从而严重影响韭菜产量，因为其会造成叶片腐烂，所以通常染病植株会出现异味，商品性状会大幅降低。病原菌主要以菌核或菌丝体形式依附病残体在土壤中越冬，也可以菌丝体和分生孢子形式依附保护地韭菜越冬，菌核能够依附病残体在土壤中越夏。适宜韭菜灰霉病发生的温度为 9℃ ～ 30℃、空气湿度为 75% 以上，在温度达 20℃、空气湿度在 90% 以上时，病害发展迅速，在 27℃ 时病原菌产生的菌核最多。韭菜灰霉病属于喜高温高湿病害，多发于昼夜温差较大的保护地。

韭菜灰霉病主要危害植株叶片，受害叶片初期会出现白色或浅灰褐色斑点，通常见于叶片正面，之后病斑从叶尖开始向下部扩展形成椭圆形或梭形大病斑，病斑还会逐渐汇合连片，造成叶片出现大片枯死斑，最终导致叶片全部枯焦或半叶枯焦，若空气较为潮湿病部表层会生出灰色或灰褐色绒毛状霉层。有时受害叶片不会出现白色斑点，而是直接由割茬之后的刀口处向下腐烂，呈现出 V 字形或半圆形病斑，病斑多数为淡绿色且带有褐色轮纹，病部继续扩展则会呈现出黄褐色，其表面会生出灰绿色或灰褐色霉层。

防治韭菜灰霉病需要选用抗病品种，并在夏季做好护根管理，在较为炎热的天气尽量不浇水不施肥，即夏季注意防涝防草，及时剪除细嫩花薹，类似蹲苗，当天气逐渐转凉时开始追肥浇水，扣棚之前要保护好植株根系，扣棚后要注意通风降湿，避免植株叶片结露。若韭菜刚割过或外界气温大幅降低，需要注意适当控制通风，避免通风过大造成室内温度过低，在每次收割韭菜后都要及时将残留病叶清除并集中处理。若已发病需及时使用药剂防治，可选用 70% 甲基托布津可湿性粉剂 800 ～ 1000 倍液或 50% 多菌灵可湿性粉剂 500 倍液进行喷施，每次收割盖土之前喷施一次，也可利用熏蒸法，每亩施用 45% 百菌清烟剂 250 克或 10% 速克灵烟剂 250 ～ 300 克进行室内熏蒸。

第三节　香椿主要病害及防治

香椿又名香椿芽或香桩头，属于落叶乔木、雌雄异株植物，除了能够提供椿芽供给食用外，还是园林绿化的优选树种。中国食用香椿可追溯到汉代以前，香椿芽不仅营养丰富，而且具有一定的食疗作用，例如，对外感风寒、痢疾、风湿痹痛等有缓解作用。香椿属于喜温性植物，喜光且较耐湿，可根据其特性进行香椿保护地栽培。

一、香椿白粉病

香椿白粉病主要由子囊菌亚门真菌中的香椿白粉菌引发，病原菌主要以闭囊壳形式依附病残体越冬，当条件适宜时，闭囊壳就会释放出子囊孢子，子囊孢子会通过气流和灌溉水进行传播，孢子通常在发芽之后从叶片的气孔入侵，从而令叶片病部产生大量菌丝和分生孢子，之后再通过分生孢子进行重复侵染。

香椿白粉病主要危害植株叶片，受害叶片在初期会出现不规则的失绿病斑，之后病斑处的叶背出现白色粉状物，后期病叶的叶背会产生黄褐色粒点，然后逐渐变为黑色粒点。香椿白粉病会造成植株叶片脱落，从而影响植株的长势，也会对次年植株的椿芽产量造成极大影响。

防治香椿白粉病需要加强保护地清洁，要及时清除病叶、老叶及落叶并对其进行集中处理，栽培过程中要注意通风降湿，避免高湿环境出现。若已发病可以在初期进行药剂防治，可选用 50% 退菌特可湿性粉剂 800 ～ 1000 倍液或 25% 粉锈宁可湿性粉剂 1500 ～ 2000 倍液进行喷施，每 10 天一次，连续喷施 2 ～ 3 次。

二、香椿根腐病

香椿根腐病主要由半知菌亚门真菌中的立枯丝核菌引发，病原菌主要以菌核形式在土壤中越冬，也可以菌丝体形式依附病残体越冬，菌核能够在土壤中存活 2 ～ 3 年，为主要的初次侵染源。在适宜的环境条件下，菌核会萌发出菌丝，而依附病残体的菌丝会直接萌发。病原菌主要从植株表皮入侵造成危害，能够通过灌溉水及农事操作进行传播，当空气湿度较大时容易引发植株根腐病。

香椿根腐病主要危害幼苗期植株，幼苗受害表现为嫩芽腐烂、植株猝倒或立枯，大苗受害则表现为叶片腐烂和根茎腐烂，通常患病部位的表皮层会变为赭褐色，之后逐渐变为黑褐色，过程中出现腐烂流水现象，很难自愈，受害植株通常发育迟缓，生长中期会严重落叶乃至直接死亡。

防治香椿根腐病以加强栽培管理为主，在进行定植前可以用 5% 石灰水或 0.5% 高锰酸钾溶液进行浸根处理半个小时，然后用清水洗净其根部再进行定植，这样可以有效防治根腐病，栽培过程中要避免幼苗密植，并保证保护地空气湿度较低，可适当进行通风降湿。若已发病需要及时进行药剂防治，可选用 70% 甲基托布津可湿性粉剂 1000 倍液或 50% 多菌灵可湿性粉剂 600 倍液喷施病株根部，每周一次，连续喷施 2 ～ 3 次[①]。若保护地空气湿度较大可以通过在苗间撒草木灰来有效降低土壤湿度，可每亩撒草木灰 75 千克左右。

三、香椿叶锈病

香椿叶锈病主要由担子菌亚门真菌中的香椿柄锈菌引发，病原菌会以冬孢子形式依附香椿病叶进行越冬，在条件适宜的情况下其冬孢子角会显露出来，冬孢子角能够吸水膨胀从而萌发生出带有隔膜的担子，担子上形成担孢子，担孢子会随风进行传播并入侵植株叶片，香椿叶锈病属于喜高湿病害。

香椿叶锈病在保护地苗木期发生较为严重，主要危害植株叶片，初期叶片正面会出现凸起的黄褐色斑点，后期叶背会出现黑褐色不规则形状病斑，病斑

---

① 李林，齐军山，李长松，等 . 保护地蔬菜病虫害防治技术［M］. 济南：山东科学技术出版社，2002：111.

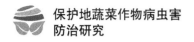
如同铁锈一般，通常受害的植株会出现长势衰弱、提早落叶的现象，容易影响香椿芽的产量。严重时病斑会连片乃至蔓延至整个叶片，其叶背会生出黑褐色粒点，最终叶片变黄脱落。

防治香椿叶锈病要及时在冬季香椿落叶后清理病叶并对其进行集中处理，在栽培过程中要降低空气湿度，适当进行通风，同时避免施用过多氮肥，适当增施钾肥和磷肥，相对而言，香椿属于需求钾肥较多的蔬菜作物。若已发病要及时进行药剂防治，可在初春选用 15% 粉锈宁可湿性粉剂 600 倍液或 15% 三唑酮可湿性粉剂 1500 ～ 2000 倍液进行喷施，每周一次，视病情轻重连续喷施 1 ～ 3 次。

第四节　其他科蔬菜作物主要虫害及防治

一、葱蓟马

葱蓟马属于缨翅目蓟马科，主要危害韭菜、洋葱、大蒜和葱等蔬菜作物，也会危害甘蓝、白菜等十字花科蔬菜作物及茄子、马铃薯等茄科蔬菜作物，通常以成虫和若虫群集形式危害蔬菜作物。

（一）外形特征

葱蓟马主要有 5 种形态，分别为卵、若虫、前蛹、伪蛹和成虫。卵通常为黄绿色，初期呈现为肾形，长约 0.2 毫米，随着胚胎的发育其形状会逐渐变化为圆形；若虫有 2 龄，初孵化的 1 龄若虫为白色透明状，体长 0.37 毫米，2 龄若虫形态和成虫相似，体色为浅黄色或深黄色，体长约 0.9 毫米；若虫化蛹时经历两个阶段，一是前蛹，其体形和 2 龄若虫相近，能够活动却不再进行取食，雌虫会长出翅芽，二是伪蛹，伪蛹翅芽较大，触角贴向胸部背面，已不再取食不再活动；成虫体色多数为淡褐色，也有些为淡黄色或深褐色，通常体长1 ～ 1.3 毫米，触角为 7 节，复眼稍微突出呈现为粗粒状，颜色为紫红色，雄虫通常无翅，雌虫有翅，颜色为淡黄褐色，成虫的腹部从第 2 节到第 8 节的背板前缘有一条黑色横纹。

（二）生活习性

葱蓟马在北方通常一年发生 6 ～ 10 个世代，会以成虫或若虫形式在洋葱、大蒜等越冬蔬菜作物的叶鞘内越冬，如果是前蛹和伪蛹则会在土壤中越冬。成虫在环境适宜条件下非常活泼善飞，能够借助气流和风力迁飞到很远的地方，具有很强的避光性，在白天会隐藏在叶背和叶腋处危害植株。成虫以雌成虫孤雌生殖为主，其会将卵散生在茎叶组织中，新孵化的若虫具有群集性，会以群体形式危害蔬菜作物，若虫期为 10 ～ 14 天，2 龄若虫成熟后会钻入土壤中进行蜕皮变成前蛹，2 天之后再次蜕皮变为伪蛹。

葱蓟马完成一代只需 20 天左右，较为喜欢温暖偏干旱的环境，当湿度为40% ～ 70%、温度为 23℃～ 28℃时发育迅速。成虫和若虫会以锉吸式口器危害植株的嫩芽和心叶，受害叶片会叶尖枯黄，并生出细密灰白色长条形斑纹，受害严重的叶片会畸形枯萎。

（三）防治方法

防治葱蓟马要注意保护地栽培管理，及时将室内杂草、病叶及病残体清理并集中处理，要加强水肥管理来培育壮苗和促进成株旺盛，提高植株抗性，栽培过程中可进行地膜覆盖。若已发病可以在若虫盛行期进行药剂防治，可选用10% 吡虫啉可湿性粉剂 2500 倍液或 1.8% 爱福丁乳油 3000 倍液等进行喷施，每周一次，连续喷施 2 ～ 3 次，也可选用 25% 杀虫双水剂 400 倍液进行喷施，每周一次，连续喷施 5 ～ 7 次。

二、葱蚜

葱蚜也叫台湾韭蚜，属于同翅目蚜科，主要危害葱、蒜、韭菜、洋葱等百合科蔬菜作物。

（一）外形特征

葱蚜主要的形态为有翅孤雌若蚜、无翅孤雌若蚜、无翅孤雌蚜和有翅孤雌蚜 4 种。其中，有翅孤雌若蚜翅芽较为明显，为乳白色，身体颜色为淡黄褐色；无翅孤雌若蚜体色在初期为淡黄绿色，之后逐渐转变为红褐色，体形为长卵形，其足为透明的淡黄绿色，触角为淡黄色，喙很长能达到后足位置；无翅孤雌蚜体形为卵圆形，体长约 2.2 毫米，腹部有光泽且颜色较淡，在第 6 腹节有中断横带，在第 7 腹节、第 8 腹节有较宽的横带，头部和胸部为黑色，胸部中后部位有黑色缘斑；有翅孤雌蚜体形较长，体长约 2.4 毫米，身体颜色和无翅孤雌蚜相似，只是腹部第 1 腹节到第 3 腹节均有较宽的横带，第 4 腹节、第

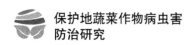

5 腹节的中侧融合为一块大斑，第 6 腹节、第 7 腹节的横带与缘斑相连，翅脉较粗且两侧有黑色晕纹。

（二）生活习性

葱蚜一年可以发生数十个世代，在北方葱蚜会以孤雌若蚜形式在收获的洋葱和蒜上越冬，在保护地一年能够发生 26～28 个世代，若蚜有 4 龄，具有较强的背光性，虫量较大时会布满整个植株，若蚜也有很强的趋嫩性和假死性。通常葱蚜会以成蚜和若蚜群集形式危害植株叶片，会通过口器刺吸植株的汁液从而造成植株产生失绿性斑点，严重时会造成植株死亡。

（三）防治方法

防治葱蚜的方法可参考桃蚜防治的方法，例如，利用其对黄色的强趋性进行诱杀或利用其对银灰色的趋避性进行趋避等。需注意在使用药剂防治时要多种药剂交替使用，避免葱蚜产生抗药性。

三、韭菜迟眼蕈蚊

韭菜迟眼蕈蚊也被称为韭蛆，属于双翅目眼蕈蚊科，主要危害韭菜，同时也是危害食用菌类较严重的害虫。

（一）外形特征

韭菜迟眼蕈蚊主要有 4 种形态。卵为椭圆形，其一端稍尖，长约 0.24 毫米，初生卵为乳白色，之后逐渐变为暗米黄色，临近孵化时卵的一端会出现明显黑点；幼虫老熟时身体细长呈圆筒形，长约 5～7 毫米，全身半透明呈乳白色，头部漆黑有光泽，且比身体坚硬，口器较发达，通常有 12 个体节，腹部有 9 节，胸部有 3 节，腹部最后 2 节的背面有淡黑色八字形纹；裸蛹初期为黄白色，后期转为黄褐色，在羽化前呈现灰黑色，蛹头部呈有光泽的铜黄色；成虫均有翅，身体胸部为褐色，头较小且弯向胸部前下方，前翅为淡灰色，雄蚊体长为 2～4.8 毫米，其触角较长呈黑褐色，如同丝状，有 16 节，腹部呈圆筒形，雌蚊体长 2.4～5 毫米，触角较短且更细，腹部末端较尖细，有一对 2 节的尾须。

（二）生活习性

韭菜迟眼蕈蚊在保护地能够常年发生，一年通常发生 5 个世代以上，当外界温度较低时，其会以幼虫形式在韭菜根系周围 3～5 厘米深处的土壤中或植株的根茎、嫩茎、鳞茎中休眠越冬，当温度提高后幼虫开始活动取食。韭菜迟眼蕈蚊的成虫具有明显的趋光性和趋腐殖质性，善于爬行且能迁飞，扩散范围能够达到百米以上，成虫通常在地表或土缝之中交配，并将卵产于土壤的缝隙中、韭菜的根基部或植株叶鞘缝隙内，卵多数为堆产，新孵化的幼虫会先危害靠近地面的植株幼嫩部分，营半腐生生活，能够借助靠近地面的烂叶生存，并通过叶片的伤口危害植株，之后会蛀入植株茎内，再从茎向根茎下部扩散。当环境条件较为适宜时，幼虫会在距地表 1～2 厘米处化蛹，15%～24% 的土壤湿度适合卵的孵化及蛹的羽化，土壤过于干燥和过于潮湿都不适合其生长发育。

韭菜迟眼蕈蚊通常以幼虫聚集形式在韭菜的地下部分危害植株假茎和鳞茎，其会钻食植株茎部，造成韭菜叶片枯黄萎蔫，受害严重时鳞茎腐烂甚至韭菜成片死亡。幼虫能够分泌丝线从而结出较为稀疏的丝网，且极为怕光，在强光的刺激下会四处爬动并不断翻滚。

（三）防治方法

防治韭菜迟眼蕈蚊主要是防治其幼虫，可以在栽培之前进行深耕晒土晒根，这样能够在 5～6 天内将幼虫晒干从而致使其死亡，在覆土之前可以撒草木灰，这样既能够改良土壤也能够灭杀韭蛆，栽培过程中可以适当灌冬水和灌早春水，这样能够减轻虫害。如果在栽培食用菌的过程中发现韭蛆，可以将菇筒两端扎紧，将室温维持在 20℃ 以上闷棚 24 小时，这样能够将绝大多数幼虫灭杀，但对食用菌不会有任何影响。栽培韭菜前可以使用 50% 辛硫磷乳油 1000 倍液进行浸根，定植之后可以随着灌溉水每亩追施 50% 辛硫磷乳油 1.7 千克或 25% 西维因可湿性粉剂 8 千克。若已发病可以选择在成虫羽化盛期进行药剂防治，可选用 80% 敌百虫可溶性粉剂 1000 倍液或 40% 菊马乳油 3000 倍液等进行喷施，而在幼虫危害盛期，若韭菜叶尖开始倒伏变黄可以进行灌根防治，可选用 50% 辛硫磷乳油 500 倍液或 48% 乐斯本乳油 1000 倍液等进行灌根，灌根时需要先将韭菜根系附近的表层土壤扒开，对准韭菜的根部进行喷灌，每株灌药 250 克再进行覆土。整体而言，连续防治 3 次就能够有效控制韭菜迟眼蕈蚊，但因为韭菜叶片对药剂有很强的吸附作用，因此在收割之前 10 天左右应该停药，避免造成商品性状降低。

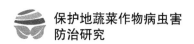

四、葱地种蝇

葱地种蝇也被称为葱蛆或蒜蛆，属于双翅目花蝇科，主要以幼虫形式危害葱蒜等蔬菜作物的鳞茎从而造成其大量减产。

（一）外形特征

葱地种蝇主要有 4 种形态：卵为稍微弯曲的长椭圆形，长约 1 毫米，弯曲部位有纵向凹陷；幼虫为蛆形，老熟幼虫体长 7～8 毫米，头部退化，仅有一个黑色口钩，身体前端较细后端较粗，整体颜色为乳白色略带淡黄，尾部末端生有 7 对肉质突起和 1 对红色气门，气门呈椭圆形，肉质突起中第 1 对略高，第 7 对非常小；老熟幼虫化蛹后呈长椭圆形，长约 4～5 毫米，通常为红褐色或黄褐色；成虫均有翅，体长约 4.5～6 毫米，翅展 12 毫米左右，其前翅基处背毛极为短小，腹部扁平呈长椭圆形，整体颜色为灰黄色或暗褐色，雄虫和雌虫最大的区别是复眼间距，雌虫复眼间距为头宽的 1/3，雄虫复眼间距很近。

（二）生活习性

葱地种蝇在北方地区通常一年发生 2～4 个世代，主要以滞育蛹形式在植株根系 5～10 厘米处越冬，有时也会以幼虫形式越冬，在保护地还可以成虫形式越冬。葱地种蝇的卵期为 4～6 天，幼虫期为 11～27 天，新孵化的幼虫会钻入植株鳞茎内为害，老熟幼虫会在寄主周围的土壤中化蛹，蛹期 9～19 天。幼虫危害植株鳞茎会引起叶片萎蔫枯黄，也会造成鳞茎腐烂，从而导致植株成片死亡，成虫对糖醋液具有很强的趋性，通常在白天活动，且在晴天的中午最活跃，具有较强的趋腐殖质性。

（三）防治方法

防治葱地种蝇需要培育壮苗，栽培前要施用充分腐熟基肥，同时可以在粪肥上追施一层毒土或在粪肥中拌入少量药剂，栽培时要进行严格选种，尤其是栽蒜时要选择粒大饱满且无创伤的蒜种。如果栽培大蒜时出现虫害，要在烂母前随水追施 50% 辛硫磷乳油 500～800 倍液或敌百虫药液进行防治，若已经出现烂母，可采用大水勤浇的方式来减轻虫害。药剂防治的方法和地蛆的防治方法相同，可参考十字花科蔬菜作物地蛆防治进行药剂施用。

第九章

保护地蔬菜作物病虫害防治创新技术

第一节　烟剂熏蒸及粉尘病虫害防治技术

一、烟剂熏蒸病虫害防治技术

烟剂熏蒸病虫害防治技术就是利用各种烟剂进行引燃，然后通过其产生的烟来对病虫害造成影响从而达到防治效果。

（一）烟剂熏蒸法防治技术特点

烟剂燃烧后产生的颗粒直径极小，可达到1微米，可以悬浮在空气中并自行扩散，所以其能够让药效得到最大限度的发挥，比喷粉和喷雾的效果更好。而且，烟剂熏蒸法不需要利用喷施的器械，也不需要用水，在较为密闭的保护地中烟剂还能够均匀分布在整个空间中，药效也会更加均匀。

（二）使用烟剂熏蒸法的要求

使用烟剂熏蒸法最基本的要求就是保护地必须要密闭，因为烟剂会漂浮在有限的空间中发挥效用，所以必须要保证保护地不漏烟，否则会严重影响烟剂的药效；另外，运用烟剂熏蒸法需要进行点燃，因此为了确保安全，烟剂要和引火捻等易燃物分别存放，避免操作不当或环境因素引发安全事故；其次，使用烟剂的时间要选择日出前或傍晚日落后，最佳的时间是日落后，一个原因是点燃烟剂后其需要一定时间进行扩散和发挥效用，通常使用烟剂后要进行闷棚一夜，另一个原因是白天通常会进行农事操作，使用烟剂容易影响农事效果；再次，点燃烟剂后人要立即离开不要滞留，避免烟剂对人的眼睛造成伤害，同时使用时要注意遵循剂量要求，不能随意加大剂量，避免对植株产生药害；最

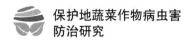
后，烟剂要均匀投放在保护地 4 ～ 5 个地点，若使用百菌清烟剂要在发病前施用，因为其主要作用是进行保护。

（三）烟剂熏蒸法防治对象和常用烟剂

烟剂熏蒸主要防治茄科蔬菜作物的早疫病、晚疫病、叶霉病、灰霉病、白粉虱和蚜虫等，以及防治葫芦科蔬菜作物的白粉病、炭疽病、疫病和霜霉病等，要针对不同的病虫害使用不同含量的烟剂和针对性的烟剂。

主要应用的烟剂有 45% 百菌清烟剂、30% 百菌清烟剂、10% 百菌清烟剂、10% 速克灵烟剂、10% 杀瓜蚜烟剂、10% 腐霉利烟剂、20% 特克多烟剂、3.5% 特克多烟剂、22% 敌敌畏烟剂和 30% 敌敌畏烟剂等[①]。

二、粉尘病虫害防治技术

粉尘病虫害防治技术就是以喷施粉尘剂的方式来进行病虫害防治，属于喷粉法，但粉尘剂属于比普通农药粉剂更细的加工过的粉粒，是介于烟剂发烟后的烟尘和可湿性粉剂之间的一种药剂粉粒，如同尘埃。喷施后，其会在保护地形成飘尘，能够在空中悬浮较长时间且能够发生飘忽运动，最终会均匀沉积到蔬菜作物的各个部位，有多向沉积的特点，因此其药效较好。

（一）粉尘法防治技术特点

粉尘法最为主要的特点是不需要用水勾兑，所以在进行病虫害防治时不会增加室内的湿度，这一点相比喷雾法更加具有优势，因为很多植株病虫害对空气湿度都有很强的敏感性，普通喷雾法需要用水，因此很可能会提高室内空气湿度从而诱发或加重病虫害，而粉尘法不需要用水，粉尘剂也能够均匀地沉积在植株各个部位，不但能减少药剂的浪费，还能够提高防治的效果。相对而言，蔬菜作物采用粉尘法每亩能够比喷雾法节省用水 2 吨以上，且能够比喷雾法节省用药 20% 以上。

另外，粉尘法在设备齐全的情况下操作非常简便，因为不需要将药剂溶于水中，所以喷施过程非常轻便，能够减轻劳动强度，而且比喷雾法喷施药剂的时间少很多，一亩保护地粉尘法喷施仅需要几分钟，而喷雾法则需要近一个小

① 辽宁省科学技术协会 . 保护地蔬菜病虫害防治技术［M］. 沈阳：辽宁科学技术出版社，2010：19.

时乃至更久，整体来看，粉尘法的效果及劳动强度都优于喷雾法。

最后，粉尘法不会受到天气条件的限制，在阴雨天同样可以采用粉尘法进行病虫害防治，并不会因为天气条件影响药剂的效果，而喷雾法通常会提高保护地内的空气湿度，因此要选择晴天的上午或刚过正午的阶段进行喷施，若天气条件不当则会延误防治时机。同时，粉尘法依靠的是粉尘剂的沉积作用，这一点对保护地的条件要求较低，即使保护地有缺口或破损等，粉尘剂的效果也不会下降，相比而言烟剂熏蒸法则需要保护地完全密闭，否则就会影响药剂效果。

（二）使用粉尘法的要求

使用粉尘法需要具备的基本条件是拥有喷粉器，普通的手动喷粉器是一种由人力驱动的靠风机产生气流从而开始喷施粉尘剂的农事器具，操作时需要确保手柄摇转速度能够使喷口风速每秒大于 10 米，在进行粉尘剂填装前要确保喷粉器各个部位保持干燥，无水滴和水雾积存，在装粉之前要确保关闭出粉开关，避免粉尘剂直接进入喷粉器内部致使风机无法转动，一般从未使用过的喷粉器第一次装粉应该多装一些，之后确保用量后按比例进行相应添加即可，在喷粉之前需要根据需求调节好喷粉器出粉的速度，通常在一分钟 200 克左右，喷头的选用需要根据不同的喷施对象和不同的栽培技术进行针对性选择。

进行喷粉时根据器械和粉尘剂的使用要求即可，通常是将粉尘剂直接装入药箱而不需要进行任何配兑和加工，在喷施之前需要根据操作者的身高调节好背带，在操作时需要先摇动手柄，之后再打开喷粉开关。在保护地进行粉尘剂喷施通常采用对空喷施法，不能直接对蔬菜作物进行喷施，而且不同的保护地喷施方法也稍微有所不同。例如，日光温室或加温温室通常宽度较窄，为 6 ~ 8 米，喷施粉尘剂可以从北墙位置向南对空喷施，从里端开始，边喷施边向门口方向移动，通常匀速行走，退到门口后出去并将门关闭；塑料大棚通常宽度为 10 ~ 15 米，可以从大棚中间过道的里端开始，将喷粉管左右匀速摆动，背对大棚门口匀速向后退行喷施，速度通常为每分钟 10 ~ 12 米，退到门口后将门关闭。如果按需求喷施完之后喷粉器内仍有粉尘剂剩余，可以揭开缝隙将粉尘剂喷入，若剩余较多可以选择多个部位将粉尘剂喷入。

在喷施前需要先将保护地通风口和门关闭，棚膜如果有破损，只要破损不严重就不会影响粉尘剂效果，喷施粉尘剂的时间最好选择早晨或傍晚，阴雨天可以全天喷施，尽量避免晴天正午喷施，防止粉粒附着力受到影响而削弱药效。通常喷施之后 2 小时即可开棚进行各种正常的农事活动，若在傍晚喷施可以在第二天早晨开棚进行农事活动。若是在早晨喷施，因为露水未干，所以需要注意避免喷头沾上露水，在中途停止喷粉要先关闭出粉开关，再摇动几下手柄令风机内的粉尘剂全部喷干净后停止。

（三）常用粉尘剂及使用要求

不同的病虫害所需要的粉尘剂也有所不同，可以根据需求进行选择。例如，5% 百菌清粉尘剂和 7% 防霉灵粉尘剂能够防治白粉病和霜霉病；5% 防细菌粉尘剂能够防治黄瓜角斑病等细菌病害；5% 灭克粉尘剂和 5% 灭霉灵粉尘剂能够防治菌核病和灰霉病等。除此之外，还有专门用于防治蚜虫的防蚜粉尘剂，用于防治早疫病、晚疫病、蔓枯病的各种粉尘剂等 [①]。

喷施粉尘剂需要注意操作人员必须要佩戴口罩和风镜，以避免粉尘剂进入眼睛和口鼻造成人员受到影响，在喷施粉尘剂之后 3 天内最好不要进行药剂喷雾，容易影响粉尘剂的防治效果，如果无法避免进行药剂喷雾处理，可以先进行药剂喷雾处理再进行粉尘剂喷施。喷粉器使用完毕需要将剩余粉尘剂倒出并将喷粉器清理干净，避免粉尘剂遗留在器械内，因为这很容易造成粉尘剂受潮结块从而堵塞器械管道或通路，如果长时间不用喷粉器，需要为风机施加适量机油避免其受潮生锈，同时粉尘剂也需要置于干燥防潮区域保存，避免受潮。

第二节　频振式杀虫灯虫害防治技术

保护地蔬菜作物栽培过程中，不同科蔬菜作物所遭受的虫害种类和危害度也有所不同，而且随着保护地设施的广泛使用，各种常见虫害也开始广泛传播，而长期使用化学药剂有时会对害虫的天敌造成不同程度的杀伤，也容易令害虫产生抗药性，甚至会令蔬菜作物中的农药残留超标，使其无法达到食用需求从而对消费者的安全造成威胁，所以根据害虫的不同特性，使用物理手段进行虫害防治就成了生态防治的重要手段，其不仅能够避免害虫产生抗药性，也能够避免杀伤害虫的天敌，还可以降低蔬菜作物中的农药残留。

---

① 怀凤涛 . 保护地病虫害防治技术［M］. 哈尔滨：东北林业大学出版社，2001：174.

一、频振式杀虫灯特点

危害各种蔬菜作物的害虫有很多都具有很强的趋光性，这是因为趋光性昆虫的视网膜具有一种能够吸收某一特定波长光的色素，其对特定波长的光很敏感，吸收光后会刺激昆虫的视觉神经从而促进昆虫向光源运动，昆虫的可见光区更偏向于短波光，例如，多数趋光性昆虫喜好紫外光和紫光，尤其是鞘翅目和鳞翅目昆虫对此类光更加敏感。在了解到昆虫这些习性之后，生态灭杀虫害的黑光灯就被开发出来了。

（一）黑光灯弱点

黑光灯能够放射 360 纳米的光波，是一种人类无法看到的紫外线，具有很强的诱虫作用，能够对危害各种蔬菜作物的害虫产生很好的诱杀效果，但也有一定弱点。例如，刚点燃的黑光灯通常无法达到输出功率，需要 5 分钟左右进行预热方可达到最高输出功率；频繁启动会极大缩短黑光灯的寿命，且随着黑光灯的使用其本身的辐射能量会逐渐下降；黑光灯对电源电压的波动很敏感，如果电压较低，黑光灯很可能就无法启动或刚点燃就会熄灭，而使用超过其需求的额定电压会极大缩短黑光灯的使用寿命。

（二）频振式杀虫灯

在黑光灯的基础之上，频振式杀虫灯吸收了其优点且克服了其不足，成了新一代蔬菜作物虫害诱杀设备。频振式杀虫灯利用了害虫的趋光性、趋波性、趋色性及趋性信息性，整体架构以各种灯管为主体，外部配有频振式高压电网和外壳，另外还有用来接取虫体的接虫袋，其灯管能够散发特定灯光，也能够散发特定波段的波，灯管中还有紫外线灯管，能够散发紫外线及其他颜色，接虫袋不仅能够收集虫体，也能够用以放置性信息素来诱惑害虫。整体而言，频振式杀虫灯就是将光波设定在一个对害虫具有强吸引力的特定范围内，近距离利用光，远距离利用波，再辅以色彩吸引和性信息吸引，从而诱使害虫扑灯，因为灯的外部罩有频振式高压电网，因此害虫在扑灯时会直接被灭杀，虫体会落入接虫袋，最终可以降低保护地内虫口基数。

相对比来说，频振式杀虫灯优势极为明显。首先，其诱杀力比黑光灯强 4 倍以上，黑光灯主要靠紫外线对害虫进行诱惑，而频振式杀虫灯能够从光、波、色、味多个方面诱惑害虫；其次，其安装很简便，能够通过需求自己控制灯的高度，不会受到地势方面的影响；再次，其占地面积较小，能够直接挂在木杆上，不需要单独设置悬挂物，且使用起来非常安全，通常能够设定为晚上自动开灯白天自动关灯，可以减少电量使用和增长使用寿命，相比黑光灯而言其使用寿命更长；最后，其耗电量较小且诱杀害虫的范围极广，每小时耗电量仅为 30 瓦左右，且对上千种害虫有诱杀作用，而且对害虫天敌的危害较小，很多鞘翅目害虫的天敌即使被杀虫灯击落，依旧拥有较强的生命力，能够通过释放来保护害虫天敌。

频振式杀虫灯的灭虫方式是纯粹的物理手段，利用的是害虫的趋性，因此能够在灭杀害虫的同时，减少化学药剂的使用，从而能够提高蔬菜作物的质量，利于产出现今消费者比较喜欢的绿色蔬菜、有机蔬菜和无公害蔬菜。

二、频振式杀虫灯的应用方法和效果

（一）频振式杀虫灯的应用方法

首先，频振式杀虫灯引诱害虫的效果很好，但其杀虫效果和日常管理维护有很大关系，频振式杀虫灯靠的是高压电网和捕虫袋对害虫进行灭杀，因此有效清刷高压电网和清理捕虫袋就能够大大提高杀虫效果。高压电网需要每天清理一次，最长不能超过 3 天，否则就会令杀虫效果降低，在清理过程中要将残留在网上的害虫残体和杂物等清理干净，可以顺着电网的方向轻轻刷拭，在清理过程中需先关闭电源，避免对人造成危害；捕虫袋也需要 3 天清理一次，如果是虫害较严重和气温较高的夏秋季节，最好能够每天清理捕虫袋一次，这样不仅能够提高诱杀害虫效果，还能够避免虫尸积累引起其他病害；需要根据杀虫灯的使用寿命及时对其进行更换，杀虫灯的使用寿命通常为 3 年，但灯管通常使用寿命是 1 年，当灯管和灯达到使用期限时，必须要及时进行更换，避免杀虫效果大幅降低造成更大的损失。

其次，在悬挂频振式杀虫灯的过程中，其悬挂高度也会对杀虫效果造成一定影响，同类蔬菜作物品种和相同的栽培模式，不同的悬挂高度杀虫效果会有所区别，需要根据所诱杀的害虫特性，如害虫的飞翔高度、运动特性等，选择最合适的悬挂高度，而且不同蔬菜作物品种长势不同，也需要对灯的悬挂高度进行相应调整，例如，保护地高秧蔬菜作物，其植株本身较高，因此相应来说悬挂灯的高度也要偏高，通常悬挂在 1～1.3 米的高度才能取得较好的杀虫效果。

再次，保护地蔬菜作物栽培现今已能够做到周年生产，但相应而言虫害的发生依旧具有一定的规律性。虫害较严重的阶段在春末、夏季及秋初时段，整体来看以夏季虫害最为严重，所以使用频振式杀虫灯的频率可以依据虫害情况相应调整。而且，在虫害高峰期，每天害虫的活跃度也有一定规律，因为杀虫灯灭杀的主要是害虫的成虫，其每天的活跃期多数处在晚上 7 点到 10 点左右，所以在诱杀害虫时可以根据成虫的活跃特性集中进行，晚上 10 点后诱杀成虫的效果会快速下降，从能源和成本角度来考虑，适当在午夜时将杀虫灯关闭，不仅能够节约能源，还能够有效延长杀虫灯的使用寿命，同时也可以达到控制虫口基数的目的。

最后，可以利用杀虫灯配合防虫网和性诱剂来达到更好的虫害防治效果，在保护地门窗和通风口的位置安装防虫网，再在保护地内布置杀虫灯，两者能够彼此形成互补。防虫网能够阻隔绝大部分害虫，能够相应有效地控制害虫数量，但难免会有害虫随农事操作等进入保护地，因此布置杀虫灯能够将不小心进入保护地的害虫进行诱杀，尤其是老龄保护地密封条件已变差时，更需要配合杀虫灯进行害虫灭杀；杀虫灯虽然能够通过光、色和波等引诱成虫自投罗网，但难免有条件不适宜的情况发生，造成成虫不受引诱，相应配合使用性诱剂则可以更好地达到引诱效果，但需要根据害虫特性和虫害情况，有针对性地选择匹配的性诱剂，这样才能达到更好的诱杀效果。

（二）频振式杀虫灯的使用效果

频振式杀虫灯对多数蔬菜作物上常见的害虫都有较好的诱杀效果，其能够诱杀的害虫种类很多、数量极大，例如，鳞翅目、鞘翅目、同翅目和半翅目的害虫多数能够受到诱惑从而被灭杀，对斜纹夜蛾、小地老虎、玉米螟、小菜蛾、甜菜夜蛾等更是有很好的诱杀效果。

同时，杀虫灯也有其很大的局限性，其主要诱杀的是夜间活动频繁的害虫，对白天活动较为频繁的害虫则没有很好的诱杀效果，如蚜虫、蝇类和菜粉蝶等。另外，杀虫灯的特点是悬挂式大量灭杀成虫，这就要求害虫成虫需要具有飞翔能力，而对于那些无法飞翔的害虫、成虫可飞翔但幼虫无翅的害虫及害虫的卵则没有防治效果，因此在使用杀虫灯时，还需要配合其他杀虫手段，可以先分析所在地易发生的虫害，然后根据害虫的相应特性进行适当的手段调整，可配合生物药剂防治、天敌防治及化学防治等。

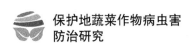
（三）频振式杀虫灯的优势效益

频振式杀虫灯的优势效益可以从3个角度来分析，其一是经济效益，其二是社会效益，其三是生态效益。

任何保护地蔬菜作物栽培过程中进行害虫防治都相应需要花费一定的成本，整体来对比，频振式杀虫灯既能够提高防治虫害的效果、减少人工成本的投入，又是属于生态防治手段，因此在防治虫害的同时还能够帮助提供更加绿色和有机的蔬菜作物，这类产品在市场更具有优势，也更能创造好的经济效益，综合之下，虽然使用频振式杀虫灯前期投入较大，但一次投入能够保证一年多茬蔬菜作物的虫害治理更加方便和高效，而且后期蔬菜作物还能够创造更好的收入，另外还可以在一定程度上提升蔬菜作物的品质，有助于打造有机蔬菜或绿色蔬菜的品牌从而提升品牌价值，最终为种植者创造更大效益。

首先，频振式杀虫灯能够有效控制虫害，因此有效减少了化学药剂的使用量及使用次数，这令蔬菜作物在外在商品性和内在安全性方面都有了极大的提高，从而为社会的安全和人们的健康提供了极大的保障；其次，对于以出口为主的蔬菜作物生产基地或企业，这种物理灭虫的方式有效抑制了农药的使用，因此减少了蔬菜作物因农药残留超标而无法出口的现象，也相应提升了中国蔬菜作物的竞争力和品牌口碑；再次，频振式杀虫灯不仅能够灭杀害虫，还能够相应为养殖业提供优质的蛋白饲料，毕竟这种灭虫方式无任何药物施用，可以保证蛋白饲料安全性，将其用于养鸡、养鱼等养殖方面，既节省了饲料还增加了养殖物种的营养；最后，对于保护地栽培的农事操作者而言，物理灭虫的方式极大降低了操作者接触有毒有害农药的概率，保障了操作者的身体健康和安全，同时也有效减轻了操作者的劳动强度。

其生态效益主要体现在对生态环境的维护方面，因为频振式杀虫灯属于纯物理灭虫方式，因此能大大减少了农药使用，从而减少了农药对环境的污染，而且减少农药使用也使害虫对农药不易产生抗药性，从而形成了良性循环，即减少农药的使用可达到更好的效果。另外，频振式杀虫灯在灭杀害虫的同时很少会危害害虫天敌的生命，这无形中保护了对蔬菜作物有益的各种益虫和益鸟，从而保护了生态链的完整和生物多样性，在根本上维系了生态的平衡，促进了生态的良性发展。

第三节　臭氧病虫害防治技术

臭氧是由 3 个氧原子组成的分子，属于氧气的同素异形体，在常温状态之下其呈现为无色且具有刺鼻气味的气体，臭氧是一种广谱杀菌剂，具有氧化性强、清洁环保的特性，其对细菌和真菌的作用非常强悍，是紫外线的 1000 倍，而且臭氧不仅在气体状态下具有杀菌作用，还能溶解在水中形成臭氧水溶液，同样具有非常强悍快速的杀菌能力，且其非常容易被还原为氧气，所以属于非常绿色环保的强氧化剂和杀菌剂。

一、臭氧在蔬菜作物方面的主要应用

臭氧的强氧化作用让其拥有很强的杀灭细菌、真菌和病毒的能力，最早时臭氧被用来对灌装水进行杀菌处理，而且其逐渐在医疗方面得到了广泛的应用，例如，对病房、手术室及各种医疗器械可利用臭氧进行消毒，对伤口感染者的伤口等也能利用臭氧消毒。

因为臭氧灭菌的特性，其作为消毒剂已经被应用于多个领域，如医疗生产、运输杀菌、餐饮消毒及食品加工等，其在蔬菜作物方面的主要应用有以下几个方面。

（一）蔬菜作物保鲜

虽然新鲜采摘的蔬菜作物商品性状极佳，但很多蔬菜作物表面其实都存留有大量的病原菌，有些是在生长过程中蔬菜作物容易受到侵染的病原菌，被各种手段抑制后却依旧留存在蔬菜作物表面，有些则是通过接触等农事操作留存下来的病原菌，这些病原菌如果不及时进行防治，就很容易造成新鲜蔬菜作物快速滋生微生物而腐烂，甚至会形成范围极广的传播，造成很大的经济损失。

因为臭氧的灭菌抑菌作用，臭氧在蔬菜作物保鲜方面得到了很大的发展，主要有两个方面的应用。其一是通过臭氧气体熏蒸对新鲜采摘的蔬菜作物进行保鲜，或通过臭氧溶于水后形成的臭氧水对蔬菜作物进行处理从而保鲜，臭氧能够很明显地灭除大部分留存在蔬菜作物表面的病原菌，同时还能够对病原菌的发生产生极强的抑制作用，臭氧能够降低真菌产生孢子的数量

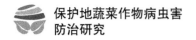
和孢子的生存能力，从而起到很强的杀菌防腐作用，整体而言，臭氧能够灭杀和抑制如产黄曲霉毒真菌、灰葡萄孢菌、指状青霉菌、匍枝根霉菌、甘蓝枯萎病菌、黄瓜枯萎病菌、立枯丝核病菌等多种病原菌，故而能够起到相应的保鲜作用。

其二是蔬菜作物在进行贮存和运输的过程中，除其本身携带的病原菌会对其造成影响外，蔬菜作物本身的呼吸作用也影响着贮运过程中的保鲜，抑制蔬菜作物的呼吸作用，有利于贮运蔬菜作物的保鲜，而通过臭氧进行处理的蔬菜作物就拥有抑制呼吸作用的能力。例如，经过臭氧处理的苹果的呼吸强度会在贮运期间受到很强的抑制，能够延缓其果实内可溶性固形物的含量降低，从而起到保鲜作用；经过臭氧处理的甜椒的腐烂率和蘑菇的开伞情况都会得到很好的控制，最终起到保鲜的作用。

整体而言，臭氧对蔬菜作物保鲜的作用主要体现在两个方面，一个是能够灭杀蔬菜作物表面的病原菌，另一个则是破坏蔬菜作物表皮的细胞膜从而降低蔬菜作物的新陈代谢，因此臭氧保鲜作用非常出色。

（二）蔬菜作物加工

蔬菜作物除了直接售卖外，还会被加工成各种产品进行售卖，而每年全球蔬菜作物加工中的用水量都极大，约在 200 亿升以上，而随着人类对大自然水资源的开发和利用，以及工业生产和环境污染的加重，全球的淡水资源一直处在非常匮乏的尴尬境地，而各种被污染的淡水资源的处理成本又一直居高不下，这就使得水资源的回收利用变得异常重要。不管是工业废水还是蔬菜作物加工废水，其中都会含有多种对环境容易造成污染的有毒有害物质，进行污水治理和水资源回收利用的成本又相对较高，而根据臭氧的特性，利用臭氧对废水进行处理，能够在很大程度上对废水中的污染物进行处理，如脱色、消毒、除臭、降低水浊度、降低废水中的有机质含量等，经过臭氧处理的废水能够达到无菌、无色、无异味、无悬浮物等再利用的标准，不仅能够节省淡水资源，还能够极大地降低生产和加工蔬菜作物的成本。

（三）降解农药残留

保护地为了防止蔬菜作物的各种病虫害，往往会施用各种化学药剂，其多数属于有机磷、氨基甲酸酯和拟除虫菊酯等，不仅容易在蔬菜作物上残留，还会对环境造成较严重的污染，这些农药较为显著的特点是分子中含有碳碳双键、磷氧双键或苯环结构，这些分子结构在臭氧的强氧化作用下很容易被破坏，如分子中的苯环开环、双键断裂等，从而被降解为醇类或酸类等低分子化合物，对环境的危害和对植株的危害会大幅减弱。

利用臭氧水冲洗果实，能够将果实表面残留的各类药剂大幅降低，若用每升含 1 毫克的臭氧水处理果实，其表面残留的代森锰锌会下降到 16%，若用每升含 3 毫克的臭氧水处理果实半小时，则仅残留 3%，可见其降解农药残留的能力。

二、臭氧病虫害防治技术

（一）臭氧防治保护地病虫害

臭氧防治保护地病虫害主要体现在两个方面，一个是臭氧杀虫方面，另一个是臭氧杀菌方面。臭氧对蚜虫的防控效果能够达到 63% ～ 86%，当臭氧浓度提高到每升 1.2 毫克时，将其对保护地作用 30 分钟之后，保护地内的红蜘蛛、白粉虱等害虫大部分就会失去活力，不过因为臭氧杀虫需要臭氧浓度较高、持续时间也较长，所以也容易对蔬菜作物的生产造成一定影响，因此臭氧多用于防治和控制虫害，用于杀虫较少。

臭氧在保护地防治虫害的方法主要是利用臭氧气体对保护地进行熏蒸，这样能够在一定程度上控制虫害的流行和传播，其最大的优势是控虫效果明显且不需要借用其他辅助材料，通常采用随时防控、随时制备的方法，而且进行熏蒸的过程中及过程后其都不会对人产生毒害作用，同时抑制害虫见效很快，残留的臭氧也会很快分解为氧气。

臭氧杀菌则主要利用的是臭氧的广谱性，在熏蒸过程中臭氧同时可以起到杀菌效果，而且利用臭氧水对植株和保护地进行喷施，也能够达到杀菌效果，例如，可以防治保护地番茄和黄瓜等的各种霉病，包括番茄灰霉病、番茄叶霉病、黄瓜灰霉病、黄瓜叶霉病、白粉病等，不仅效果比百菌清等化学药剂好，而且安全高效，对环境和蔬菜作物没有危害。另外，利用臭氧水对蔬菜作物种子进行浸种处理，不仅能够对种子起到消毒杀菌的作用，还能够促进种子发芽、增强幼苗根系活力及提高壮苗概率，对植株进行臭氧水灌根处理，也能够防治一部分土传病害，如枯萎病等。但相应需要在进行处理时控制好臭氧和臭氧水的浓度，高浓度的臭氧和臭氧水会降低蔬菜作物的品质，因为其活性极强，所以能够通过植株的气孔进入植株体内从而对叶片造成灼伤。

（二）臭氧土壤杀菌

保护地设施的普及和蔬菜作物的周年产出，不仅能够创造极大的经济效益，也能够为人们提供非常丰盛的蔬菜作物供应，但相对应的问题也极为棘手，就是保护地蔬菜作物栽培连作严重，种植的蔬菜作物结构较为单一，因此保护地内土壤中危害各种蔬菜作物的病原菌得到了大量的积累和滋生，非常影响蔬菜作物的产量和安全，不仅会造成极大的经济损失，还容易因病原菌的大量积累和蔬菜作物的运输而造成病害的广泛性传播。臭氧的杀菌能力强悍，因此能够作为一种较为特殊的土壤熏蒸剂对土壤进行消毒杀菌，通常采用臭氧熏蒸的土壤，其中的根结线虫和各种细菌会明显减少乃至灭绝，能够显著避免连作引起的顽固性蔬菜作物病害。不过土壤的结构较为特殊，很容易造成臭氧消毒杀菌的效果大幅下降，同时过量施用臭氧也容易造成土壤中有机质发生变化从而影响土壤质量，因此采用臭氧熏蒸土壤时需要注意这些问题。

（三）臭氧栽培基质杀菌

现代保护地蔬菜作物栽培中较为先进的技术就是无土栽培技术，其主要是通过水培、雾培和基质栽培的方式栽培各种蔬菜作物，不仅能够节省土地资源，还能够通过营养液的循环应用节省肥料，并且有助于补充蔬菜作物淡季供应。不过无土栽培中的营养液经过循环应用之后很容易滋生病原菌或被病原菌侵染，从而会令栽培的蔬菜作物产生各种病害，普通的灭菌方式很容易对营养液和基质造成污染，但利用臭氧却能够轻松对营养液进行消毒杀菌处理，可以将浓度为每升 0.6 毫克的臭氧直接通入营养液中，仅需要几分钟时间就能够灭杀营养液中的十字花科软腐病病原菌、番茄枯萎病病原菌和黄瓜枯萎病病原菌等，对营养液处理 2 个小时左右，其中的青枯病病原菌也会被灭杀干净，通常情况下仅需要 20 分钟的时间，臭氧就能够灭杀营养液中的真菌病原菌九成以上，不仅不会对环境造成污染，而且效果非常强悍。

第四节　生物病虫害防治技术

随着保护地蔬菜作物栽培的快速发展，消费者对绿色有机蔬菜的需求也开始逐渐增长，同时环境污染情况的不断严峻，以及保护地蔬菜作物土传病虫害的不断发生，促成了保护地蔬菜作物栽培的三生技术体系的发展，即结合生物病虫害防治、生物资源化利用和生态环境调控 3 个生物和生态领域的内容，最终产出真正绿色环保的有机蔬菜。

一、生物病虫害防治技术

生物病虫害防治技术就是利用生物和生物代谢产物等生态方式对保护地蔬菜作物种植过程中的病虫害等进行有效防控的技术，整体而言就是利用天敌昆虫进行害虫防控，利用生物药剂或性诱剂来防治病害和某些虫害的技术。

（一）天敌昆虫的应用

整个生态圈中本就存在着生物相生相克的生物链体系，在自然界中对蔬菜作物会造成危害的害虫通常都存在着天敌，有效利用天敌能够在很大程度上对虫害产生抑制作用。但相应而言，害虫的天敌虽然普遍在自然界存在却不易被集中，即使在进行农事操作过程中一直注意对害虫天敌进行收集和保护，也很难达到控制害虫的防治目的，而且相应还会花费较多的精力、人力及费用。

通常在露天农田中、各种种植园内，各种害虫的天敌都是大量存在的，但在保护地内会相应较少，因为保护地主要采用密封式管理，害虫天敌不易进入，因此保护地栽培中可以通过特定的天敌释放、环境的调控来促进害虫天敌数量增加从而起到害虫防治的效果。同时，现今也已经有很多害虫的天敌实现了人工繁殖和机械化繁殖，如赤眼蜂、平腹小蜂、草蛉、捕食螨、瓢虫等，所以可以通过天敌释放的方式进行害虫防治。例如，赤眼蜂是玉米螟、小地老虎、松毛虫、稻纵卷叶螟等的天敌，在保护地释放一定数量赤眼蜂就能够起到很好的防虫效果；平腹小蜂防治荔枝蝽的效果很好；草蛉是一种捕食性昆虫，现今中国已经开始大量繁殖培育的草蛉有中华草蛉、大草蛉、黄褐草蛉、白线草蛉、普通草蛉等，能够捕食白粉虱、棉蚜、烟蚜、菜蚜、豆蚜、桃蚜、红蜘蛛等，还能够捕食一些害虫的卵，如棉铃虫卵、地老虎卵、银纹夜蛾卵、麦蛾卵等，对灭杀这些害虫和控制其虫口基数都具有很好的效果；捕食螨能够以红蜘蛛、白粉虱、锈壁虱等为食，是一种杂食性益螨，虽然身体很小但性情凶猛且动作敏捷，食量很大，能够很好地控制害虫螨的数量；瓢虫中有很大一部分主要以蚜虫为食，小毛瓢虫亚科和小艳瓢虫亚科则能够捕食粉虱、叶螨、蚜虫等，其中的食螨瓢虫则专门捕食叶螨，七星瓢虫是蚜虫的主要天敌。

当保护地内出现相应虫害后，可以有针对性地选取害虫的天敌进行释放，不仅能够以自然生态的方式防治虫害，还不会对生态环境造成污染，并且有助于保持生态环境的平衡。

（二）生物药剂和生理活性物质的应用

在保护地兴起之后，因为最初对绿色蔬菜和生态环保认识不足，所以为了实现高产高收入，经常施用过量化肥和农药，最终造成了蔬菜作物中药物残留严重且品质参差不齐，而且还对生态环境造成很严重的影响，土壤退化严重且连作造成的病虫害也很严重。随着人们对食品安全和生态环境的重视，保护地蔬菜作物栽培中高化肥高农药的时代已经过去，为了能够产出更加绿色生态的蔬菜作物，生物科技手段不断提升，生物药剂开始成为非常主要的保护地蔬菜作物栽培的病虫害防治手段。

其中，非常重要的一类生物药剂是由各种微生物菌类所开发出的生物制剂。例如，由苏云金芽孢杆菌分泌的毒蛋白所制成的 Bt 制剂能够防治菜青虫、茶毛虫、水稻螟虫、桃小食心虫等；由链霉菌中灰色链霉菌发酵所产生的抗生素阿维菌素能够防治番茄根结线虫病；由从福建武夷山地区土壤中分离出来的链霉菌所制成的武夷菌素能够防治番茄叶霉病；由地衣芽孢杆菌发酵所研制的生物菌肥能够对烟粉虱起到趋避作用；由放线菌所产生的抗生素井冈霉素能够防治蔬菜作物苗期立枯病和白绢病等；由赤霉菌所产生的赤霉素能够促进蔬菜作物叶和芽的生长，是一种提高蔬菜作物产量效果很好的植物激素；从苦参中提取出的苦参碱能够防治菜青虫、松毛虫等；从金色链霉菌产生的代谢产物中提取出的多抗霉素，是一种广谱性抗生素杀菌剂，能够干扰病原菌细胞的生长，对黄瓜白粉病、黄瓜霜霉病、果树灰斑病、水稻纹枯病等都有很好的防治效果；由淡紫灰链霉菌海南变种所产生的中生菌素，是一种保护性杀菌剂，能够抑制某些细菌的蛋白质合成从而导致细菌死亡，对软腐病、黄瓜角斑病、小麦赤霉病等有很好的防治效果，而且还能够抑制真菌的生长，并刺激蔬菜作物生成植保素及木质素，可以有效提高蔬菜作物抗病能力。这类生物制剂多数采用的是活菌药剂，针对性较强，不会对天敌造成任何影响，不会对环境造成污染，同时也不会令害虫出现任何抗药性。另外，还有一类则是生物生理活性物质，主要提取于各种食虫螨、蜘蛛、鸟类、鱼类及微生物等的分泌物，主要是信息素和激素，信息素主要是性信息素、利己素等，能够起到诱使害虫聚集进行集中灭杀的效果，激素主要有脱皮激素、脑激素等。在保护地蔬菜作物栽培中应用较多的是性信息素，其可以直接诱杀害虫，也能够打乱害虫的交配信号，还能够用以预测和预报害虫，从而最终达到防治害虫的目的。

二、生物资源化利用技术

生物资源化利用技术就是通过对各类动物、植物和微生物的资源化运用，从而达到蔬菜作物栽培过程中的肥力供应、环境调控和病虫害防治等目的，运用比较广泛和成熟的就是充分腐熟有机肥的使用。对秸秆和人畜粪便等进行腐熟处理，再将其作为有机肥料返用于土壤中，从而改变土壤结构、增强土壤肥力，同时还能有效抑制病虫害的发生，提高蔬菜作物的产量和抗性。另外，还可以利用秸秆生物反应堆技术对保护地进行高温闷棚处理，就是将杂草、玉米等秸秆进行合理配比混合，再将其置于保护地内建造的反应池或对其进行深埋处理，最终通过天然或添加微生物的方法来将其转化为蔬菜作物生长所需的有机肥料、无机养料、热量、二氧化碳气肥及抗病孢子等，从而达到提高蔬菜作物产量且产出无公害天然绿色蔬菜的目的。

三、生态环境调控技术

生态环境调控技术就是以农业生态系统或区域内的生态系统为基准，将系统内一切可利用的能量充分利用起来，最终架构一个完善且稳定的微型生态系统，这个生态系统能够通过生物多样性、作物布局和环境调控等，对有害生物进行自然抑制，从而达到生态防治病虫害的目的。主要技术包括：①蔬菜作物的间作与轮作。间作与轮作能够有效避免土传病害的传播，也能有效缓解土壤退化。②保护性耕作。栽培前的保护地深耕深翻晒土冻土，能够很大程度上灭杀土壤中的病原菌和虫源，栽培过程中的中耕和细耕，能够有效保证土壤的透气性和植株的健壮，可以避免草害，也能够提高植株对土壤肥力的吸收。③有针对性的土壤改良。在酸性土壤中耕施石灰，能够调节土壤酸性，同时也能够促进植株的生长和提高植株对土壤积留肥力的吸收。④有益生物的生态环境调节。释放害虫天敌可以达到生态防虫的效果，培养土壤微生物群落可以改良土壤环境和抑制有害病原菌。

生物病虫害防治的三生技术体系还包括色板诱杀害虫技术，即利用害虫的趋色性来建构相应设施从而做到对害虫的诱杀和控制；以及有机生态无土栽培技术，即通过生物资源处理来做栽培基质，再辅以蔬菜作物所需无机肥从而调配成栽培土，能够有效控制土传病害和根结线虫等病害，还能够提高空间利用率及太阳能源利用率，达到蔬菜作物增产的效果。

生物病虫害防治技术不仅能够避免保护地栽培中容易造成的化学药剂污染，还能够培育出更加绿色生态的有机蔬菜，其以保护地设施为基础架构出最为符合蔬菜作物生长发育和产出的微型生态环境，最终辅以科学的病虫害防治技术做到不需化学药剂即可控制蔬菜作物病虫害，产出更高产量、更高品质的绿色蔬菜，具有非常广阔且光明的发展前景。

附　录

国务院办公厅关于统筹推进新一轮"菜篮子"工程建设的意见

国办发〔2010〕18 号

各省、自治区、直辖市人民政府，国务院各部委、各直属机构：

自 1988 年实施"菜篮子"工程以来，"菜篮子"产品产量大幅增长，品种日益丰富，质量不断提高，市场体系逐步完善，"菜篮子"建设发展总体保持了平稳较快的良好势头。为适应形势变化、满足城乡居民对"菜篮子"产品日益提高的要求，经国务院同意，现就实施新一轮"菜篮子"工程提出以下意见：

一、总体思路、主要目标和基本原则

（一）总体思路

深入贯彻落实科学发展观，统筹推进新一轮"菜篮子"工程建设，通过加强生产能力建设、完善市场流通设施、加快发展方式转变、创新调控保障机制，推动"菜篮子"工程建设步入生产稳定发展、产销衔接顺畅、质量安全可靠、市场波动可控、农民稳定增收、市民得到实惠的可持续发展轨道，更好地满足人们生活日益增长的需要。

（二）主要目标

重点抓好肉、蛋、奶、鱼、菜、果等产品生产。通过 5 年左右的努力，实现生产布局合理、总量满足需求、品种更加丰富、季节供应均衡；直辖市、省会城市、计划单列市等大城市"菜篮子"产品的自给水平保持稳定并逐步提高；农区"菜篮子"生产基地建设得到加强，流通条件进一步改善；产区和销区的

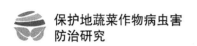

利益联结机制基本建立，现代流通体系基本形成；"菜篮子"产品基本实现可追溯，质量安全水平显著提高；市长负责制进一步落实，供应保障、应急调控、质量监管能力明显增强。

（三）基本原则

市场调节与政府调控相结合。在国家统筹规划和宏观调控下，以地方为主开展"菜篮子"工程建设。在充分发挥市场机制作用的基础上，加大政府对"菜篮子"工程基础设施的投入力度，为"菜篮子"稳定发展和保障居民消费提供良好的公共服务。

产区与销区统筹发展。在不放松优势产区生产的同时，加强销区自给能力建设。密切产区与销区协作的利益关系，发挥好两方面的积极性，既保障城市居民的消费需求，又促进农民持续增收。

能力建设和机制创新并重。注重生产要素集成和资源整合，在改造升级原有生产基地的基础上，重点规划建设一批高起点、高标准的新基地，稳定提高产量，确保质量。进一步建立风险控制、产销衔接和市场预警机制，增强科技支撑能力，提高"菜篮子"产品生产、流通的规模化、标准化和组织化程度，促进"菜篮子"长期稳定发展。

生产发展和环境保护相协调。积极推进生产方式转变，既重视生产能力提高，又重视农业生态环境保护，建设环境友好型、资源节约型农业，实现"菜篮子"产品生产可持续发展。

二、加强生产能力建设，夯实稳定发展基础

（四）建设一批园艺产品设施化生产基地

在大中城市郊区和蔬菜、水果等园艺产品优势产区，支持建设一批设施化、集约化"菜篮子"产品生产基地，重点加强集约化育苗、标准化生产、商品化处理以及病虫害防治、质量检测等方面的基础设施建设，发展园艺产品标准化生产。

（五）加强重大动物疫病防控

建设一批符合动物防疫条件及环境保护要求的规模化畜禽养殖场（小区）。继续完善和落实养殖大县扶持政策，支持建设生猪、奶牛规模养殖场（小区），

重点加强养殖场（小区）水、电、路等基础设施和畜禽粪便、尸体等畜禽养殖废弃物污染防治以及疫病防控等方面的设施建设，推进畜禽养殖加工一体化。加强重大动物疫病防控，推进基层防疫体系建设。

（六）建设一批水产健康养殖示范场

加快对现有老化规模养殖场标准化改造步伐，发展水产健康养殖示范场，支持养殖场的水、电、路等基础设施和配套机械设备、环境保护设施、水生动物防疫设施、循环水利用和水质在线监测系统等建设。围绕保障大中城市水产品供应，重点发展城市周边和沿江、沿湖、沿海水产养殖，扩大设施养殖面积。搞好水生生物增殖放流，支持发展远洋渔业。

（七）建设一批"菜篮子"产品良种繁育中心

支持主产区建设园艺产品集约化育苗场、畜禽水产原良种场和遗传资源保种场，重点加强良种繁育中心（场）的水、电、路和良种繁育设施、实验检验用房建设，配备必要的技术设备。培育一批"菜篮子"原产地保护产品，加大对国内优质品种遗传资源的保护和开发力度。做好进口动植物优良品种检疫把关与服务。

三、以现代物流和信息化为重点，推进市场体系建设

（八）建设和改造一批产地批发市场

支持"菜篮子"产品规模化生产基地根据需要统筹规划新建产地批发市场，推进现有产地批发市场升级改造。改善批发市场场地、道路、交易厅（棚）、水电、信息服务、质量检测、采后处理等基础设施条件，鼓励配套建设冷藏保鲜和流通加工设施，实现采后快速预冷、商品化加工处理和上市旺季入库冷藏保鲜。

（九）改造一批城市销地批发和零售市场、集贸市场

支持大中城市改造销地批发市场，加强市场信息、质量安全检测、电子统一结算、冷藏保鲜、加工配送和垃圾处理等设施建设，全面推进销地批发市场在基础设施、管理、技术等方面升级改造，建立灵敏、安全、规范、高效的"菜篮子"产品物流和信息平台。加强对农产品批发市场建设的规划引导，防止重复建设和恶性竞争。支持城市菜市场在场地环境、设施设备、追溯平台、规范

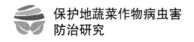
管理等方面进行标准化建设。

（十）强化产销衔接功能

大中城市要根据本地消费需求，主动与优势产区加强协作，建设"菜篮子"产品保障基地；优势产区要充分利用当地资源，建设服务全国或区域的"菜篮子"规模化基地，与各大中城市建立长期稳定、互利合作的产销关系。鼓励农贸市场与农产品生产、流通企业和生产基地实行"场厂挂钩""场地挂钩"。支持大型连锁超市和农产品流通企业与农民专业合作社的"农超对接"，建设农产品直接采购基地。支持在重点集散地和交通枢纽地建设中继性冷藏物流中心，与城区冷藏配送中心形成对接。

（十一）建立和完善信息网络平台

支持建立覆盖主产区和全国主要批发市场的"菜篮子"产品产销信息公共服务平台，规范信息采集标准，健全信息工作机制，加强采集点、信息通道、网络中心相关基础设施建设，定期收集发布"菜篮子"产品生产、供求、质量、价格等信息。建立"菜篮子"产品市场监测预警体系，增强信息处理技术手段，壮大分析预警队伍。

四、转变发展方式，提高质量安全水平

（十二）推进标准化生产

选择蔬菜、水果、茶叶、肉牛、肉羊、奶牛、生猪、肉鸡、蛋鸡、水产品等十种产品，大规模开展标准化创建活动，带动园艺产品、畜禽水产养殖标准化生产。加快标准制（修）订和推广应用，制定产品生产技术要求和操作规程，开展标准化生产宣传培训，推动放心农资进村入户，指导建立生产档案。加大品牌培育和认证力度，积极发展无公害农产品、绿色食品、有机农产品。

（十三）健全检验检测体系

编制和实施新一轮农产品质量安全检验检测体系建设规划，加强政府检测能力建设，加快推进检验检测机构改革，充分利用社会检测资源，鼓励第三方检验检测机构发展，支持农产品批发市场建设农产品质检站，形成标准统一、职能明确、运行高效、上下贯通、检测参数齐全的农产品质量安全检验检测体

系。严格资质审查，加强检验检测人员培训和管理，提高检验检测机构服务水平。合理配置检验检测资源，推进资源和信息共享，实现结果互认，避免重复检验检测，禁止乱收费。

（十四）建立全程质量追溯体系

支持建立国家级"菜篮子"产品全程质量追溯信息处理平台，并在"菜篮子"产品生产企业或农民专业合作组织中建立完善的农产品全程质量追溯信息采集系统，逐步形成产地有准出制度、销地有准入制度、产品有标识和身份证明，信息可得、成本可算、风险可控的全程质量追溯体系。

（十五）建立质量安全风险预警信息平台

统筹国内、国际两个市场，建立"菜篮子"产品检验检疫风险预警体系，加强部门协作，实现质量安全信息共享，共同应对重大突发安全事件，不断提高"菜篮子"产品质量安全水平。

五、完善调控保障体系，提高科学发展水平

（十六）进一步强化"菜篮子"市长负责制

大中城市要根据具体情况，合理确定"菜篮子"产品生产用地保有数量、"菜篮子"重点产品自给率和产品质量安全合格率等指标，并作为大中城市市长负责制的内容；将确保"菜篮子"产品质量、市场价格基本稳定、产销衔接顺畅、市场主体行为规范、突发事件处置及时、风险控制迅速有力、农业生态环境得到保护等纳入各地"菜篮子"工程建设考核指标体系，引导新一轮"菜篮子"工程持续健康发展。

（十七）科学规划生产布局

大中城市要根据全国《优势农产品区域布局规划》和《特色农产品区域布局规划》，制定郊区"菜篮子"建设发展规划，在稳定粮食生产的基础上，高起点、高标准建设"菜篮子"生产、流通、加工、质量监管等基础设施，大力发展产业化经营，实现农业现代化与城镇化、工业化相协调。各大中城市要根据本地资源条件、消费习惯、主要"菜篮子"产品供求变化规律和市场缺口保障难易程度等，确定重点发展品种。

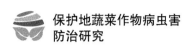

防治研究

（十八）多渠道筹集建设资金

各级政府要将"菜篮子"建设纳入国民经济和社会发展规划，加大资金投入力度。对已建的"菜篮子"项目，要继续给予资金支持；对尚未安排建设的"菜篮子"项目，要按照规划抓紧研究立项，建立稳定的资金来源渠道。要建立政府投资为引导、农民和企业投资为主体的多元投入机制，吸引社会资金参与"菜篮子"产品生产、流通等基础设施建设。鼓励银行业金融机构加大对带动农户多、有竞争力、有市场潜力的龙头企业的支持力度；积极倡导担保和再担保机构在风险可控的前提下，大力开发支持龙头企业的贷款担保业务品种，提高"菜篮子"工程建设的融资能力。

（十九）进一步完善扶持政策

在继续实施畜禽良种补贴政策的基础上，扩大品种补贴范围，提高补贴标准。对"菜篮子"产品初加工和流通企业，简化增值税抵扣手续，取消不合理行政事业性收费。对"菜篮子"产品出口，按照有关规定减免出入境检验检疫费，继续实行出口退税政策。确保鲜活农产品"绿色通道"畅通，继续落实整车合法装载鲜活农产品车辆免收通行费政策。支持环保节能和放心食品绿色市场建设，支持大型农产品批发市场与连锁超市供应链对接工作。提高"菜篮子"产品生产用地征占补偿水平，加强城市郊区现有菜田和养殖区域保护。完善重大动物疫病扑杀补贴政策，健全重大动物疫病防控工作经费保障机制。增加渔政、渔港、渔船安全设施等建设投入。严格执行规模化畜禽水产养殖用地管理政策。支持农村集体经济组织根据规划使用本集体土地从事农产品批发市场建设；对农产品批发市场用地符合土地利用总体规划的，应纳入年度土地利用计划，优先保障供应，落实批发市场用地按工业用地对待政策。对批发市场、畜禽水产养殖用水用电价格，要严格执行国家规定的政策。逐步加大对"菜篮子"产品实施标准化生产和认证的支持力度。扶持发展"菜篮子"产品专业合作组织，提高"菜篮子"产品生产与流通组织化程度。

（二十）建立健全风险应对机制

建立"菜篮子"产品生产和供应平衡调节机制，用信息引导生产，避免总量供求失衡和价格大幅波动。出现局部性供过于求时，支持批发市场、龙头企业等入市收购，异地远销；局部供不应求时，支持流通企业跨区域调运并促进生产恢复。继续完善重要"菜篮子"产品中央和地方分级储备制度。根据生产发展和消费需要，适时调整中央储备规模，完善收储投放机制。各地应根据本地生产消费特点，完善地方"菜篮子"产品储备体系，统筹产销平衡，维护市场稳定。充分利用国内资源和国际市场，搞好进出口调节，平衡国内"菜篮子"产品供求。参照粮油等农作物政策性保险的做法，加快建立"菜篮子"产品生产保险制度，扩大重要"菜篮子"产品保险在大中城市郊区和主产区的覆盖面，在有条件的地方实现全覆盖。研究利用期货市场套期保值、对冲风险的功能化解"菜篮子"的发展风险，稳妥推进"菜篮子"产品开展期货交易。

（二十一）加强组织领导和部门协作

完善"菜篮子"食品管理部际联席会议制度，由农业部牵头，发展改革委、财政部、国土资源部、环境保护部、交通运输部、商务部、卫生部、工商总局、质检总局、银监会、证监会、保监会等部门参加，尽快研究制定新一轮"菜篮子"工程建设规划及实施方案，协调解决"菜篮子"发展重大政策问题，加强对各地"菜篮子"工程建设情况的检查督导。各地要切实重视和加强领导，因地制宜采取有效措施推进新一轮"菜篮子"工程建设，抓好各项政策措施的组织落实。

国务院办公厅
二〇一〇年三月九日

参考文献

[1] 毕秀. 大棚温室蔬菜病虫害发生原因及防治措施 [J]. 种子科技, 2019, 37 (9): 133-134.

[2] 曹子库, 梅向阳, 张振国. 保护地蔬菜病虫害的发生与防治 [J]. 中国瓜菜, 2007 (5): 59-61.

[3] 柴再生, 李萍, 胡海银. 日光温室蔬菜病虫害发生特点与防治策略 [J]. 上海蔬菜, 2015 (4): 55, 82.

[4] 常青, 洪波, 陈志杰, 等. 设施蔬菜病虫害绿色防控技术现状与问题思考[J]. 北方园艺, 2020 (17): 131-137.

[5] 陈刚普, 王玉红, 佘秋甫, 等. 保护地蔬菜病虫害粉尘法施药防治技术 [J]. 现代农业科技, 2009 (1): 132, 134.

[6] 陈茂春. 保护地蔬菜如何合理使用化学农药 [J]. 北京农业, 2011 (1): 16.

[7] 陈茂春. 冬春季保护地蔬菜病虫害的综合防控 [J]. 农村实用技术, 2017 (12): 31-32.

[8] 陈双双. 浅谈大棚蔬菜种植技术与病虫害防治措施研究 [J]. 中国农业文摘－农业工程, 2018, 30 (5): 76-78.

[9] 陈杏禹. 黄瓜保护地栽培 [M]. 北京: 金盾出版社, 2002.

[10] 陈友. 保护地蔬菜栽培及病虫害防治技术 [M]. 北京: 中国农业出版社, 1999.

[11] 程大勇, 陆松静, 黄鹏. 设施瓜类蔬菜病虫害绿色防控技术推广实践与思考 [J]. 农业科技通讯, 2020 (11): 263-265.

[12] 崔香红. 保护地蔬菜医生 [M]. 延吉: 延边人民出版社, 2002.

[13] 丁平. 保护地蔬菜病虫害非化学防治技术 [J]. 现代农业, 2010 (10): 17.

[14] 豆亚红. 设施蔬菜病虫害发生特点及应对措施 [J]. 西北园艺 (蔬菜), 2013 (6):

40-41.

[15] 段晓莲，刘改顺，高女英.温室蔬菜病虫害的发生与防治［J］.农业技术与装备，2009（8）：48，50.

[16] 樊永红.保护地蔬菜病虫害绿色防控技术［J］.西北园艺（蔬菜），2015（6）：45.

[17] 冯鹏.巧用石灰防治蔬菜病虫害［J］.农村新技术，2010（23）：16.

[18] 高代守.现代化温室蔬菜病虫害的发生及防治［J］.福建农业科技，2015（4）：36-38.

[19] 高国训.芹菜栽培与病虫害防治［M］.天津：天津科技翻译出版公司，2009.

[20] 高桥和产，西泰道.新版保护地蔬菜生理障碍与病害诊断原色图谱［M］.姚方杰，李国花，译.长春：吉林科学技术出版社，2001.

[21] 高振.蔬菜设施栽培病虫害综合防治技术［J］.现代农业，2020（6）：49-50.

[22] 郭正红.臭氧水对设施蔬菜病害的防治及其生理机制的研究［D］.上海：上海师范大学，2017.

[23] 韩春晓.茄果类蔬菜病虫害综合防治措施［J］.吉林蔬菜，2015（9）：26.

[24] 韩贞玉，刘连芝，余树和，等.保护地叶菜类蔬菜病虫害防治技术［J］.吉林蔬菜，2010（5）：60.

[25] 郝凤凤，刘浩.春季保护地蔬菜常见病虫害防治技术［J］.农业与技术，2014，34（9）：138.

[26] 何永梅.蔬菜病虫害绿色防控（5）无纺布和银灰膜的应用［J］.湖南农业，2016（6）：14.

[27] 侯桂兰，林保民，刘文玉.老菜区保护地蔬菜病虫害发生特点及应对策略［J］.蔬菜，2016（10）：58-59.

[28] 胡彬，王晓青，梁铁双.蔬菜病虫害防治用药指南（五）辣椒主要病虫害化学防治技术［J］.中国蔬菜，2017（4）：87-92.

[29] 胡国平，王莎.保护地蔬菜根结线虫综合防治技术［J］.中国园艺文摘，2009，25（7）：125-126.

[30] 怀凤涛.保护地病虫害防治技术［M］.哈尔滨：东北林业大学出版社，2001.

[31] 冀金，田建平，冯文静.无公害蔬菜病虫害防治措施［J］.内蒙古农业科技，2009（3）：110，119.

[32] 贾歌星.生物技术在设施栽培蔬菜病虫害防治中的应用［J］.农业开发与装备，2020

（4）：167.

［33］姜方新.设施大棚栽培蔬菜病虫发生与防治［J］.蔬菜，2016（12）：59-60.

［34］姜京宇.加强春季保护地蔬菜病虫害防治［N］.河北科技报，2012-04-07（6）.

［35］李春江.设施蔬菜病虫害绿色防控技术研究［J］.农家参谋，2020（17）：281.

［36］李光军，刘金玲，耿春成.蔬菜保护地栽培中常见病虫害的防治［J］.吉林农业，2014
（18）：83.

［37］李桂舫，吴献忠.保护地蔬菜病虫害防治［M］.北京：金盾出版社，2002.

［38］李国锋.保护地病虫害的综合防治［J］.山西农经，2016（7）：76-77.

［39］李会来，李会之，曹艳波.棚室蔬菜病虫害发生特点及防治措施［J］.科技致富向导，
2011（33）：382.

［40］李亮琴，卢民生，汪社层，等.保护地蔬菜根结线虫病的综合防治［J］.现代农业科技，
2008（16）：134-135.

［41］李林.关于设施蔬菜农药减量控害的思考［J］.天津农林科技，2019（6）：24-27.

［42］李林，齐军山，李长松，等.保护地蔬菜病虫害防治技术［M］.济南：山东科学技术
出版社，2002.

［43］李梅花，张浩.保护地茄果类蔬菜病虫害无公害防治技术［J］.河南农业，2008（7）：
15-16.

［44］李清华.日光温室蔬菜病虫害安全综合防治技术［J］.现代农业，2012（5）：53.

［45］李莎莎.设施蔬菜主要病虫害发生原因与综合防治［J］.农业工程技术，2020，
40（5）：41.

［46］李素珍.如何正确使用烟雾剂防治棚室蔬菜病虫害［J］.现代园艺，2009（10）：54.

［47］李伟.设施蔬菜"三生"技术应用效果研究［D］.咸阳：西北农林科技大学，2012.

［48］李云乐，白凤珍，王美玉.保护地蔬菜的科学用药［J］.现代农业科技，2010（2）：
287-288.

［49］梁成华，吴建繁.保护地蔬菜生理病害诊断及防治（彩色图册）［M］.北京：中国农
业出版社，1999.

［50］辽宁省科学技术协会.保护地蔬菜病虫害防治技术［M］.沈阳：辽宁科学技术出版社，
2010.

［51］林宝祥，焦慧艳.保护地蔬菜病虫害防治［M］.哈尔滨：黑龙江科学技术出版社，

2008.

[52] 刘安祺. 蔬菜病虫害防治技术探究 [J]. 广东蚕业, 2020, 54 (5): 55-56.

[53] 刘恩虹. 保护地无公害蔬菜病虫害综合防治技术的研究 [J]. 农业与技术, 2018, 38 (8): 57.

[54] 刘明洋, 陈文秀. 设施蔬菜病虫害绿色防控技术现状思考和措施分析 [J]. 农村实用技术, 2020 (11): 93-94.

[55] 刘同祯. 保护地蔬菜病虫害综合防治技术 [J]. 现代农业科技, 2011 (20): 189-190.

[56] 刘万珍. 冬春季保护地蔬菜病虫害的综合防治 [J]. 河北农业, 2014 (1): 43-44.

[57] 刘文明. 设施青椒栽培与病虫害防治 [M]. 天津: 天津科技翻译出版公司, 2010.

[58] 鲁丰阳. 温室大棚蔬菜病虫害的发生及防治 [J]. 现代农业科技, 2019 (12): 85-86.

[59] 陆家才, 伊长瑞, 黄利. 温室蔬菜主要病虫害的发生及防治措施 [J]. 安徽农学通报 (下半月刊), 2011, 17 (10): 184-186.

[60] 吕昌置. 设施大棚栽培蔬菜病虫发生与防治 [J]. 农技服务, 2017, 34 (4): 68.

[61] 吕建华. 保护地蔬菜病虫害的防治措施 [J]. 农业开发与装备, 2013 (1): 75-76.

[62] 马玉镇. 保护地蔬菜病虫害生态、生物及化学药剂防治技术 [J]. 吉林蔬菜, 2009 (2): 94.

[63] 潘子龙, 等. 保护地菜豆豇豆荷兰豆种植难题破解 100 法 [M]. 北京: 金盾出版社, 2008.

[64] 秦寒露. 保护地蔬菜苗期主要病虫害防治技术 [J]. 种业导刊, 2013 (2): 27-28.

[65] 任爱芝. 设施蔬菜病虫害发生动态及无公害综合防治技术研究 [D]. 泰安: 山东农业大学, 2004.

[66] 邵明俊, 王培双. 保护地蔬菜病虫害发生特点及其综合防治措施 [J]. 吉林蔬菜, 2014 (7): 38-39.

[67] 申婷婷. 不同墙体结构日光温室蓄热保温性能及应用效果研究 [D]. 咸阳: 西北农林科技大学, 2019.

[68] 孙德岭. 甘蓝栽培与病虫害防治 [M]. 天津: 天津科技翻译出版公司, 2010.

[69] 孙敬华. 保护地蔬菜病虫害生态控制技术研究 [J]. 农业科技通讯, 2006 (4): 42-44.

[70] 田文华, 康建军. 保护地蔬菜病虫害发生特点及其综合治理 [J]. 中国果菜, 2009 (1): 27.

［71］王爱玲，许文燕，张书侠.无公害大蒜生产技术及病虫害防治研究［J］.中国园艺文摘，
2010，26（12）：155，165.

［72］王超平.南北方保护地蔬菜害虫生物防治技术［J］.种子科技，2018，36（7）：92，94.

［73］王浩.蔬菜病虫害的生物防治方法［J］.中国园艺文摘，2012，28（6）：161，192.

［74］王进涛.保护地蔬菜生产经营［M］.北京：金盾出版社，2000.

［75］王朋.栽培防治法在设施蔬菜病虫控制中的应用分析［J］.农业开发与装备，2020（5）：
195-196.

［76］王婷.全封闭日光温室结构设计与优化［D］.太原：山西农业大学，2018.

［77］王新文.保护地苦瓜丝瓜种植难题破解100法［M］.北京：金盾出版社，2008.

［78］王燕春，周艳芳，徐佳，等.赤峰市设施蔬菜病虫害问题现状及对策［J］.内蒙古农业科
技，2013（1）：78-79.

［79］王永军.大棚蔬菜病虫害发生原因与对策［J］.现代园艺，2014（23）：86-87.

［80］王元昭.设施农业发展与蔬菜病虫害防治应对措施［J］.农家参谋，2020（18）：
40，46.

［81］吴国兴.茄子保护地栽培［M］.2版.北京：金盾出版社，2011.

［82］吴娟，吴凤芝.保护地无公害蔬菜病虫害防治［J］.现代化农业，2012（8）：68-69.

［83］席旺德，王梅梅.温室蔬菜病虫害绿色防控技术［J］.种子科技，2019，37（6）：114.

［84］夏代提帕它尔.保护地蔬菜病虫害的发生特点及综合防治技术［J］.现代农业科技，
2013（8）：124.

［85］闫文凯.日光温室人工补光对番茄光合作用及生长的影响［D］.北京：中国农业科学院，
2018.

［86］闫小英，窦永红，马卫军.保护地蔬菜病虫害发生特点分析［J］.陕西农业科学，
2014，60（8）：53-54.

［87］闫占礼.保护地蔬菜病虫害综合防治策略［J］.现代农业，2011（7）：38-39.

［88］严有花.寒地温室蔬菜病虫害防治技术［J］.安徽农业科学，2006（18）：4693.

［89］叶文娣.频振式杀虫灯控害技术在蔬菜上的应用［D］.南京：南京农业大学，2008.

［90］尹可锁，吴文伟，郭志祥，等.保护地蔬菜病虫害发生及土壤农药残留污染状况［J］.
云南大学学报（自然科学版），2008（S1）：174-177.

［91］于喜权.保护地蔬菜病虫害综合防治技术［J］.现代农村科技，2012（23）：37.

［92］张爱敏.保护地有机蔬菜病虫害防治技术［J］.现代农村科技，2013（17）：24.

［93］张慧锋.无公害蔬菜病虫害防治技术浅析［J］.南方农业，2020，14（32）：5-6.

［94］张万勇.蔬菜保护地病虫害防治技术［J］.农村实用科技信息，2006（6）：35.

［95］张雪梅.设施农业发展与蔬菜病虫害防治应对策略探析［J］.农业开发与装备，2020
　　　（1）：155，158.

［96］张雨红.保护地蔬菜病虫害无公害综合防治技术［J］.种子科技，2020，38（5）：
　　　81-82.

［97］张臻.设施蔬菜病虫害发生规律及综防技术示范［J］.上海蔬菜，2015（3）：60-61.

［98］赵要辉，任淑芳，王晓冰，等.保护地蔬菜主要病虫害化学防治技术［J］.河南农业，
　　　2013（21）：30.

［99］赵智.韭菜保护地栽培及病虫害绿色防控技术［J］.蔬菜，2015（9）：77-78.

［100］郑文娟，张华，刘滔，等.设施蔬菜栽培连作障碍及发展对策分析［J］.南方农机，
　　　2019，50（10）：74.

［101］周凤侠.保护地蔬菜病虫害的温湿度调控防治措施［J］.农技服务，2013，30（12）：
　　　1279，1282.

［102］周雅.生物技术在设施栽培蔬菜病虫害防治中的应用［J］.现代农机，2020（6）：
　　　47-48.

［103］朱富春，朱芳云.保护地蔬菜鼠妇发生规律及综合防治技术［J］.华中昆虫研究，
　　　2017，13（0）：200-203.

［104］朱旭.保护地蔬菜病虫害发生特点及防治对策［J］.现代农业科技，2011（8）：
　　　160，162.